"十三五"职业教育系列教材

双温冷柜与空调系统安装与调试

主　编　王　斌　李　坤　李　朋
副主编　梁广雨　苏　远　陈运亮
参　编　陆超顺　田小建　王海磊　张志刚　陆　杰　王维娜
主　审　梁庆东　邵长波　王　继

机械工业出版社

本书以全国职业院校技能大赛“制冷与空调设备组装与调试”要求为依据，以大赛指定设备——山东星科智能科技股份有限公司XK—ZLZR1A型空调制冷综合实训装置为载体编写而成。全书共设置7个项目，主要包括认识双温冷柜与空调制冷系统、制冷与空调技术基础、制冷与空调设备的基本构成、双温冷柜制冷系统管路的安装与压力测试、双温冷柜电气控制系统、双温冷柜电气线路装接与调试及空调电气控制系统。全书将理论知识和操作技能紧密结合。

本书可作为职业院校机电类专业教材，也可供制冷与空调设备安装与维修的岗位培训学员及其他相关专业工程技术人员参考，特别适用于全国职业院校技能大赛“制冷与空调设备组装与调试”项目的训练和强化指导。

图书在版编目（CIP）数据

双温冷柜与空调系统安装与调试/王斌，李坤，李朋主编．—北京：机械工业出版社，2019.2（2020.7重印）

“十三五”职业教育系列教材

ISBN 978-7-111-62101-0

Ⅰ.①双… Ⅱ.①王… ②李… ③李… Ⅲ.①冷藏柜—安装—职业教育—教材 ②冷藏柜—调试方法—职业教育—教材 ③空气调节器—安装—职业教育—教材 ④空气调节器—调试方法—职业教育—教材 Ⅳ.①TM925

中国版本图书馆CIP数据核字（2019）第035201号

机械工业出版社（北京市百万庄大街22号 邮政编码100037）
策划编辑：赵红梅 责任编辑：赵红梅 苑文环
责任校对：陈 越 封面设计：张 静
责任印制：常天培
北京虎彩文化传播有限公司印刷
2020年7月第1版第2次印刷
184mm×260mm · 11.75印张 · 287千字
3001—4000册
标准书号：ISBN 978-7-111-62101-0
定价：37.00元

电话服务
客服电话：010-88361066
010-88379833
010-68326294

网络服务
机 工 官 网：www.cmpbook.com
机 工 官 博：weibo.com/cmp1952
金 书 网：www.golden-book.com
机工教育服务网：www.cmpedu.com

前言

为引导职业院校制冷、暖通和空调类专业综合实训教学改革发展方向，促进工学结合人才培养模式的改革与创新，培养可持续发展、满足企业需要的高素质、高技能型人才，实现制冷与空调设备组装与调试赛项与世界技能大赛接轨，并且为备赛指导老师及参赛学生提供新赛项训练方向及思路，特编写了本书。

本书内容的安排体现了现代学徒制模式下以工作过程为导向的“做、学、教合一”的教学理念。全书以星科 XK—ZLZR1A 型空调制冷综合实训装置（简称“XK—ZLZR1A 型装置”）为平台，详细阐述了设备的组装、调试、维修等方面的训练内容及标准，并结合本赛项全国大赛的评分标准，详细描述了赛项工作任务及训练技巧。本书围绕“以项目为载体，以工作任务引领，以完成工作任务为行动导向”的思路设计了 7 个项目，20 个工作任务，参考学时为 120 学时。书中训练内容、考核内容、难度控制、评价标准等都与全国职业院校技能大赛技能训练导向一致，且以技能竞赛的平台为载体，充分体现了“产教融合、校企合作”。书中融入了职业资格标准要求的应知、应会内容，有利于引领相关专业的课程设置和教学内容的选择，也必将为培养适应社会发展、适应市场需求的高技能应用型人才起到巨大的推动作用。

本书由南京工业职业技术学院三斌（编写项目 1）、无锡机电高等职业技术学校李坤（编写项目 7）、江阴中等专业学校李朋（编写项目 6）担任主编，参与编写的人员还有其他全国职业院校技能大赛制冷与空调设备组装与调试赛项的优秀指导教师，分别是盐城市高级职业学校梁广雨（编写项目 2）、南京高等职业技术学校苏远（编写项目 4）、高淳中等专业学校陈运亮、南通中等专业学校田小建（编写项目 5）、无锡机电高等职业技术学校王海磊、张家港中等专业学校陆超顺（编写项目 3）以及广西南宁技师学院的王维娜、山东星科智能科技股份有限公司张志刚和陆杰。

本书由全国职业院校技能大赛“制冷与空调设备组装与调试”赛项专家组组长梁庆东、仲裁长邵长波及山东星科智能科技股份有限公司董事长王继担任主审，在编写过程中得到了山东星科智能科技股份有限公司张宪科总经理、安佰平常务副总经理、张志刚工程师的大力帮助，在此一并表示衷心的感谢！

由于编者水平有限，书中难免存在疏漏之处，敬请读者批评指正。

编 者

目 录

项目1

认识XK—ZLZR1A型空

综合实训装置

任务1　双温冷柜的基本知识

基本知识

1. 双温冷柜的概念

双温冷柜是冰箱、冷藏柜的另一种称呼，主要由电气控制系统和制冷系统构成，其实物如图1-1所示。双温冷柜按制冷形式的不同可分为直冷制冷式、风冷制冷式和直冷风冷制冷式；按产品功能的不同可分为单温冷藏储存式冰柜、单温冷冻储存式冰柜、双温冷冻冷藏储存式冰柜和单温冷冻冷藏可转化储存式冰柜。

图1-1　双温冷柜实物

双温冷柜主要用于各大商场、饭店和超市等场所。

随着消费者消费理念越来越成熟，冷柜的耗能问题引起了人们普遍的关注，有些厂家为达到节能的目的采取了增厚保温层的技术，但这是以提高成本为代价的，部分功能也会受到一定影响。其实节能不但要从产品本身结构进行改良，还需要对其核心的部件（压缩机组）进行精心设计，不同工程师设计出来的机组可能不一样，不一样的机组能耗也不尽相同。

2. 双温冷柜的使用和保养维护

（1）双温冷柜的使用

1）国内双温冷柜使用交流220V、50Hz电源，若电源条件不符合交流220V、50Hz，必须加装1000W以上的自动稳压器配合使用。

2）必须使用独立的专用插座，并进行可靠接地。双温冷柜的电源线配有标准三线插座（接地），在任何情况下切勿切除或拆除电源线的第三插脚（接地）。

3）双温冷柜内严禁放入易燃、易爆的危险品及强腐蚀性的物品等。

4）请勿靠近双温冷柜使用可燃性喷雾剂，以免引起火灾。

体泄漏时，打开排气装置和门窗，不要拔插双温冷柜电源插头。

一旦切断电源，需要 5min 以上方可重新接通，以免压缩机或系统受到

5）

源线需要加长，加长线截面积不得小于 0.75mm^2。如果电源软线损坏，必须

替换。

通电源的双温冷柜不要立即放入食品，让冷柜空运行一段时间后（夏季约 3h，

再将食品装入柜内冷藏。

温冷柜移动后，需静置 10min 以上再接通电源。

使用中应避免除霜水、果汁、菜汤等洒落到双温冷柜内或其门缝处，以免造成锈

冷柜使用寿命。

机械除霜的商用双温冷柜要定期除霜，以免霜层过厚增加双温冷柜的能耗。除霜将柜内物品转移，静置一段时间，待霜层融化后再用冷柜配备的除霜铲清理，忌用尖蛮力除霜，以免损坏冷柜。

（2）双温冷柜的保养维护

双温冷柜外表面和各种附件应经常保持干燥清洁，定期用软布蘸中性洗涤剂与温水搅拌的清洗液擦洗，再用清水洗净擦干。柜体外表可用上光蜡打光，切忌用热开水、去污粉、水、汽油等有腐蚀性的溶液擦洗，勿用硬刷子洗刷，也不要用水冲淋双温冷柜，以免其表面零件生锈、隔热层受潮，从而造成漏电事故。清洗双温冷柜时，必须切断电源。

双温冷柜背后的冷凝器和压缩机表面应保持清洁，可用软刷和吸尘器清扫除尘，以提高散热效能，降低电耗。

双温冷柜门与门封条之间要经常用软布擦洗清洁。应特别注意不要让门封条吸附上铁屑等铁质金属物，以免损坏门封条而使双温冷柜产生漏气现象。

梅雨季节时，空气湿度较大，柜体表面有凝露现象是自然的，用干净的软布擦去即可。

双温冷柜内严禁存放强酸、强碱、易挥发、易燃、易爆物品（如乙醚、汽油、甲苯及涂料等），以免腐蚀其内胆或引起爆炸事故。

双温冷柜长期停用时，须将柜内外擦净、风干，柜门略留缝隙，置于清洁干燥通风的室内。在停用存放期间，每隔一两个月接通电源一次，待压缩机正常运转 0.5~1h 后再关机。

3. 双温冷柜的发展趋势

从 1910 年世界上第一台压缩式制冷家用冰箱在美国问世到 2017 年中国新型城镇化政策对冷柜消费的大力推动，经过百年洗礼的全球冷柜市场已经步入成熟期。如今，在冷柜现有的保鲜、制冷基本功能基础上，技术人员将重点研发变频、杀菌、健康等附加功能。

近几年，冷柜厂家在产品营销中除了突出宣传节能理念外，还提出了健康这一理念。如今，健康冷柜逐渐从理念走向实际，其功能和指标已逐步确定。

对于冷柜今后的发展趋势主要有以下几方面。

1）结构调整仍将继续。由于供给侧改革以及环保限产等政策因素，钢铁、化工原材料等白电原材料的供给仍相对紧张，我们预判大宗原材料成本仍将维持高位甚至可能上涨，原材料成本压力仍旧巨大；加上限购之后地产逐步降温，家电市场需求量明显下降。迫于材料成本和品质需求的结构升级路线仍将继续。

2）马太效应更加明显。随着各项成本的居高不下，很多长尾企业被迫转型，接下来将

会有更多的长尾企业出局。龙头企业会以结构升级为主而非单纯涨价来应对成本压力，这对长尾企业来说是致命的。“强者恒强”的马太效应会更加明显。

3）保鲜技术迭代成新战场。随着各个品牌保鲜技术的争相发布，一场保鲜技术争夺战在所难免，谁掌握了最前沿的保鲜技术，谁就掌握了高端市场的敲门砖。当然现在已经不是“酒香不怕巷子深”的时代了，技术宣传和产品卖点的包装显得尤为重要。消费者对于冰箱保鲜的要求也越来越高。

基本技能

1. 认知冷冻室、冷藏室

在实体冷柜上认知冷冻室、冷藏室，打开室门，观察室内结构。

在冷柜正常运行状态下观察冷冻室、冷藏室的温度显示屏数据。

2. 了解冷柜的制冷方式

1）冷冻室的风冷式制冷

观察冷冻室内的风冷风扇、冷风的循环通道、热交换器等结构，了解风冷式制冷的原理。

2）冷藏室的直冷式制冷

观察冷藏室热交换器结构特点，了解直冷式制冷的原理。

任务2 XK—ZLZR1A型空调制冷综合实训装置简介

基本知识

本任务主要介绍2018年全国职业院校技能大赛中职组“制冷与空调设备组装与调试”项目使用的山东星科智能科技股份有限公司的XK—ZLZR1A型空调制冷综合实训装置（制冷与空调设备），该装置主要强化训练学生的空调和冷柜系统的管路设计及安装、电气接线、工况调试、故障诊断与维修以及制冷工具的使用等综合职业能力。其实物如图1-2所示。

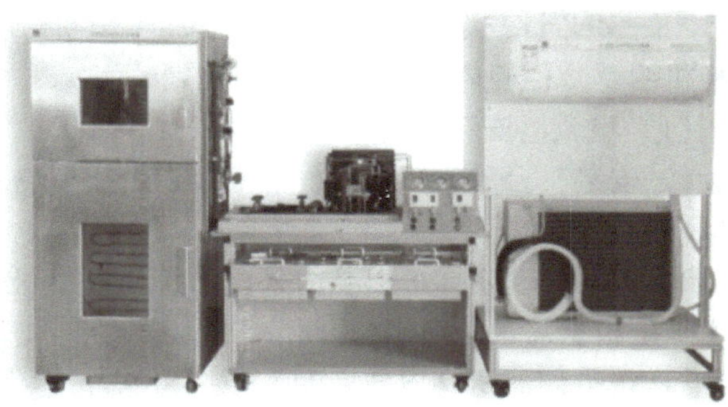

图1-2 XK—ZLZR1A型空调制冷综合实训装置

1. 空调制冷综合实训装置简述

XK—ZLZR1A型空调制冷综合实训装置主要由空调系统和双温冷柜系统组成。系统内部主要分为电气控制系统和管路系统两部分，两个系统相互独立分开。电气控制系统由具有漏电保护功能的电源及考核模块、分体式热泵空调电气控制模块和双温冷柜电气控制模块组成。管路系统分为热泵空调器和双温冷柜两种。设备具有智能故障考核功能，可对学生进行空调和双温冷柜电气控制系统的实训考核。

2. 空调制冷综合实训装置的特点

1）该装置集空调器和双温冷柜管路系统安装、检漏、保压、抽真空、充注制冷剂、电控系统接线和系统运行调试于一体，可满足实训教学、实际工程训练和职业技能竞赛的要求。

2）该装置采用模块化设计，电气系统和管路系统相互独立分开。电气系统设置了测试端子和输出端子，学生可进行电气测试、接线和调试运行操作。管路系统可用于学生进行管路设计和安装实训。

3）该装置直观展示了空调器、双温冷柜的制冷系统结构，便于教学演示讲解，可加深学生对课本知识的理解和掌握。

4）该装置配置可移动的压力表和 8 路温度巡检仪，用于测量系统关键点的压力和温度值，从而对系统进行计算和分析。

5）整套实训装置真实完整，结构清晰，与实际空调器、冷柜制冷系统、电气控制系统一致，易学易教。

3. 空调制冷综合实训装置技术参数

1）工作电源：单相三线制 AC220V(±10%)、50Hz。

2）整机功耗：小于 1.5kW。

3）外形尺寸：

①冷柜机组、电控系统安装平台：1200mm×800mm×750mm；

②双温冷柜柜体：720mm×750mm×1650mm；

③空调器安装平台：1000mm×750mm×1700mm。

4）电源总开关（带漏电保护）$\Delta I_n \leqslant 30mA$，时间$\leqslant 0.1s$。

5）具有电压指示、电流指示和供电指示。

4. 空调制冷综合实训装置的组成

XK—ZLZR1A 型空调制冷综合实训装置主要由空调器安装平台、电气控制系统平台和冷柜机组及冷柜柜体三部分组成。

（1）空调器安装平台

1）安装平台采用铝型材作为框架，由模拟墙和底座组成，室内机和室外机分别安装在模拟墙和底座上。

2）室外机和室内机以及内外机的管路可根据技术要求和规范进行安装和连接，学生可在木板上根据需求练习定位开孔。

3）将空调器所有电气部件的接线引出，学生可根据对电气元件的测量和判断进行接线，最终与电气控制系统平台上的空调器电气控制模块进行连接。

4）平台底脚配有可制动的静音万向轮，以方便移动。

（2）电气控制系统平台和冷柜机组

1）平台简介。

①平台以铝型材为主框架，桌面由带凹槽的工业铝型材拼接而成，便于安装实训部件和设备。桌面下方设置有抽屉，用于放置电源及考核模块、双温冷柜电气控制模块和空调电气控制模块。抽屉下方设置了存放柜，用于放置制冷专用工具、真空泵及制冷剂等。

②铝型材桌面前部设置有端子排和护套插孔相结合的接线区，作为电气实训单元箱与被控元件的连接过渡区。桌面四周安装了走线槽，简洁美观。

③冷柜机组采用泰康制冷机组，包含全封闭压缩机、风冷翅片式冷凝器、储液器和机组阀门等。供电电源为 AC 220～240V、50Hz；压缩机功率为 328W；采用无氟环保的 R134A 制冷剂。机组安装在不锈钢网孔板上，可随意摆放。配套有专用塑料卡座，用于固定干燥过滤器、视液镜等。

④平台底脚配有可制动的静音万向轮，以方便移动。

2）模块简介。

①电源及考核模块。电源及考核模块的控制面板如图 1-3 所示。从该面板可以看出，电源及考核模块主要由漏电保护器、交流电压表、交流电流表、电源插座、智能考核单元、电源输入端子等组成。漏电保护器为装置提供安全保护，交流电压表和电流表用于测量与显示设备的工作电压和电流值，电源插座主要为外围设备提供工作电源。电源及考核模块电气原理如图 1-4 所示。

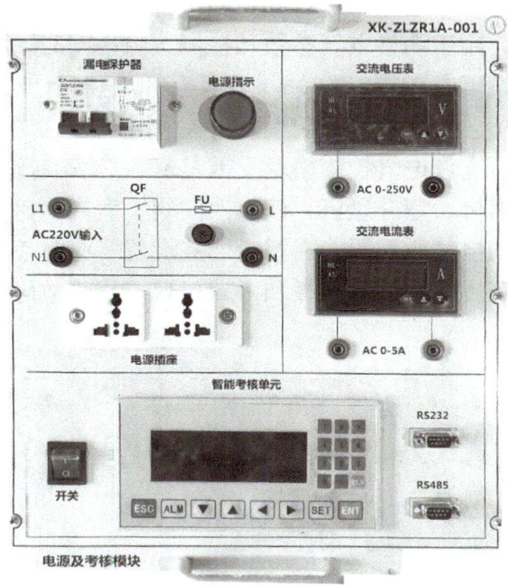

图 1-3　电源及考核模块控制面板

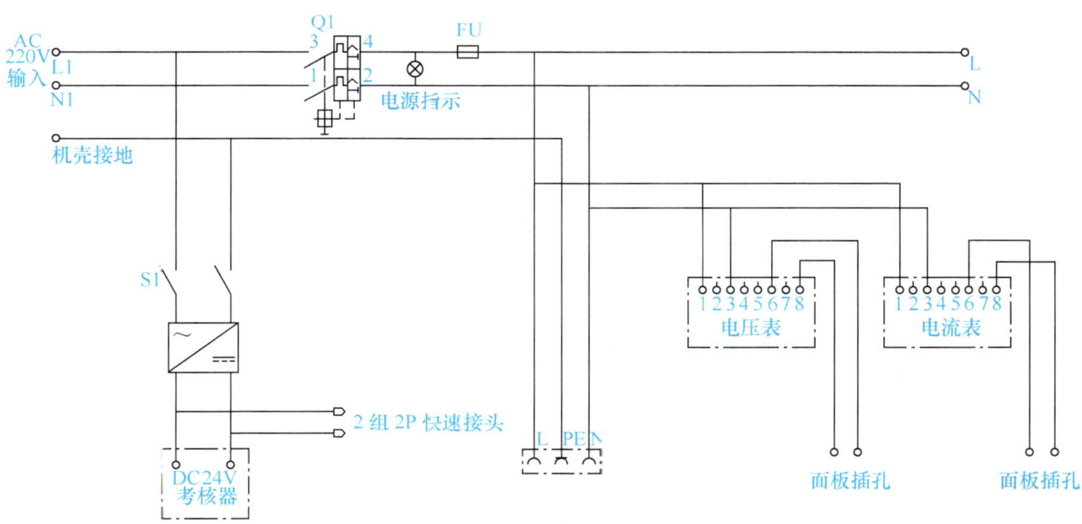

图 1-4　电源及考核模块电气原理图

②双温冷柜电气控制模块。双温冷柜电气控制模块的控制面板如图 1-5 所示。从该面板可以看出，双温冷柜电气控制模块主要由两个智能温度控制器、旋钮开关、指示灯、输入/输出护套插孔和带测量点的电气原理图等组成。两个智能温度控制器分别控制冷藏室和冷冻

室温度；旋钮开关分别是电源开关、冷藏室开关和冷冻室开关；指示灯分别用于电源指示、压缩机运行指示、冷藏室工作指示、压力保护指示和冷冻室工作指示；输入/输出护套插孔用于输入电路与执行部件的接线；模块下部印有详细的电气原理图，在相应位置设置了测量点，用于测量电气参数和检测故障。同时，模块安装有智能故障考核板和考核接口，用于故障设置与考核。

③空调电气控制模块。空调电气控制模块的控制面板如图 1-6 所示。从该面板可以看出，空调电气控制模块上部是输入/输出护套插孔，用于温度传感器、风机反馈输入电路与压缩机、室外风机、四通换向阀、室内风机和步进电机执行部件的接线。模块下部印有较详细的电气原理图，在相应位置设置了测量点，用于测量电气参数和检测故障。同时，模块安装有智能故障考核板和考核接口，用于故障设置与考核。

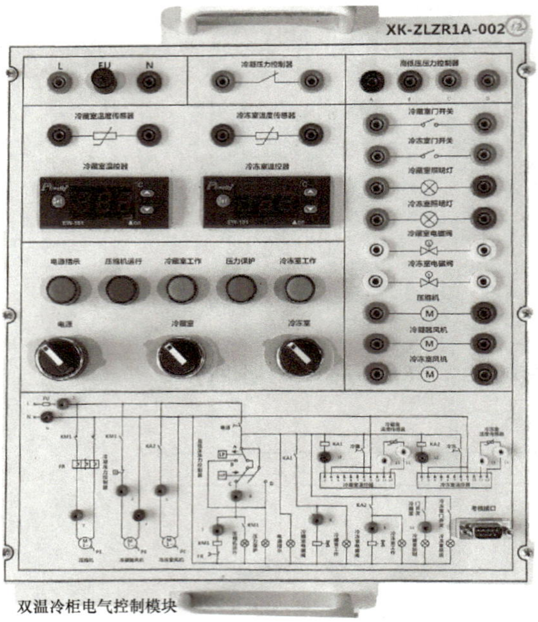

图 1-5　双温冷柜电气控制模块的控制面板

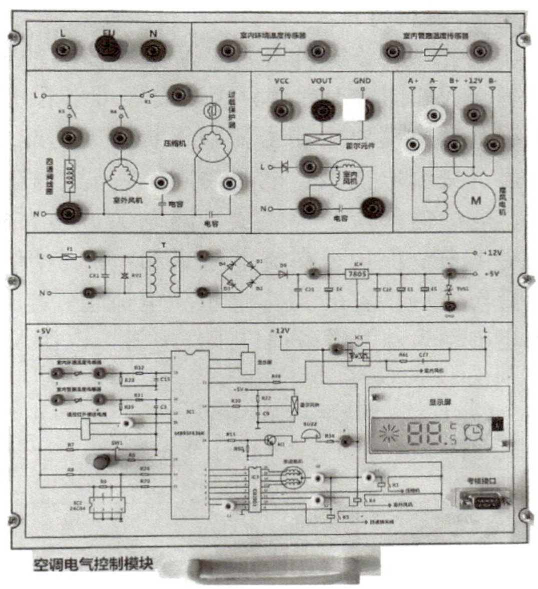

图 1-6　空调电气控制模块控制面板

（3）冷柜柜体

1）柜体采用优质不锈钢板做骨架，经过机械加工成形，保温层采用聚氨酯保温防火发泡材料。

2）整个空间分为上下两层，上层为冷冻区，采用吹风翅片式蒸发器；下层为冷藏区，采用光管式蒸发器。

3）柜体侧面安装一块不锈钢网孔板，用于安装内平衡式热力膨胀阀、蒸发压力调节阀和电磁阀等。

4）柜门安装透明玻璃窗，便于观察内部结构及工作状态。柜体内包含照明系统和排水系统等。

5）底部安装带刹车的万向轮，移动和固定两相宜，方便调整设备的摆放位置。

基本技能

1. 熟悉 XK—ZLZR1A 型空调制冷综合实训装置

XK—ZLZR1A 型空调制冷综合实训装置的三大组成部分分别为空调器安装平台、电气控制平台和冷柜机组及冷柜柜体。

2. 熟悉双温冷柜的基本构成

双温冷柜主要由柜体和中央控制平台组成，在柜体和平台上有用于安装制冷部件和布放管路的网孔板，压缩机安装在平台上。

3. 熟悉中央控制平台

中央控制平台用于安装冷柜压缩机和装接冷柜、空调的控制电路，有 3 个抽屉，分别安装了电源及考核模块、双温冷柜电气控制模块和空调电气控制模块。

任务 3　XK—ZLZR1A 型空调制冷综合实训装置考核系统

基本知识

1. 电源及考核模块

（1）电源模块的使用

XK—ZLZR1A 型空调制冷综合实训装置的电源模块如图 1-7 所示。漏电保护器控制整个装置的总电源开关并实现保护，接通电源后，电源指示灯亮，电源模块为整个装置供电。

电源保护地线已经通过供电电气箱连接到控制平台上，平台通过导线再与接线端子排的 3 号端子连接。接线时，将端子排的 3、4、35 号端子用模块线插接在一起，即可完成冷柜、空调器和平台的接地保护，地线无须在模块上连接，如图 1-8 所示。

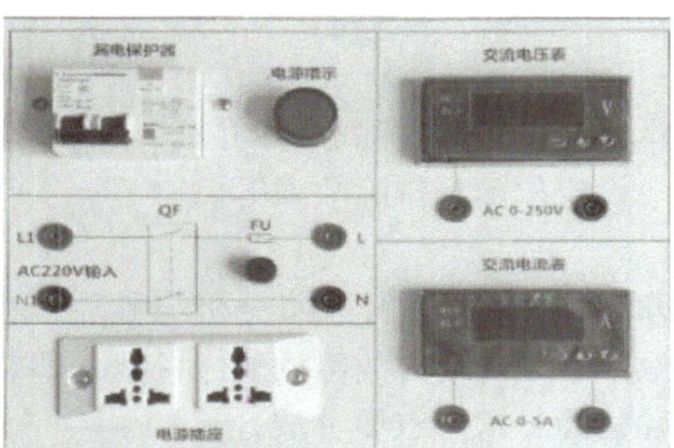

图 1-7　XK—ZLZR1A 型空调制冷综合实训装置电源模块

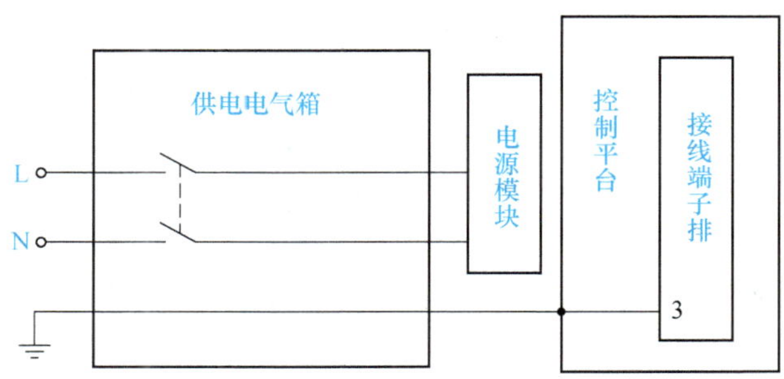

图 1-8　装置地线连接

电源模块的电源插座可以为操作者提供电源接口。

交流电流表和交流电压表用于显示装置工作或检测时的电源参数。电压表通常和供电侧连接，用于监测工作电压，电流表要根据需求监测电气部件的工作电流，应根据实际情况完成电流表接线。

（2）智能考核单元的电源与通信

XK—ZLZR1A 型空调制冷综合实训装置智能考核单元如图 1-9 所示，由操作屏、电源开关和通信端口构成。

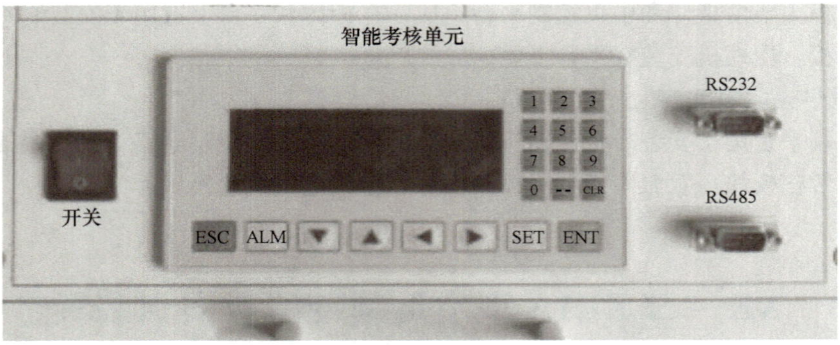

图 1-9　XK—ZLZR1A 型空调制冷综合实训装置智能考核单元

智能考核单元有自己独立的电源，用于设置模拟故障和排故，左侧的电源开关控制考核单元模块的电源通断。

电源接通后，考核单元模块开始工作，开关自带指示灯亮。电源断开后，考核单元模块停止工作。

对装置设定故障和排故时，电源及考核模块、冷柜模块和空调器模块之间要连接排故通信接头和电源接头，要接通排故电源开关，如图 1-10 所示。

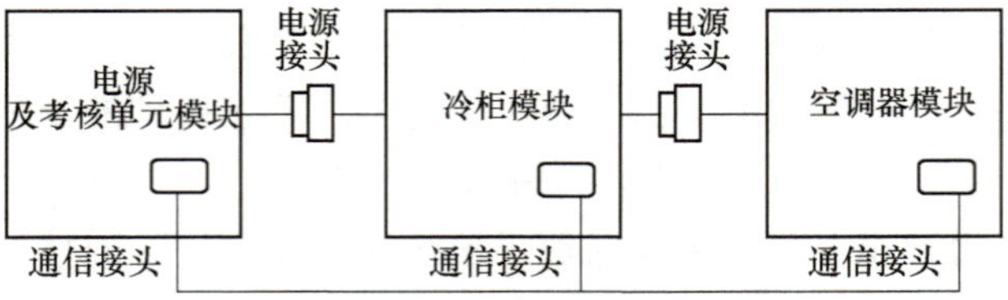

图 1-10　模块连接

（3）操作屏

考核模块的操作屏如图 1-11 所示。它主要由调节按键和显示屏组成。显示屏用于显示所有设定和排除故障的内容；调节按键由功能键和数字键组成，通过调节按键可实现登录、设定故障和排除故障等。

（4）排除故障注意事项

1）顺序排除故障。为了能更好地训练操作者根据故障现象与进行故障分析与排除，考核模块设定了特殊的排除故障顺序要求：排除故障的顺序必须与设置故障的顺序一致，即顺序排除故障，但并不是按照故障码的数字大小顺序排除故障，这一点要分清。

2）单独排除故障。冷柜故障检修和空调器故障检修可在显示屏上进行，可单独对冷柜或空调设备进行故障排除，不分先后顺序。

2. 考核模块系统界面

开机，考核模块送电后，首先显示图 1-12 所示的欢迎界面，然后进入图 1-13 所示的待机界面。

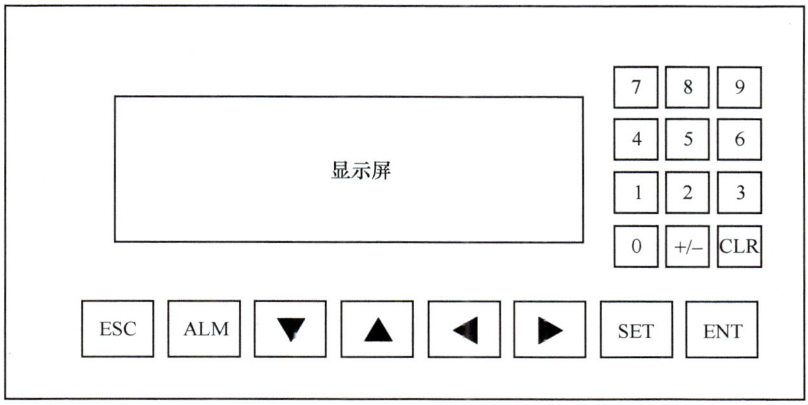

图 1-11 考核模块操作屏

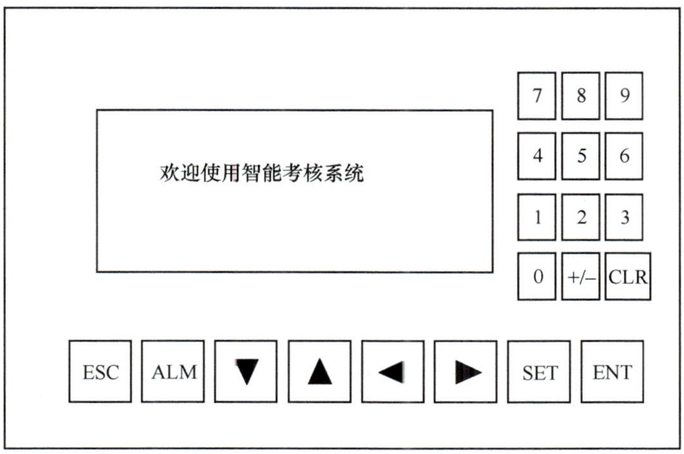

图 1-12 欢迎界面

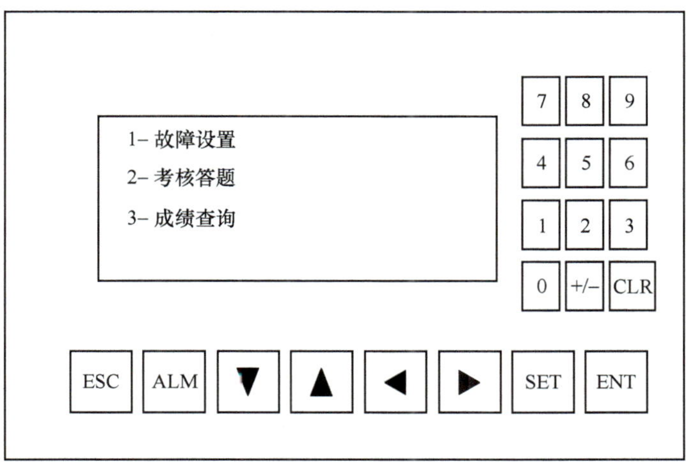

图 1-13 待机界面

基本技能

1. 电源及考核模块的连接

（1）电源模块的连接

将电源模块连接电源，再将电源模块连接到冷柜控制模块和空调器控制模块。电源模块的电流表用于监测冷柜的工作电流。

（2）考核模块的连接

将考核模块的电源连接到冷柜控制模块和空调器控制模块。

将考核模块的通信电路连接到冷柜控制模块和空调器控制模块。

2. 排故基本操作

（1）密码输入

在图 1-13 所示待机界面中按下按键“1”进入图 1-14 所示的密码输入界面。

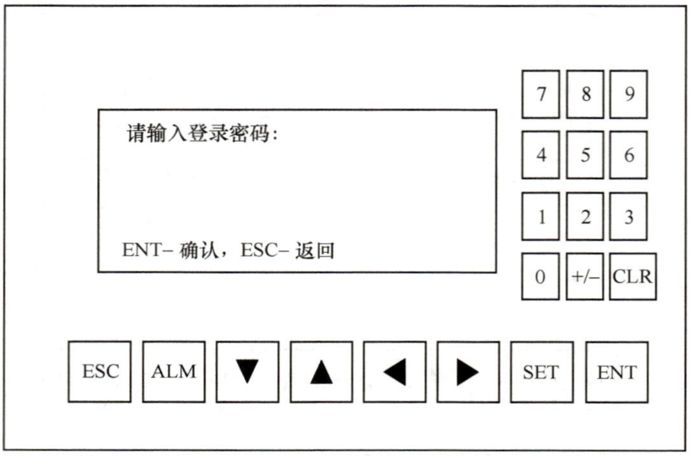

图 1-14　密码输入界面

输入密码“666666”，然后按“ENT”键进入图 1-15 所示的故障设置主界面。按“ESC”键可返回到图 1-13 所示待机界面。**注意：**登录密码可以通过软件进行修改。

（2）使用上次故障设置（故障查看）

在图 1-15 所示故障设置主界面，按“1”键，进入图 1-16 所示的故障查看界面。

通过“▲”键和“▼”键可以查看历史故障设置情况，按“ESC”键可返回到图 1-15 所示的故障设置主界面。

（3）开始新的故障设置

在图 1-15 所示故障设置主界面，按“2”键，进入图 1-17 所示故障设置界面。

3. 故障设置软件

双击连接系统的计算机中的“XK-FS2016. exe”文件，打开故障设置软件，如图 1-18 所示，通过该软件可以对考核器进行故障设置、故障清除、成绩查询、成绩清除及参数设置等操作。

（1）故障设置与故障删除

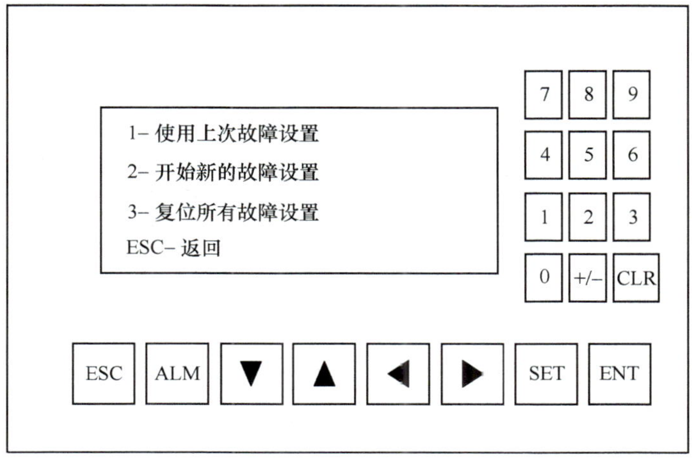

图 1-15　故障设置主界面

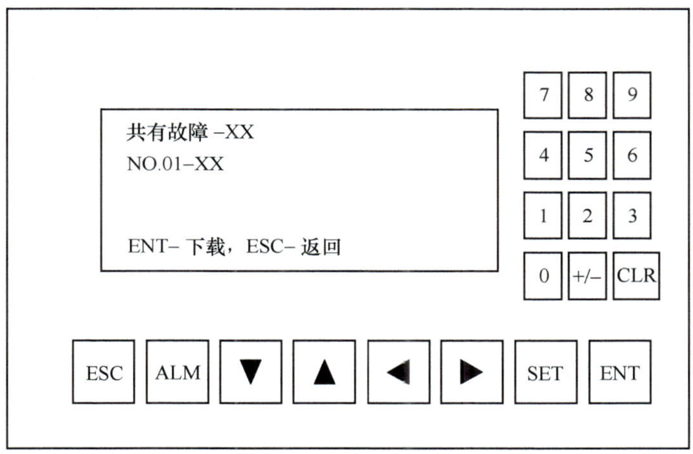

图 1-16　故障查看界面

1）添加故障：在故障列表中双击某一故障，即可将该故障添加到已选故障列表。

2）删除故障：在已选故障列表中选择某一故障，单击“删除”按钮，即可将该故障删除。

3）故障顺序移动：在已选故障列表中选择某一故障，单击“上移”或“下移”按钮，即可将该故障的位置进行上移或下移。

4）故障列表清空：单击“清空”按钮，可以清空已选故障列表。

5）保存：单击“保存”按钮，可以将该次所选故障以 TXT 文本格式进行保存。

6）打开：单击“打开”按钮，可以打开保存的故障设置，并在已选故障列表中显示。

（2）故障下载与复位

设置好故障后，选择通信口（如 COM1），选择开始地址与结束地址，然后单击“故障下载”按钮，故障将被下载到相应的考核器中。单击“故障复位”按钮，可以将所选地址的考核器故障进行复位。**注：**考核器地址默认为 1。

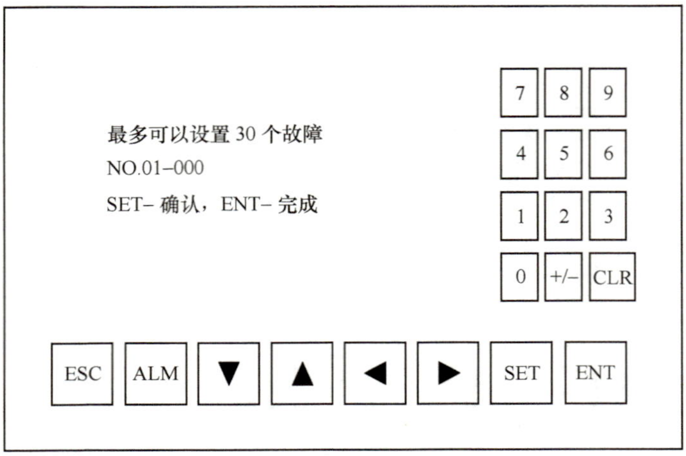

图 1-17　故障设置界面

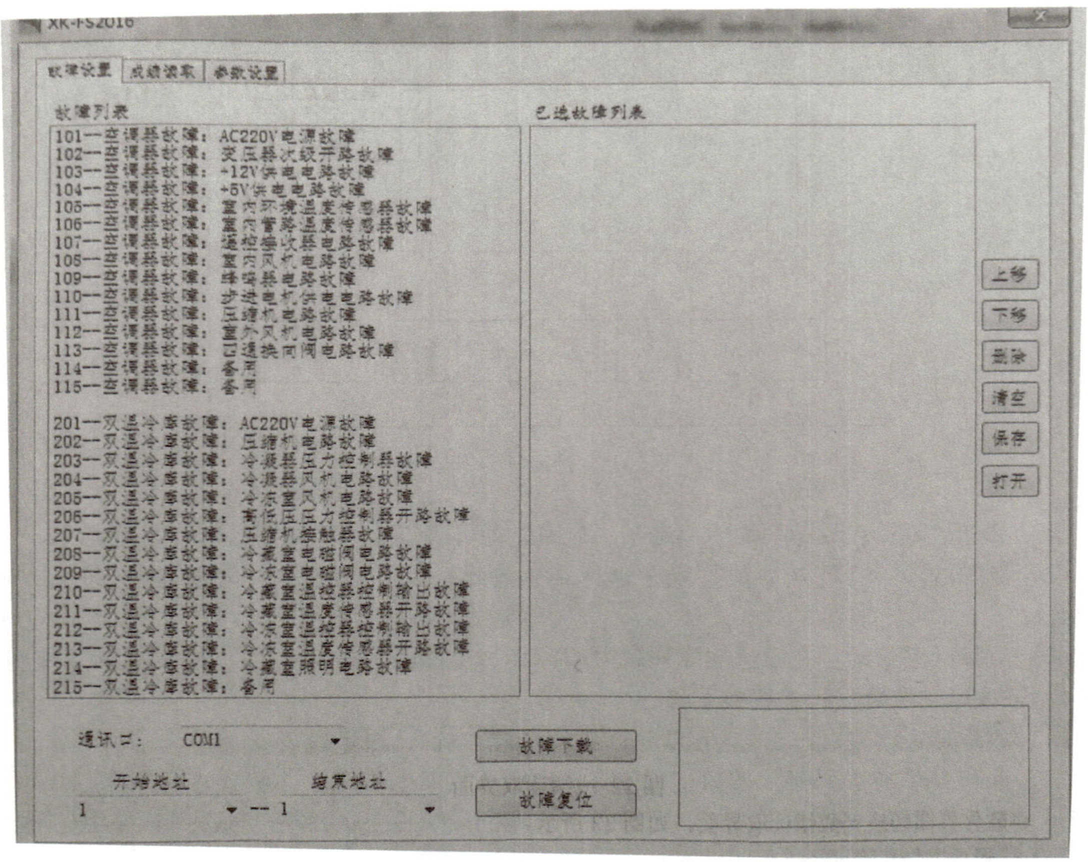

图 1-18　故障设置界面

（3）成绩读取与清除

在图 1-18 所示故障设置界面上单击“成绩读取”选项卡，将软件界面切换到成绩读取界面，如图 1-19 所示。

图 1-19 成绩读取界面

1）成绩读取与清除：选择开始地址与结束地址，然后单击“成绩读取”按钮，所选地址对应的考核器中存储的最新一次的考核成绩将被依次读取到列表中。单击“成绩清除”按钮，所选地址对应的考核器中存储的最新一次的考核成绩将被依次清除。

2）成绩保存与打开：单击“保存”按钮，列表中的成绩将以 txt 文本格式进行保存。单击“打开”按钮，可以打开已经保存的成绩清单，并在列表中显示。

（4）参数设置

在图 1-18 所示故障设置界面单击“参数设置”选项卡，将软件界面切换到参数设置界面，如图 1-20 所示。

1）考核器扫描：单击“开始扫描”按钮，软件开始自动查找连接到网络中的考核器，并在列表中显示，单击“停止扫描”按钮，停止查找。

2）参数设置：可以设置考核器的地址、密码及允许答题次数，设置完成后，在列表中选择要下载的考核器，单击“参数下载”按钮，若下载成功，则弹出提示“参数修改成功，重新上电后生效！”；若下载失败，则弹出提示“参数下载失败”。

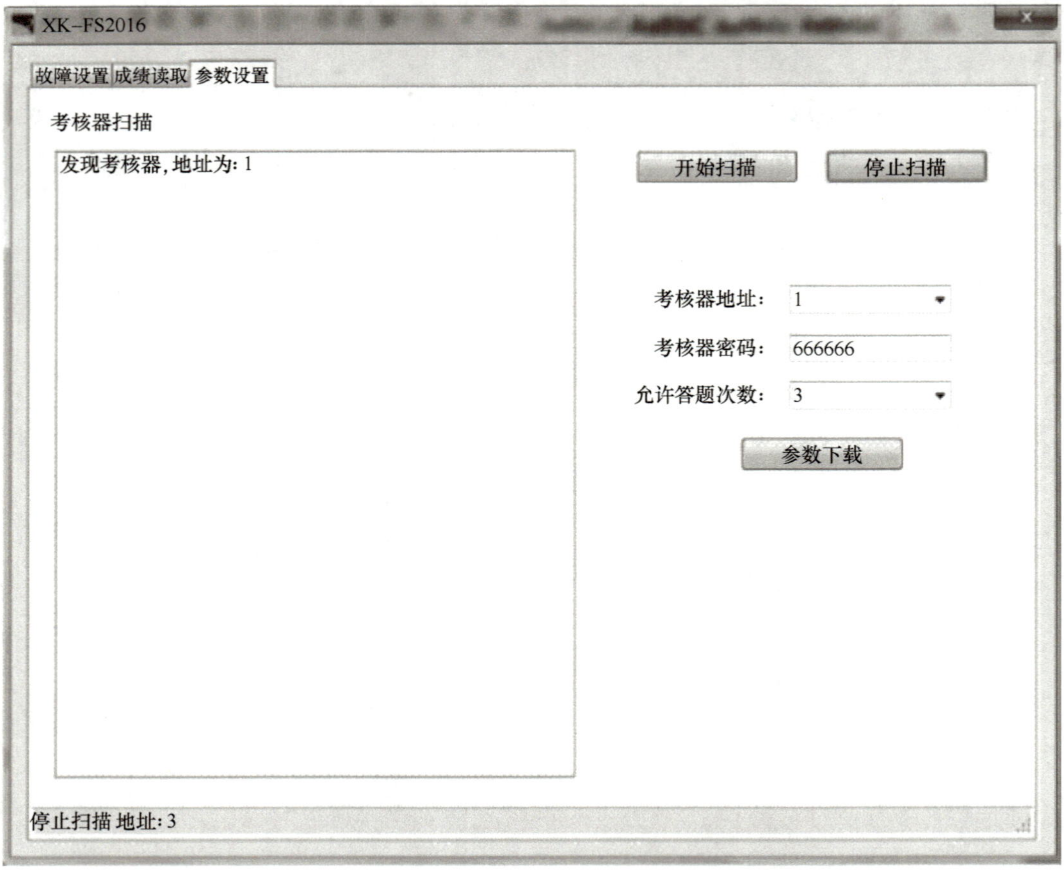
XK-FS2016
故障设置
成绩读取
参数设置
考核器扫描
发现考核器,地址为: 1
开始扫描
停止扫描
考核器地址:
1
考核器密码:
666666
允许答题次数:
3
参数下载
停止扫描 地址: 3

图 1-20　参数设置界面

项目2

制冷与空调技术基础

任务1 制冷与空调热力学基础

基本知识

在制冷技术中获得低温的方法很多，总体上可以分为物理和化学两大类。目前在制冷技术中多采用物理方法，它是运用物质的物理变化来实现的，这些物质被称为制冷剂或制冷工质。

制冷剂在制冷系统中不断地进行状态变化，即处于各种不同的热力状态。用于描述制冷剂热力状态的宏观物理量称为热力状态参数，简称状态参数。状态参数有温度（T）、压力（p）、比体积（v）、比焓（h）、比熵（s）、热力学能（U）等。其中，温度、压力和比体积这三个参数又称为制冷剂的热力状态基本参数，简称基本参数。

1. 热力学基本定律

热力学基本定律是制冷工程的热力学基础。

热力学定律是描述物理学中热学规律的定律，包括热力学第零定律、热力学第一定律、热力学第二定律和热力学第三定律。其中，热力学第零定律又称为热平衡定律，热力学第一、第二定律发现后才认识到这一规律的重要性；热力学第一定律即能量守恒与转换定律；热力学第二定律有多种表述，也称为熵增加原理；热力学第三定律表达了绝对零度不可能达到的原理。

（1）热力学第一定律

能量守恒与转换定律是自然界的基本规律之一。它指出：自然界中的一切物质都具有能量，能量既不能凭空产生，也不能凭空消失，它只能从一种形式转化为另一种形式，或者从一个物体转移到另一个物体，在转化和转移的过程中，能量的总量不变。

热力学第一定律是能量守恒与转换定律在热现象中的一种表述方式，它确定了热力过程中热力系统与外界进行能量交换时，各种形态能量在数量上的守恒关系。

热和功可以互相转换，一定量的热消失时必然产生一定量的功；消耗一定量的功，也必然出现与之对应的一定量的热。如图 2-1 所示，蒸汽机是将蒸汽的能量转换为机械功的往复式动力机械；钻木取火是根据摩擦生热的原理产生的。这都是热力学第一定律在实际中的应用。

a) 蒸汽机

b) 钻木取火

图 2-1　热力学第一定律的应用

热力学第一定律告诉我们，热和功之间的转换关系可用下式表示：

$$Q = AL$$

式中　Q——消耗的热量（kJ）；

A——得到的功（kg · m）；

L——热功当量［kJ/(kg · m)］。

热力学第一定律说明了热能和机械能之间的相互转换与守恒。

（2）热力学第二定律

热量能自动地从高温物体向低温物体传递，不能自动地从低温物体向高温物体传递。要使热量从低温物体向高温物体传递，必须借助外功，即消耗一定的电能或机械能。如图 2-2 所示，热水倒入冰块中，冰块慢慢融化；铁块放在火上慢慢被烧红。这都是热力学第二定律在实际中的应用。

a) 热水倒入冰块中

b) 铁块被烧红

图 2-2　热力学第二定律的应用

热力学第二定律告诉我们：当两个温度不同的物体相接触时，热量总是从高温物体传向低温物体，而不可能逆向进行，若要逆向进行，就必须消耗一定的外功。

热力学第二定律和热力学第一定律不同，第一定律否定了创造能量和消灭能量的可能性，第二定律阐明了能量转化的方向和必备条件，否定了以特殊方式利用能量的可能性。

（3）热力学第三定律

热力学第三定律是热力学的基本定律之一，它描述的是热力学系统的熵在温度趋近绝对零度时趋于定值。

热力学第三定律认为，当系统趋近绝对零度时，系统等温可逆过程的熵变化趋近零。热力学第三定律只能应用于稳定平衡状态，因此也不能将物质看做是理想气体。1912 年，能斯特又将这一规律表述为绝对零度不可能达到原理：不可能使一个物体冷却到绝对温度的零度。绝对零度不可达到这个结论称为热力学第三定律。

（4）热力学第零定律

热力学第零定律比起热力学其他任何定律更为基本，但直到 20 世纪 30 年代一直都未察觉到有必要把这种现象以定律的形式表达。热力学第零定律是由英国物理学家拉尔夫·福勒于 1939 年正式提出，比热力学第一定律和热力学第二定律晚了 80 余年，但是热力学第零定律是后面几个定律的基础，所以称为热力学第零定律。

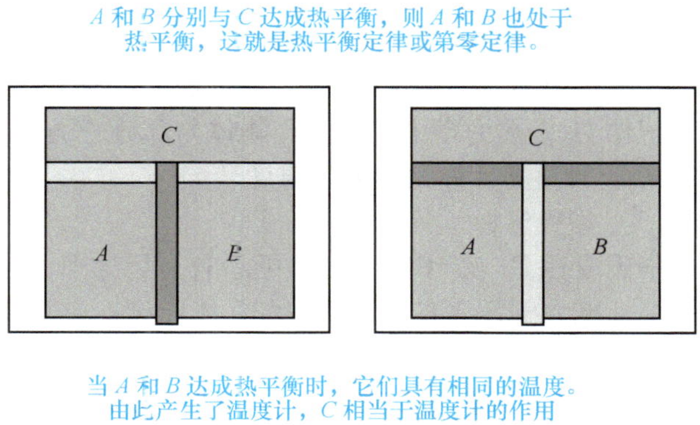

图 2-3　热力学第零定律

如图 2-3 所示，热力学第零定律最常用的定律表述是：若两个热力学系统均与第三个系统达成热平衡（温度相同），那么，这两个系统也必互相处于热平衡。换句话说，热力学第零定律是指在一个数学二元关系之中热平衡是递移的。

热力学第零定律又称为热平衡定律，是热力学的四条基本定律之一，是一个关于互相接触的物体在热平衡时的描述，以及为温度提供理论基础。

热力学第零定律用来作为体系测量的基本依据，其重要性在于它说明了温度的定义和温度的测量方法。

2. 温度和温标

温度是表示物体冷、热程度的物理量，是物体内部分子运动平均动能的量度。物体都有温度，温度越高，分子运动越快；反之，温度越低，分子运动越慢。冷、热不同的物体相互接触时，一个物体放热，另一个物体吸热，热量由热的物体转移至冷的物体。物体的冷、热程度凭人体的感觉来判断是不准确的。为了使温度的测量准确一致，就要有一个标度，这就是温标，即规定测量温度的基点和测量单位。目前，在日常生活和制冷技术中常用的是摄氏温标和热力学温标，但某些进口设备的技术指标中也有使用华氏温标的。图 2-4 所示为摄氏温度、热力学温度和华氏温度对照。

摄氏温度/℃	热力学温度/K	华氏温度/℉
-273.15	0	-459.67
-17.78	255.37	0
-10	263.15	14
0	273.15	32
5	278.15	41
10	283.15	50
15	288.15	59
20	293.15	68
25	298.15	77
30	303.15	86
37	310.15	98.6
37.78	310.93	100
100	373.15	212

图 2-4　摄氏温度、热力学温度和华氏温度对照

（1）摄氏温标

摄氏温标 t 又称为国标百度温标，以摄氏度为单位，单位符号为℃。把在标准大气压下冰水混合物的温度定为 0 摄氏度，沸水的温度定为 100 摄氏度，0 摄氏度和 100 摄氏度中间分为 100 等分，每等分代表 1 摄氏度，记作 1℃。摄氏温标为十进制，简单易算。摄氏温标是目前世界上普遍采用的一种温标，我国采用的就是摄氏温标，相应的温度计称为摄氏温度计。

（2）热力学温标

热力学温标 T 也称为开氏温标，亦称为开尔文温标、绝对温标，以开尔文为单位，单位符号为 K。它规定以纯净水的三相点作为基点。为了便于记忆，把纯净的水在一个标准大气压下的冰点定为 273.15 开氏度，沸点定为 373.15 开氏度，其间等分成 100 格，每格 1 开氏度，记作 1K。热力学中规定，当物体内部分子的运动终止时，其热力学温度为零度，即 $T=0$K。相应的温度计称为热力学温度计。

（3）华氏温标

华氏温标 F，以华氏度为单位。它是把纯净的水在一个标准大气压下的冰点定为 32 华氏度，沸点定为 212 华氏度，其间等分成 180 格，每格为 1 华氏度，记作 1℉。因其分度较细，故准确度较高，但使用不便。目前英国、美国等仍采用华氏温标。相应的温度计称为华氏温度计。

摄氏温标 t 的数值与热力学温标 T 的数值之间可按下式进行换算：

$$t=T-273.15\approx T-273$$

华氏温标 F 的数值与摄氏温标 t 的数值之间可按下式进行换算：

$$F = 1.8t + 32$$

三种温标的比较如图 2-5 所示。

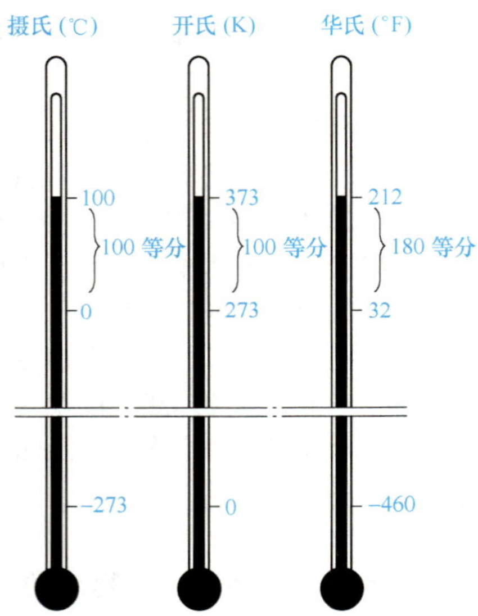

图 2-5　三种温标的比较

测量温度所用的温度计种类很多，制冷工程中常用的有水银温度计、热电偶温度计、酒精温度计和半导体温度计等，它们都以摄氏温度为计量单位。

3. 压强和压力

（1）物理定义

物理学中规定，垂直作用在物体表面上的力称为压力，其国际单位为牛顿，简称牛，单位符号为 N；物体单位面积上受到的压力称为压强，其国际单位为帕斯卡，简称帕，单位符号为 Pa，即 $1\text{Pa}=1\text{N/m}^2$。压强用来比较压力产生的效果，压强越大，压力的作用效果越明显。图 2-6 所示为压力和受力面积对压强的影响。

从图 2-6 可以看出，增大压强的方法有：在受力面积不变的情况下增加压力或在压力不变的情况下减小受力面积。减小压强的方法有：在受力面积不变的情况下减小压力或在压力不变的情况下增大受力面积。

物理学上的压力是指发生在两个物体的接触表面的作用力，或者是气体对固体和液体表面的垂直作用力，又或者是液体对固体表面的垂直作用力。在力学和多数工程学科中，习惯上将“压力”一词与物理学中的“压强”同义。

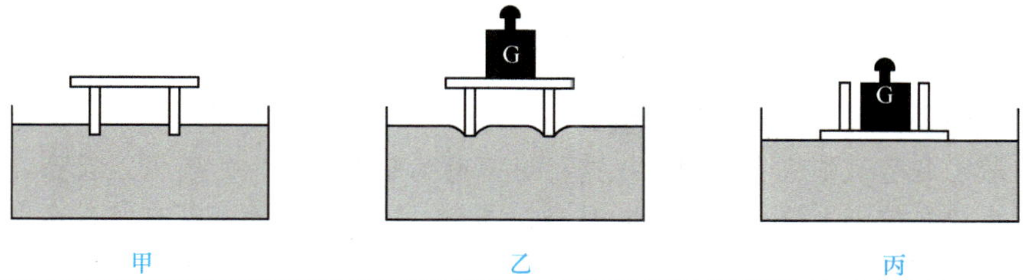

实验次数	压力	受力面积	压力作用效果
1（甲）	桌子重力	桌脚	不明显
2（乙）	桌子+砝码重力	桌脚	明显
3（丙）	桌子+砝码重力	桌面	极不明显

图 2-6　压力和受力面积对压强的影响

（2）制冷定义

在制冷技术中，压力就是压强，是指单位面积所承受的垂直作用力，用 p 表示。由分子物理学可知，气体的压力是由于大量气体分子在无规则运动中对容器壁进行频繁撞击所产生的。压力的国际单位是帕斯卡，简称帕，单位符号为 Pa，$1Pa=1N/m^2$，表示每平方米面积上所承受的垂直作用力为 1N，即

$$p = F/S$$

式中　p——压力（Pa）；

F——垂直作用力（N）；

S——作用面积（m^2）。

此外，压力的单位还有：①千克力，如千克力每平方厘米（kgf/cm^2）；②液柱高度，如厘米汞柱（cmHg）或毫米水柱（mmH_2O）；③标准大气压（atm）和巴（bar）等。

4. 物态变化

由于构成物质的大量分子在永不停息地做无规则热运动，且不同的分子做热运动的速度不同，这就形成了物质的三种状态：固态（体）、液态（体）和气态（体）。在物理学中，把物质的状态称为物态。

把物质从一种状态变化到另一种状态的过程称为物态变化。物态变化的过程都是伴随着热量的转移发生的。热的吸收和放出是物质升温、降温或物质固、液、气三态之间形态变化的条件。物质三种状态之间的变化及能量转移关系如图 2-7 所示。

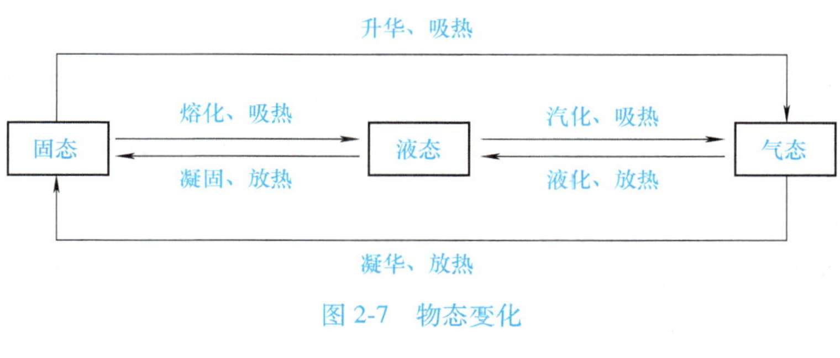

图 2-7　物态变化

（1）汽化和液化

物质从液态变为气态的过程称为汽化，该过程需要吸收热量。

日常生活中经常可以看到，把水泼到地面上，不久地面就会慢慢变干。这是因为水变成了水蒸气，散发到空气中去了。通常把这种过程称为蒸发。另外，还可以看到烧开水时的情况，把一盆水放在炉子上烧，水温不断升高，同时，从水的表面不断有蒸汽逸出，这也是蒸发过程；但当水被加热到100℃时，情况就发生了显著的变化，水面不断地翻滚，并从水里冒出大量蒸汽泡，这种现象称为沸腾。蒸发和沸腾是常见的汽化现象，它们的异同点见表2-1。

表 2-1　蒸发与沸腾的异同点

形式	相同点	不　同　点
蒸发	蒸发与沸腾都是由液态变成气态的过程，都要吸收热量	在任何压力、温度下都在进行着，只是局限在表面的液体转为蒸汽
沸腾		在一定压力下只有达到与此压力相对应的一定温度时才能进行，且从液体内部大量地产生蒸汽

液化和汽化恰恰相反，物质从气态变为液态的过程称为液化或凝结，该过程需要放出热量。日常生活中液化（凝结）的例子是很多的，例如，把盛有热水的锅盖揭开，锅盖上就有许多水珠滴下来，这是汽化了的水蒸气遇到较冷的锅盖重新凝结的表现。

制冷技术中，将蒸发和沸腾统称为蒸发，制冷剂在气、液之间转换的过程就是汽化和液化的过程，从而实现能量的转移和转换。

（2）熔化和凝固

熔化是指对物质进行加热，使物质从固态变成液态的过程。它是物态变化中比较常见的类型。熔化需要吸收热量，是吸热过程。例如，冰转变成水的过程、雪转变成水的过程等。

晶体有一定的熔化温度，称为熔点，在标准大气压下，与其凝固点相等。晶体吸热温度上升，达到熔点时开始熔化，此时温度不变。晶体完全熔化成液体后，温度继续上升。熔化过程中晶体是固、液共存的状态。

晶体与非晶体熔化特点比较见表2-2。

表 2-2　晶体与非晶体熔化特点比较

物质类别	形　式	特　点
晶体	熔化	具有固定的熔点，即熔化时温度保持不变
非晶体		不具有固定的熔点，即熔化时温度持续上升

凝固是熔化的逆过程。凝固是指在温度降低时，物质由液态变为固态的过程，该过程需要放出热量。例如，水变成冰的过程、下雪的过程等。物质凝固时的温度称为凝固点。

（3）升华和凝华

在物理学中，升华指物质由于温差太大，从固态不经过液态直接变成气态的相变过程，该过程需要吸收热量。例如，碘变成碘蒸气、冰变成水蒸气、樟脑丸挥发等。

凝华和升华互为逆过程。物质跳过液态直接从气态变为固态的相变过程称为凝华，是物质在温度和气压低于三相点时发生的一种物态变化，该过程需要放出热量。

基本技能

1. 观察物态变化，知道发生物态变化的条件。

2. 能说出生活环境中常见的温度值，了解液体温度计的工作原理，了解温度计的构造和温标，会正确使用温度计测量温度。

3. 能区别固、液、气三种状态，能描述这三种状态的基本特性，了解物质的分类方法。

任务2 制冷系统中的元器件

基本知识

1. 蒸气压缩式制冷系统

蒸气压缩式制冷系统使制冷工质的状态变化跨越液、气两态，绝大多数家用冰箱、空调器、冷柜等都是采用蒸气压缩式制冷，它是目前使用十分广泛的一种制冷系统。

所谓蒸气压缩，主要是对从蒸发器出来的低压制冷剂蒸气经压缩机压缩至冷凝而言的。

蒸气压缩式制冷系统又称为机械压缩式制冷系统，是对制冷剂蒸气采用机械压缩的一种制冷系统。图2-8所示为最简单的蒸气压缩式制冷系统，它是由压缩机、冷凝器、膨胀阀和蒸发器四个部分组成的一个封闭系统。

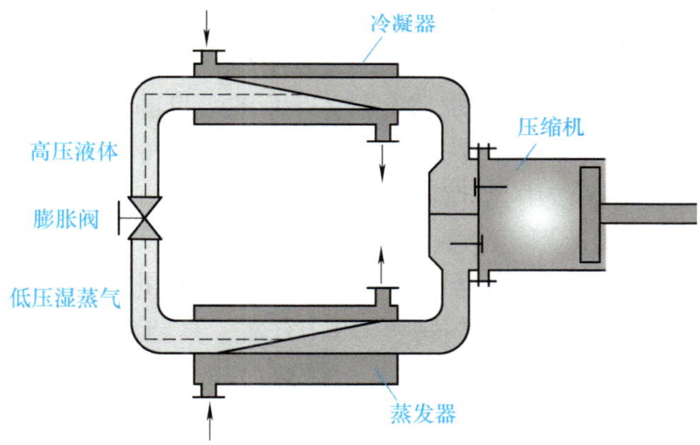

图2-8 蒸气压缩式制冷系统

2. 蒸汽压缩式制冷系统的循环过程及四大元器件的作用

在蒸气压缩式制冷系统中，由压缩机抽吸从蒸发器流过来的低压、低温制冷剂蒸气，将其压缩成高压、高温蒸气排出，这样就把制冷剂蒸气分成了高压区和低压区，如图2-9所示。

（1）循环过程

制冷剂在蒸发压力下沸腾，蒸发温度低于被冷却物体或流体的温度。压缩机不断地抽吸蒸发器中产生的蒸气，并将它压缩到冷凝压力下的气体，然后送往冷凝器，在冷凝压力下等压冷却并冷凝成液体。制冷剂冷却和冷凝时放出的热量传给冷却介质（通常是水或空气），与冷凝压力相对应的冷凝温度一定要高于冷却介质的温度。冷凝后的液体通过膨胀阀或其他节流元件进入蒸发器，蒸发器蒸发后回到压缩机，从而再次循环。

（2）四大元器件的作用

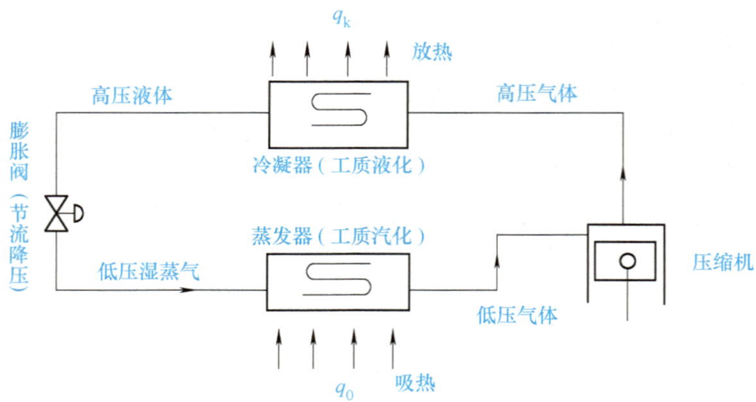

图 2-9　蒸气压缩式制冷系统

1）压缩机。压缩机是制冷系统的核心，其示意图如图 2-10 所示，它是使制冷剂在制冷系统中循环的动力来源。首先，它将蒸发器内已经蒸发的低压低温气态制冷剂吸回压缩机内，压缩成高压高温的气态制冷剂，然后排至冷凝器中冷却。简单地说，压缩机的作用是在制冷系统中建立压力差，以使制冷剂在制冷系统中循环流动。

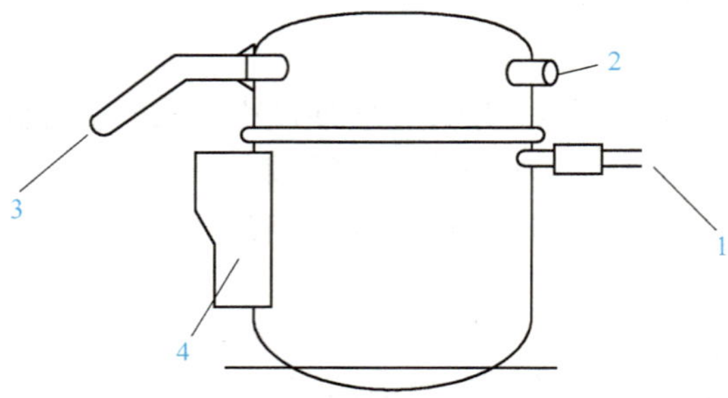

图 2-10　压缩机示意图

1—排气管　2—工艺管　3—吸气管　4—接线盒

2）冷凝器。冷凝器是输出热量的设备，它将制冷剂在蒸发器中吸收的热量和压缩机消耗功所转化的热量排放给冷却介质，是制冷系统的关键部件之一。它的作用是将压缩机送来的高压高温气态制冷剂经过散热冷却，变成高压常温的液态制冷剂，所以它是一种热交换装置。

冷凝器按散热方式的不同可分为自然对流冷却式和强制对流冷却式两种。自然对流冷却式冷凝器的常见结构按其传热面形状的不同可分为百叶窗式、钢丝管式和平板式三种，如图 2-11 所示。

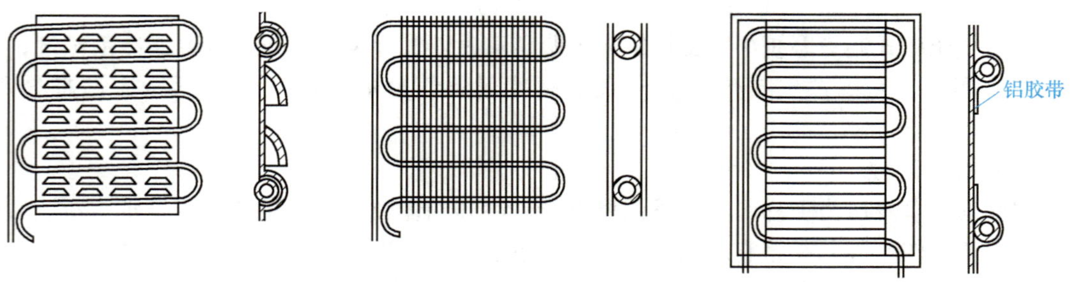

a) 百叶窗式　b) 钢丝管式　c) 平板式（内藏式）

图 2-11　冷凝器

3）膨胀阀。膨胀阀是制冷系统中的一个重要部件，一般安装于储液筒和蒸发器之间。

膨胀阀使中温高压的液态制冷剂通过其节流成为低温低压的湿蒸气，然后制冷剂在蒸发器中吸收热量达到制冷效果，膨胀阀通过蒸发器末端的过热度变化来控制阀门流量，防止出现蒸发器面积利用不足和敲缸现象。简单地说，膨胀阀由阀体、感温包和平衡管三大部分组成，如图 2-12 所示。

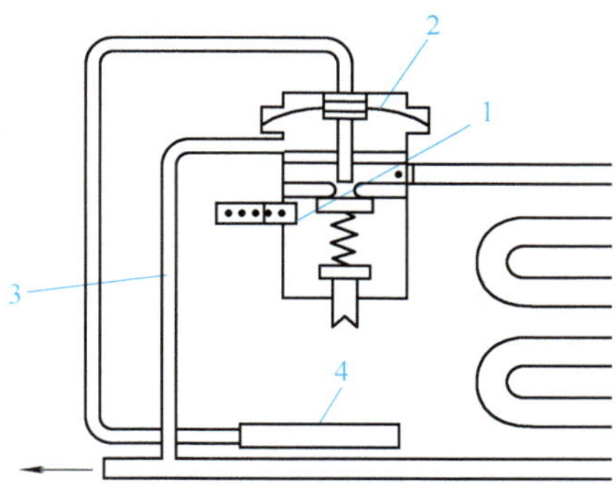

图 2-12　膨胀阀

1—阀针　2—膜片　3—平衡管　4—感温包

4）蒸发器。蒸发器是使液态制冷剂吸热蒸发变为气态制冷剂的热交换装置。它的作用是使毛细管送来的低压液态制冷剂在低温的条件下迅速沸腾蒸发，大量地吸收冷柜内的热量，使柜内温度下降，达到制冷的目的。为了实现这一目的，蒸发器的管径应较大，所用材料的导热性能应良好。

蒸发器按空气循环对流方式的不同可分为自然对流式和强制对流式两种；按传热面结构形状及其加工方法的不同可分为管板式、铝复合板式、盘管翼片式和翅片盘管式等几种，如图 2-13 所示。

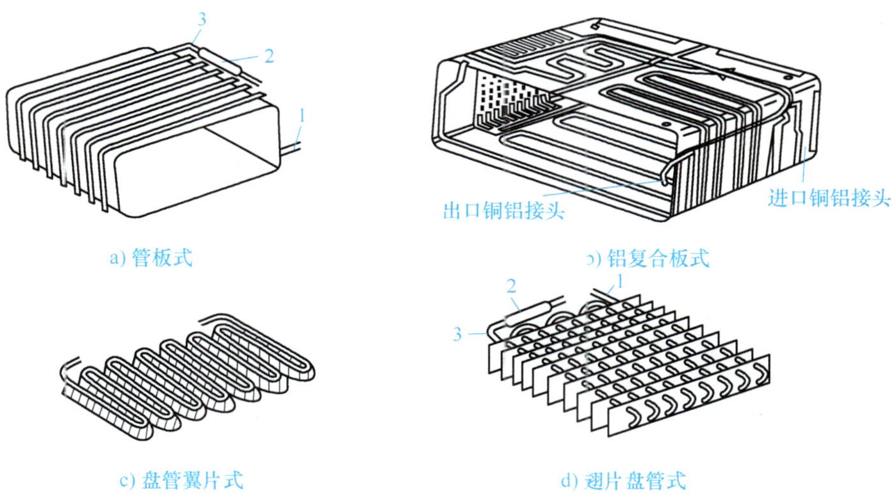

a) 管板式　b) 铝复合板式　c) 盘管翼片式　d) 翅片盘管式

图 2-13　蒸发器

1—入口　2—积液筒　3—出口

3. 制冷系统中的辅助设备

在制冷系统中，制冷设备可以分成两类，一类是完成制冷循环必不可少的设备，如冷凝器、蒸发器及节流机构等；另一类是改善和提高制冷设备工作条件或提高制冷设备经济性及安全性的辅助设备，如干燥过滤器、分离与储存设备、安全防护设备及阀件等。这里主要介绍干燥过滤器、油分离器、气液分离器和储液器。

（1）干燥过滤器

干燥过滤器主要起杂质过滤的作用。一般来说，要根据冰箱、空调器等的制冷系统来确定干燥过滤器的规格，如直径（内径、外径）的规格和内部件（如过滤碗、网布和分子筛）。干燥过滤器实物如图 2-14 所示。

图 2-14 干燥过滤器

干燥过滤器的外壳用紫铜管收口成形，两端进、出接口有同径和异径两种，进端为粗金属网，出端为细金属网，可以有效地过滤杂质。内装吸湿特性优良的分子筛作为干燥剂，以吸收制冷剂中的水分，确保毛细管畅通和制冷系统正常工作。当干燥剂因吸收水过多而失效时，应该及时进行更换。干燥过滤器结构如图 2-15 所示。

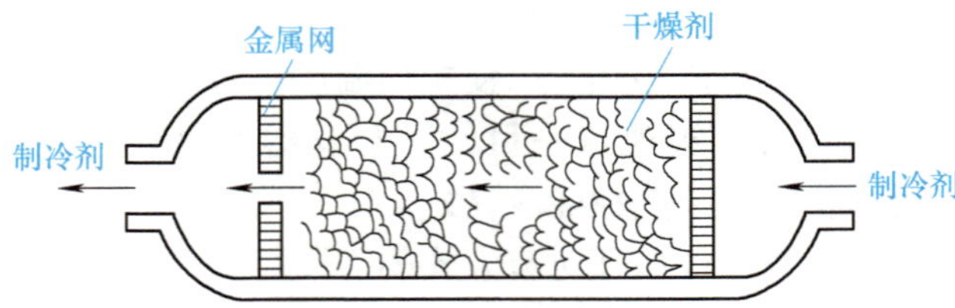

图 2-15 干燥过滤器结构

（2）油分离器和气液分离器

1）油分离器。其作用是对制冷压缩机排出的高压蒸气中的润滑油进行分离，以保证装置安全高效地运行。根据降低气流速度和改变气流方向的分油原理，可使高压蒸气中的油粒在重力作用下得以分离。一般气流速度在 1m/s 以下，就可将蒸气中所含直径 0.2mm 以上的油粒分离出来。通常使用的油分离器有洗涤式、离心式、填料式和过滤式四种。油分离器实物及结构示意如图 2-16 所示。

a) 实物

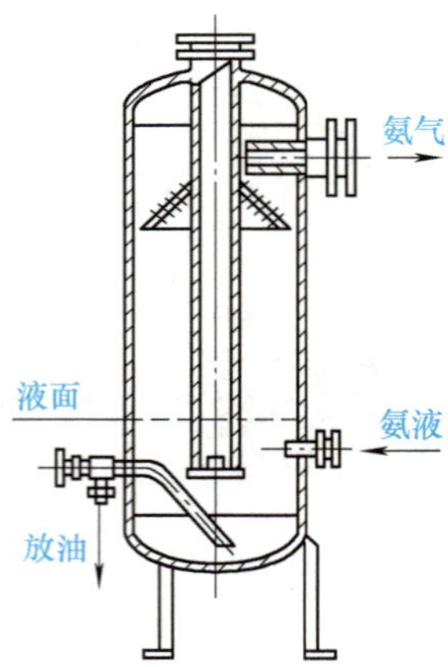

b) 结构示意

图 2-16 油分离器实物及结构示意

油分离器的工作原理。

压缩机出来的高压气体（气态工质和润滑油）进入油分离器后，经过油分离器的导向叶，沿导向叶呈螺旋状流动，靠离心力和重力将润滑油从工质气体中分离出来。工质气体经多孔挡板由中心的管子引出油分离器。分离出的润滑油沿着油分离器筒体的内壁流下，集中于油分离器的下部，可定期排出，或者利用浮球阀使润滑油自动回到压缩机的曲轴箱中。

2）气液分离器。安装在气体压缩机的出、入口，用于气液分离，如分馏塔顶冷凝冷却器后气相除雾，各种气体水洗塔、吸收塔及解析塔的气相除雾等。气液分离器也可应用于气体除尘、油水分离及液体脱除杂质等多种工业及民用场合。气液分离器实物及结构示意如图 2-17 所示。

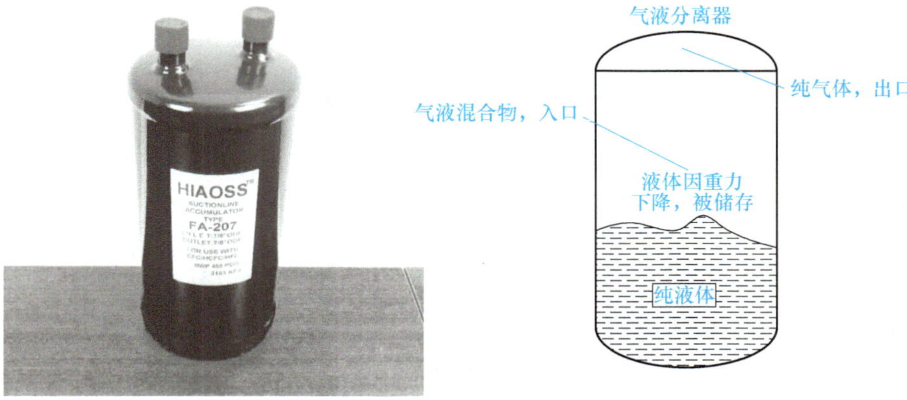

a) 实物　　b) 结构示意

图 2-17　气液分离器

气液分离器的工作原理如下。

①利用组分质量（重量）不同对混合物进行分离。气体与液体的密度不同，相同体积下气体的质量比液体的质量小。

②利用分散系粒子大小不同对混合物进行分离。液体的分子聚集状态与气体的分子聚集状态不同，气体分子之间距离较远，而液体分子之间距离要近得多，所以气体粒子比液体粒子小。

（3）储液器

储液器是压缩机的重要部件，起到储藏、气液分离、过滤、消音和制冷剂缓冲的作用，其实物和结构示意如图 2-18 所示。

储液器主要由筒体、进气管、出气管、滤网等零部件组成。储液器配装在空调蒸发器和压缩机吸气管部位，是防止液体制冷剂流入压缩机而产生液击的保护部件。

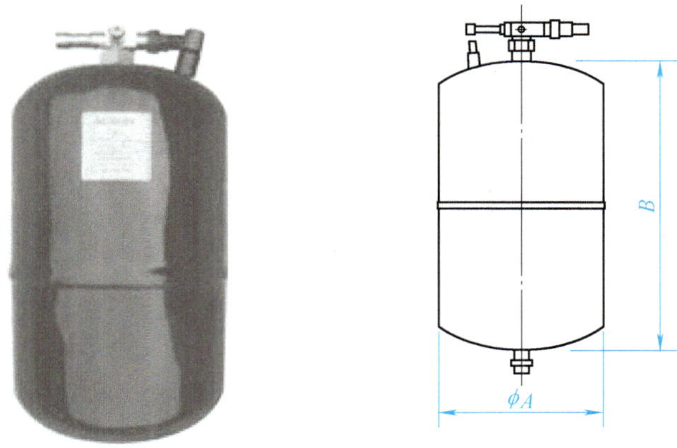

a) 实物　　b) 结构示意

图 2-18　储液器

基本技能

1. 熟悉压缩机

1）识别冷柜压缩机，了解压缩机运行功率、电流、压缩原理等。

2）了解冷柜压缩机的起动、运行原理。

3）了解压缩机的吸、排气，机组阀门的控制原理等。

2. 认知制冷系统部件

认识冷柜、空调器的制冷系统部件。

任务3　制冷系统的工作原理及压焓图

基本知识

1. 制冷系统

一般制冷系统的制冷原理就是“蒸发吸热，冷凝放热”，如图 2-19 所示。

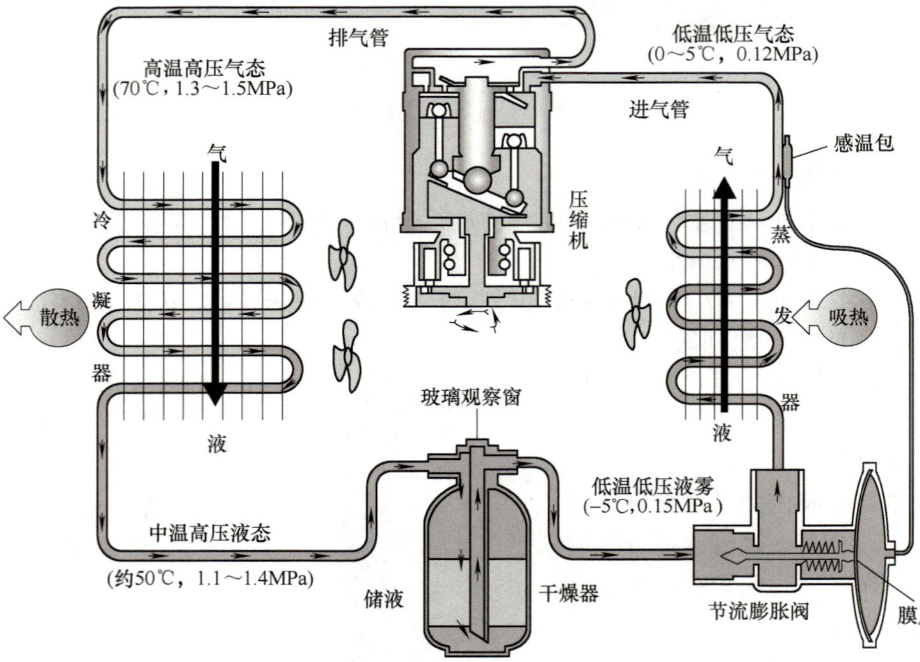

图 2-19　制冷系统

2. 制冷系统的工作原理

液体制冷剂在蒸发器中吸收被冷却物体的热量之后，汽化成低温低压的蒸气，再被压缩机吸入，压缩成高温高压的蒸气后排入冷凝器，在冷凝器中向冷却介质（水或空气）放热，冷凝为高压液体，经节流阀节流为低压低温的制冷剂，再次进入蒸发器吸热汽化，从而达到循环制冷的目的。

（1）空调器的能量循环及制冷原理

空调器制冷时，通过制冷剂将室内的热量转移到室外释放掉，从而使室内温度降低。

而制热时正好相反，通过制冷剂将室外的热量转移到室内释放掉，从而使室内温度升高。

1）空调器的能量循环。从图 2-20 可以看出，制冷系统管路中“高压”和“低压”部分管路是以“节流部件”作为界限的，也就是毛细管。

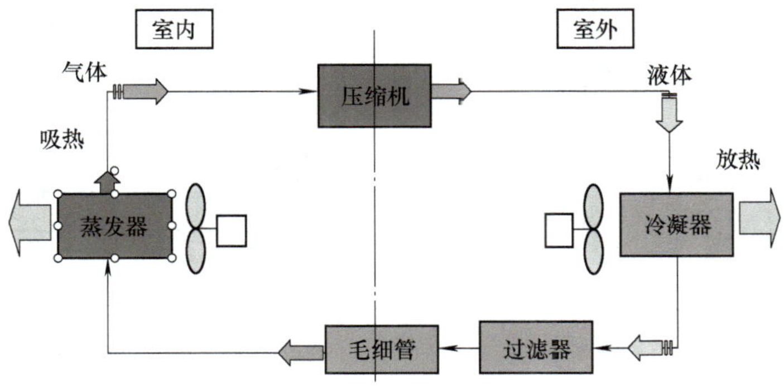

图 2-20　空调器系统

2）空调器的制冷原理。空调器工作时，制冷系统内的低温低压制冷剂蒸气被压缩机吸入并压缩为高温高压的过热蒸气后排至冷凝器；同时，室外侧风扇吸入的室外空气流经冷凝器带走制冷剂放出的热量，使高温高压的制冷剂蒸气凝结为高压液体。高压液体经过节流毛细管降温降压流入蒸发器，并在相应的压力下蒸发，吸取周围热量；同时，室内侧风扇使室内空气不断进入蒸发器的翅片间进行热交换，并将放热后变冷的气体送向室内。在同一个系统里，如何将制冷变成制热，要介绍一个关键的器件——四通阀。

（2）四通阀

四通阀是具有四个油口的控制阀，是制冷设备中不可缺少的部件。其实物如图 2-21 所示。

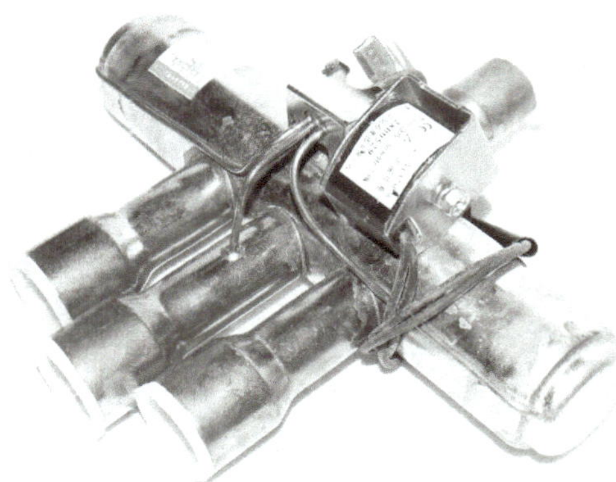

图 2-21　四通阀实物

1）四通阀内部循环流程（制冷循环）如图 2-22 所示。

空调器处于制冷状态时，四通阀不通电，处于 AD 连通、BC 连通的状态，冷媒通过压缩机压缩转变为高温高压的气体，通过四通阀的 A 口，由 D 口排出，进入室外热交换器（冷凝器），在冷凝器吸冷放热后变成中温高压的液体，经膨胀阀后，变成低温低压的液体，经过室内热交换器（蒸发器）吸热放冷作用后，变成低温低压的气体，经过四通阀 B 口，由 C 口回到压缩机，然后继续循环。

2）四通阀内部循环流程（制热循环）如图 2-23 所示。

空调器处于制热状态时，四通阀通电，活塞向右移动，使 AB 连通、CD 连通，冷媒通过压缩机压缩转变为高温高压的气体，通过四通阀的 A 口，由 B 口排出，进入室内热交换器（冷凝器），在冷凝器吸冷放热后变成中温高压的液体，经膨胀阀后变成低温低压的液体，经过室外热交换器（蒸发器）吸热放冷作用后，变成低温低压的气体，经过四通阀 D 口，由 C 口回到压缩机，然后继续循环。

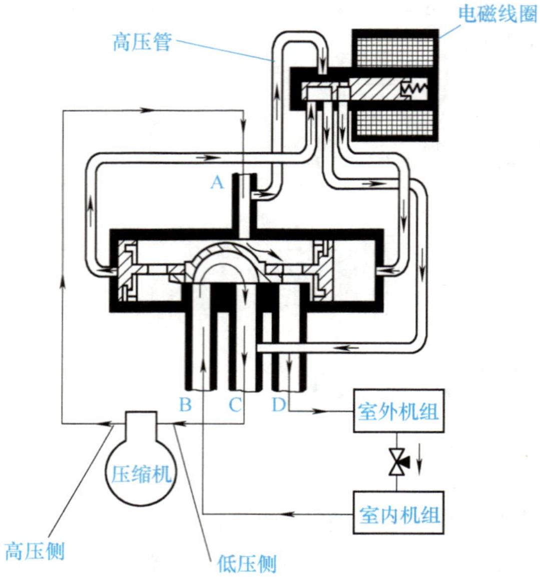

图 2-22　四通阀循环图（制冷循环）

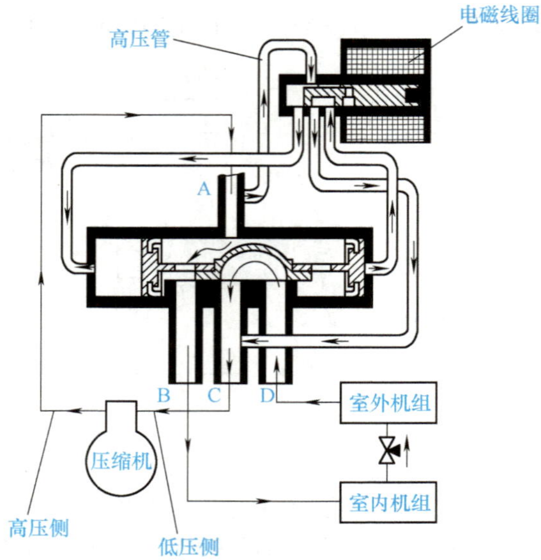

图 2-23　四通阀循环图（制热循环）

（3）空调器的制热原理

空调器制热时，气体制冷剂被压缩机压缩成高温高压气体，进入室内机的热交换器（此时为冷凝器），冷凝液化放热，成为液体，同时将室内空气加热，从而达到提高室内温度的目的，循环过程如图 2-24 所示。

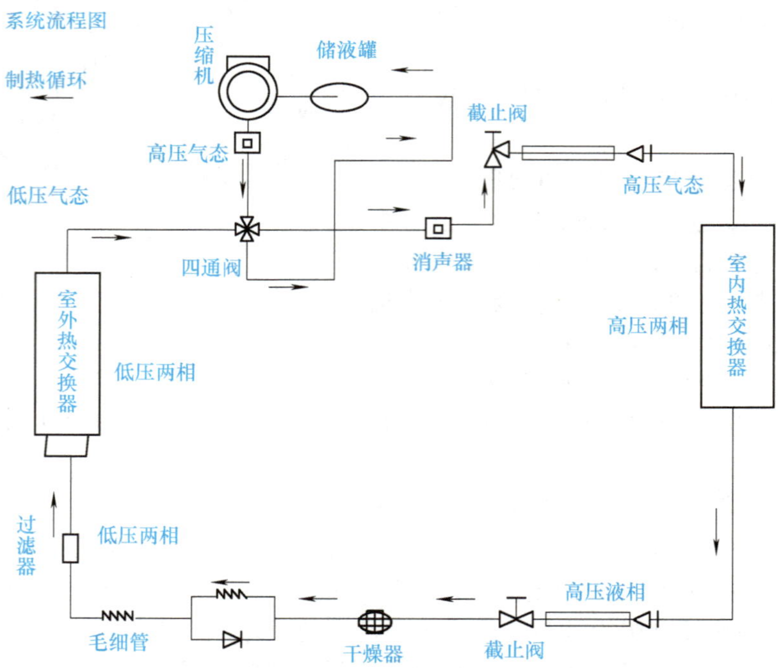

图 2-24　制热循环图

热泵制热是利用制冷系统的压缩机冷凝热来加热室内空气的。空调器在制冷工作时，低温低压制冷剂液体在蒸发器内蒸发吸热，而高温高压制冷剂气体在冷凝器内放热冷凝。热泵制热是通过四通换向阀来改变制冷剂的循环方向的，原来制冷工作时作为蒸发器的室内盘管变成制热时的冷凝器，实现制热。

3. 压焓图

（1）压焓图的基本含义

压焓图是制冷技术中最常用的热力图，如图 2-25 所示。图中横坐标表示比焓 h(kJ/kg)，纵坐标表示饱和压力，用绝对压力 p(bar，1bar = 10^5Pa）表示。

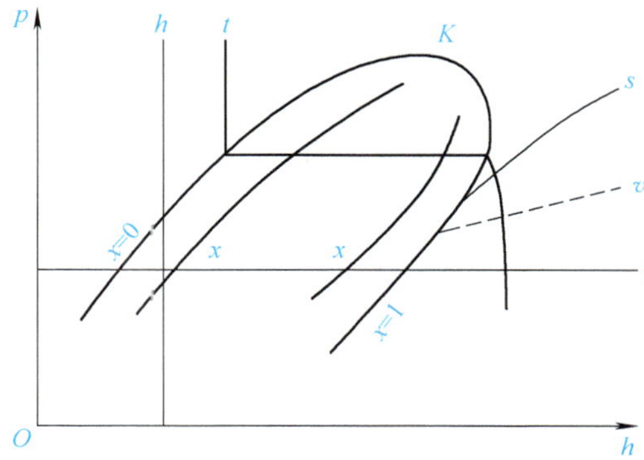

图 2-25　压焓图

图中包含如下内容。

①“一点”：临界点 K。

②“两线”：饱和液线 $x = 0$，饱和蒸气线 $x = 1$。

③“三区”：以临界点 K、两条饱和线 x 将图面分为三个区域，即液相区、两相区（湿蒸气区）和气相区。

④“五态”：过冷液状态、饱和液状态、湿蒸气状态、饱和蒸气状态和过热蒸气状态。

利用压焓图还可以研究制冷循环的每个过程，而且可以了解各过程之间的关系及对制冷循环的影响，该图同时还反映了制冷循环状态变化过程中热量与功率的变化，从而方便对制冷循环进行分析和热力计算。

（2）单级蒸气压缩式理论制冷循环压焓图

对照理论制冷循环的假定条件，单级蒸气压缩式理论制冷循环工作过程在压焓图上的表示如图 2-26 所示。

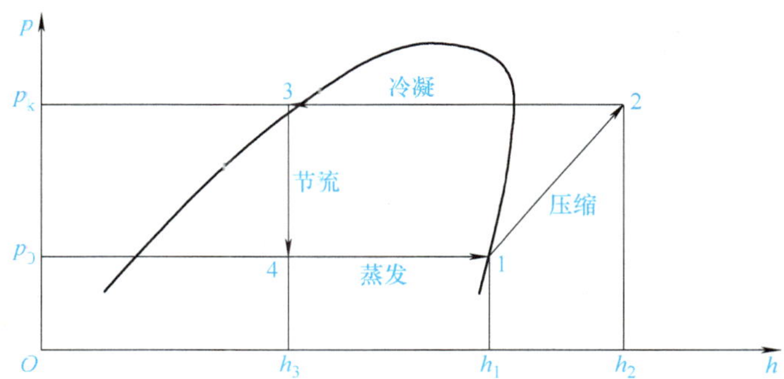

图 2-26　单级蒸气压缩式理论制冷循环压焓图

1）制冷压缩机从蒸发器吸取蒸发压力为 p_0 的饱和制冷剂蒸气（状态点 1），沿等熵线压缩至冷凝压力 p_k（状态点 2），压缩过程完成。

2）状态点 2 的高温高压制冷剂蒸气进入冷凝器，经冷凝器与环境介质（空气或水）进行热交换，放出热量 q_k后，沿等压线 p_k冷却至饱和蒸气（状态点 3），冷凝过程完成。

3）状态点 3 的饱和制冷剂液体经节流元件节流降压，沿等焓线（节流过程中焓值保持不变）由冷凝压力 p_k降至蒸发压力 p_c，变成湿蒸气（状态点 4），节流过程完成。

4）状态点 4 的制冷剂湿蒸气进入蒸发器，在蒸发器内吸收被冷却介质的热量沿等压线 p_0 汽化，成为饱和蒸气（状态点 1），蒸发过程完成。制冷剂的蒸发温度与被冷却介质间无温差。

（3）理论制冷循环的性能指标及其热力计算

单级蒸气压缩式理论制冷循环的性能指标有单位质量制冷量、单位容积制冷量、理论比功、单位冷凝热负荷及制冷系数等。

单级理论循环制冷系数 ε_0 是分析理论制冷循环的一个重要指标。制冷系数不但与循环的高温热源、低温热源有关，还与制冷剂的种类有关。在制冷机工作温度给定的情况下，制冷系数越大，经济性越高。

根据以上几个性能指标，可进一步求得制冷剂循环量、冷凝器中放出的热量和压缩机所需的理论功率等数据。虽然它们同实际情况尚有一定差别，但却是理解制冷特性和进行制冷性能计算的基础。

基本技能

1. 了解制冷系统的工作原理

通过实物熟悉冷柜、空调器制冷系统的构成，在实物设备上认知制冷循环的路径、方向等，分析制冷系统的工作原理。

2. 绘制压焓图

根据压焓图所需的参数测量冷柜、空调器的关键点压力和温度，绘制冷柜、空调器的制冷循环压焓图。

任务4　常用制冷剂

基本知识

制冷剂又称为制冷工质、冷媒、雪种等，它是制冷系统中完成制冷循环所必需的工作介质，是各种热机中借以完成能量转化的媒介物质。制冷剂的热力状态在制冷循环中是不断发生变化的，如在蒸气压缩式制冷循环系统中，制冷剂在蒸发器中吸收被冷却系统的热量而蒸发成为蒸气，在冷凝器中将热量传递给周围环境介质（空气、水等）而被冷凝成液体。制冷系统借助制冷剂的状态变化，完成制冷循环，达到制冷的目的。

1. 制冷剂的种类

目前，作为制冷剂的物质已有近百种，并且新的制冷剂还在不断地被发现和研制中，但常用的制冷剂只有十几种。制冷剂在工程中的表示方法是用英文单词“制冷剂”（Refrigerant）的首写字母 R 作为其代号，在 R 后面用规定的数字及字母来表示制冷剂的种类和化学构成，如 R12、R22、R134a 及 R600a 等。

2. 制冷剂的选用要求

制冷剂的性质直接影响制冷机的种类、构造、尺寸和运转特性，同时也会影响到制冷循环的形式、设备结构及经济技术性能等。因此，合理地选用制冷剂十分重要，通常从热力学、物理化学、安全性、对环境影响和经济性等方面加以考虑。

（1）热力学方面的要求

1）标准沸点 t_s要低。这是一个必要条件。t_s 低不仅可以制取较低的温度，而且可以在一定的蒸发温度下使其蒸发压力高于大气压力，从而避免空气进入制冷系统，影响制冷效果。另外，系统一旦发生泄漏时，也易于发现。

2）要求制冷剂在常温下的冷凝压力 p_k尽量低，以免处于高压工作下的压缩机、冷凝器及排气管路等设备的耐压要求过高。另外，冷凝压力过高会增加制冷剂向外渗透的可能性和引起消耗功率大增。

3）临界温度要高、凝固温度要低，以保证制冷剂在较广的温度范围内安全工作。临界温度高，制冷剂在常温条件下能够液化，既可用普通冷却介质使制冷剂冷凝，同时能使制冷剂在远离临界点下节流而减少损失，提高循环的性能。凝固温度低，可使制冷系统安全地获取较低的蒸发温度，制冷剂在工作温度范围内不会发生凝固。

（2）物理化学方面的要求

1）制冷剂的黏度应尽可能小。黏度小可增加制冷剂的传热性能并减小流动阻力。

2）导热系数要高。导热系数高可提高换热设备的传热系数，减小换热设备的换热面积。

3）制冷剂的热化学稳定性要好，高温下不易分解，对制冷机密封材料的膨胀作用要尽可能小。

（3）安全方面的要求

制冷剂的毒性、可燃性和爆炸性都是评价其安全程度的指标，各国都规定了最低安全程度的标准，要求它对人体健康、食品等无害。

我国过去对制冷剂的安全性分别以毒性和可燃性作出规定，目前参照国际标准 ISO 5149-1993 和美国标准 ANSI/ASHBAE34-1992 对制冷剂的安全分类作了较大的调整。我国制冷剂分类为：按毒性分为 A、B 两个等级；按可燃性分为 1、2、3 三个等级，1 级为不可燃；2 级为低可燃性；3 级为高可燃性。

3. 常用制冷剂的性质

常用制冷剂具有如下性质：

1）具有优良的热力学特性，以便在给定的温度区域为运行时达到较高的循环效率。具体要求为：临界温度高于冷凝温度、与冷凝温度对应的饱和压力不要太高、标准沸点较低、流体比热容小、制冷剂绝热指数低及单位容积制热量较大等。

2）具有优良的热物理性能，具体要求为：较高的传热系数、较低的黏度及较小的密度。

3）具有良好的热化学稳定性：要求工质在高温下具有良好的化学稳定性，保证在最高工作温度下工质不发生分解。

4）与润滑油有良好的互溶性。

5）安全性工质：应无毒、无刺激性、无燃烧性及爆炸性。

6）有良好的电气绝缘性。

7）经济性：要求工质价格低廉，易于获得。

8）环保性：要求工质的臭氧消耗潜能值（ODP）与全球变暖潜能值（GWP）尽可能小，以减小对大气臭氧层的破坏及引起全球气候变暖的可能性。

基本技能

1. 熟悉常用制冷剂

熟悉冷柜常用制冷剂 R134a、空调器常用制冷剂 R22。

2. 制冷剂罐的连接及制冷剂的充注

（1）制冷剂罐和制冷系统的连接

将制冷剂罐通过检修双表阀和制冷系统连接，连接过程要进行排空操作。

（2）制冷剂的液态、气态充注

为冷柜充注制冷剂时，通过机组阀门从高压端以液态充注。

调试过程中，通过机组的阀门将制冷剂从低压端以小流量的液态或气态充注。

项目3

双温冷柜与空调设备的基本构成

任务1 制冷循环原理

基本知识

1. 制冷设备与空调器的基本含义

制冷设备与空调器在家用、商用、工业、医疗、国防等各方面都有普遍和重要的应用。制冷设备是采用人工制冷的方法使某个密闭空间的温度低于其所处环境的温度，并持续保持低温，以满足人们工作、生活等各方面的需要。空调器不只是单纯的制冷、制热的作用，还具有调节空气洁净度、湿度及流速等提高空气质量的作用。

制冷设备与空调器种类繁多，制冷原理也各不相同，目前广泛采用的是蒸气压缩式制冷原理。

XK—ZLZR1A 型空调制冷综合实训装置正是基于蒸气压缩式制冷原理开发的技能实训设备，本项目所述内容都是基于该装置进行的。

2. 蒸气压缩式制冷循环原理及系统构成

（1）蒸气压缩式制冷原理

将水洒在皮肤上，会感觉到凉，这是因为皮肤上的水蒸发时吸收了皮肤的热量，液态水变为气态水蒸气。在医院里打针时，护士用酒精棉球为我们的皮肤消毒，我们会感到更凉，这也是因为皮肤上的酒精蒸发吸收了皮肤的热量，液态酒精变成了气态酒精。

如果在一个空间中让水或酒精蒸发为气态，这个空间就会因蒸发被吸收热量而温度降低。如果这个空间是一条管路，那么管路周围的温度就会低于环境温度，管路就会吸收环境的热量，从而起到制冷的作用。

制冷系统管路内循环流动的不是水或酒精，而是专用制冷剂。制冷剂的显著特点就是在人工控制的温度和压力条件下能容易地实现气、液状态之间的转换，并且伴随着大量的热量吸收或放出，从而实现制冷和制热。

制冷系统压缩机吸收在蒸发器内吸热蒸发的低温低压气态制冷剂，经压缩排出高温高压的气态制冷剂，到冷凝器将吸收的热量放出，实现了热量的转移，这就是蒸气压缩式制冷的原理。

（2）制冷系统的构成及循环原理

制冷系统最基本的组成包括压缩机、冷凝器、过滤器、毛细管和蒸发器五个部分。将制冷系统用框图的形式表达，可得到图 3-1 所示的制冷循环框图，图中标出了制冷剂的流动方向，以及在制冷循环过程中各关键位置制冷剂的压力、温度及状态等的变化。

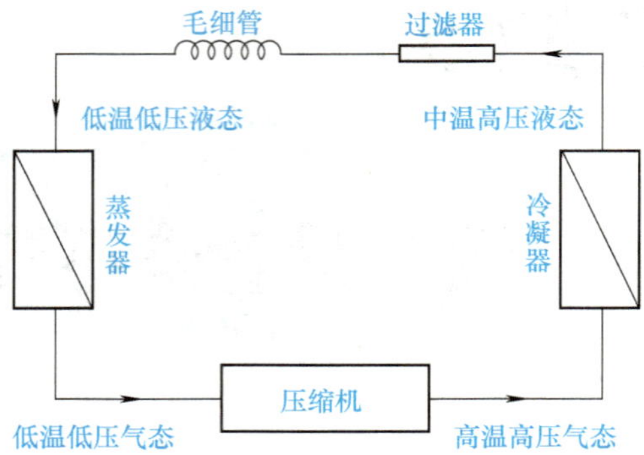

图 3-1　制冷循环框图

压缩机吸收蒸发器蒸发的低温低压气态制冷剂，经压缩排出高温高压气态制冷剂，由冷凝器向外界散热放出热量，液化为中温高压液态制冷剂（稍高于环境温度），经过滤器滤除杂质，由毛细管节流，降低压力、控制流量，形成低温低压液态制冷剂，再次进入蒸发器沸腾蒸发（沸点较低），吸收蒸发器周围的大量热量，变为低温低压气态制冷剂，再被压缩机吸收压缩排出……如此循环工作。

需要说明的是，蒸发器内的制冷剂蒸发是指吸收热量沸腾，由于制冷剂的沸点在压力控制下可以人为控制在较低的温度，所以是低温。

例如，空调器的制冷剂蒸发沸腾温度在制冷的时候控制在 5℃左右，冷柜的制冷剂蒸发沸腾温度在制冷的时候控制在-20℃左右。

蒸发器和冷凝器制成盘管状，制冷剂在蒸发器中吸收热量，在冷凝器中放出热量，实现热量的位置转移。

制冷系统循环的动力由压缩机提供。在制冷管路内，制冷剂在压缩机的压缩作用和毛细管的节流作用下形成压力差，具有了高、低压力，从而由高压向低压循环流动。

3. 双温冷柜制冷循环原理及系统构成

（1）双温冷柜制冷原理

双温冷柜具有冷藏室和冷冻室两个制冷空间。冷藏和冷冻使用两个独立的蒸发器，由膨胀阀代替毛细管实现节流降压，其循环框图如图 3-2 所示。

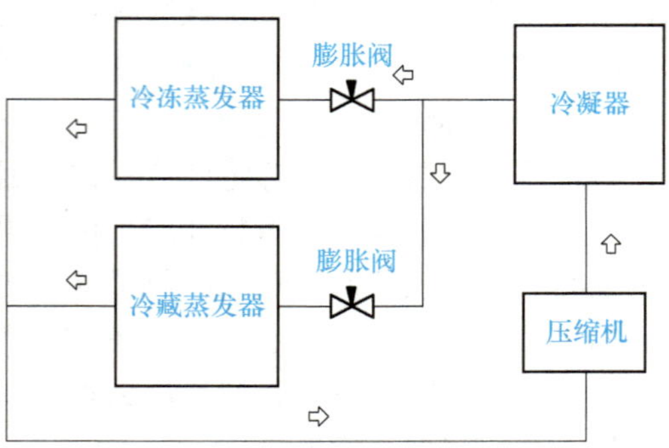

图 3-2　双温冷柜循环框图

（2）双温冷柜制冷系统的构成

由于冷藏室和冷冻室蒸发温度不同，为了避免双室蒸发器的压力相互影响，通常在双室蒸发器的出口安装单向阀和蒸发压力调节阀来控制冷藏室和冷冻室蒸发器的压力。

为了能够独立控制冷藏室和冷冻室的温度，通常在蒸发器的进口安装电磁阀来控制双室蒸发器的制冷剂通断。

为了能够使洁净的制冷剂进行循环，防止堵塞膨胀阀，在冷凝器出液口通常安装过滤器，用于过滤杂质和吸收水分。

冷柜在制冷过程中由于冷负荷的变化对制冷系统的制冷量会有所不同，对制冷剂的流量也就有所不同，所以在冷凝器后一般安装储液器，用于存储不参与制冷循环的液态制冷剂。

实际双温冷柜的制冷循环结构如图 3-3 所示。

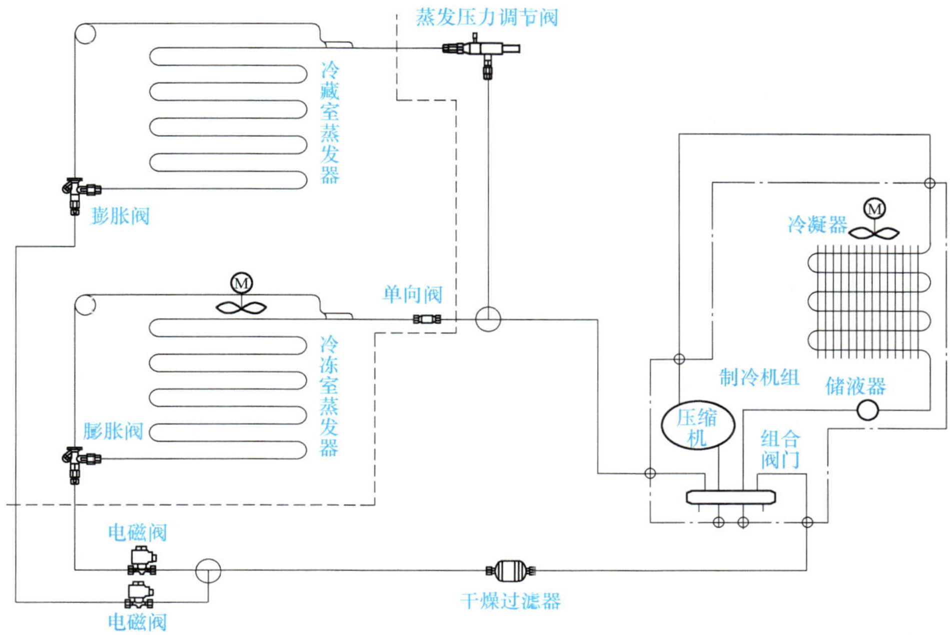

图 3-3　双温冷柜的制冷循环结构

制冷剂（R134a）以气态的形式由压缩机吸入，经压缩机压缩后成为高温高压的过热蒸气，从压缩机的排气管进入冷凝器中。

冷凝器有助于制冷剂将热量散发给周围的空气，使得制冷剂由高温高压的过热蒸气冷凝为中温高压的液体，然后经过储液器、干燥过滤器后分成两路：一路经电磁阀、膨胀阀进入冷藏室蒸发器；另一路经电磁阀、膨胀阀进入冷冻室蒸发器。

制冷剂通过膨胀阀被节流降压后变为低温低压的制冷剂液体，进入冷藏室、冷冻室蒸发器。在蒸发器中，低温低压的制冷剂液体要大量吸收外界热量而汽化为饱和蒸气，达到在蒸发器中从外界吸收热量而实现制冷的目的。

制冷剂由蒸发器出来后，经过蒸发压力调节阀控制冷藏室蒸发压力和压缩机的吸气压力，通过单向阀隔离冷冻回气，在吸气管中变为低压蒸气的制冷剂再被压缩机吸入，开始下一次循环。

冷柜的冷凝器使用风机强制对流散热，散热量大，满足大制冷量的需要。冷柜的冷冻室采用间冷式制冷方式，使用冷冻风扇强制对流制冷，所以冷柜设备有两个风扇电机。

冷柜通常将压缩机、冷凝器组合在一起，形成一个制冷机组，便于人们使用。为了方便制冷剂的分配，制冷机组使用机组阀门控制制冷剂的流动。

（3）双温冷柜的压力监测与负载补偿

1）压力监测。双温冷柜在运行过程中由于保养、使用等原因会导致制冷系统异常，若不及时发现，将会造成严重事故和损失。实际使用中，需要制冷系统和电控系统相互配合，对制冷系统高压压力、低压压力及冷凝压力 3 个参数进行监测。

冷柜通常使用压力控制器进行压力监测控制，如图 3-4 所示。

高压压力监测取自压缩机排气管，低压压力监测取自机组阀门的回气口，冷凝压力监测取自机组阀门的出液口。

2）负载补偿。在压缩机的排气和回气两端并联能量调节阀，如图 3-4 所示，调节一定的排气量不参与制冷循环，直接回流压缩机，形成一定的负载低压，目的是使压缩机能持续保持运行，不会因双室温度达到电磁阀关闭温度而引起低压保护。

实际设计冷柜时，压缩机是处于不停机状态的，双室的温度控制由电磁阀控制制冷剂的通断来实现。

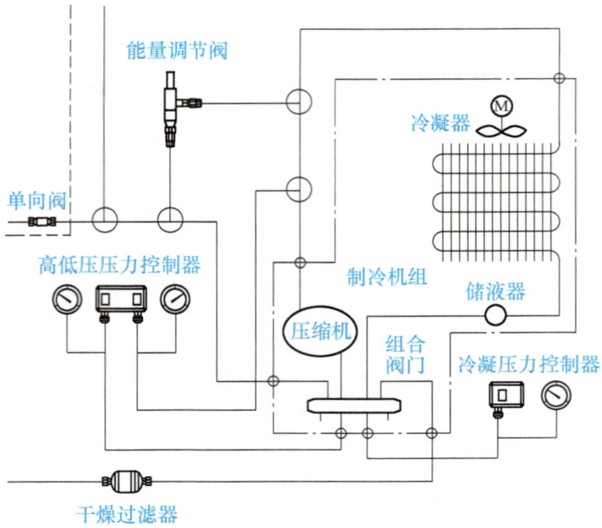

图 3-4　压力监测控制

4. 空调器制冷循环原理

（1）空调器制冷、制热的换向循环

空调器制冷、制热就是制冷剂在制冷系统内循环，由制冷剂将热量从室内转移到室外，或是从室外转移到室内。

由制冷循环框图（见图 3-1）可知，若冷凝器在室外，蒸发器在室内，空调器就是制冷状态；若冷凝器在室内，蒸发器在室外，空调器就是制热状态。若能让制冷剂反向循环，就可以使蒸发器和冷凝器功能互换。但空调器压缩机本身不能使制冷剂反向循环，而是利用四通阀在压缩机外进行制冷剂换向，使制冷剂在循环时能够改变流动方向，从而控制空调器制冷和制热的转换。

带有四通阀的空调器称为热泵空调器，又称为冷暖两用空调器，具有制冷和制热的功能。热泵的含义是能将低温环境内的热量转移到高温环境内，而正常的自然热量传递是从高温到低温。

热泵空调器的制冷过程和制热过程在四通阀控制换向下的工作过程如图 3-5 所示。从图中可以看出，压缩机的排气和吸气方向是不变的，但室内、室外管路中制冷剂的方向是相反的，制冷剂的流动方向是通过四通阀内部实现转换的。

图 3-5a 是空调器的制冷循环，通过四通阀内部管路可以看出，压缩机排出的高温制冷剂经四通阀先在室外散热。图 3-5b 是空调器的制热循环，通过四通阀内部管路可以看出，压缩机排出的高温制冷剂经四通阀先进入室内管路。压缩机的排气和吸气方向没有变化，但制冷剂在压缩机外部的循环，制冷、制热时流动的方向已经反过来，从而使一套空调器实现了制冷、制热的功能。

对于空调器来说，由于冷凝器和蒸发器不是固定在室内或是室外，通常称它们为热交换器或盘管。空调器室内机的管路称为室内热交换器或室内盘管，室外机的管路称为室外热交换器或室外盘管。制冷时，室内盘管是蒸发器，吸收室内的热量制冷，室外盘管是冷凝器，将在室内吸收的热量排放掉。制热时，室内盘管是冷凝器，室外盘管是蒸发器，吸收室外的热量，送入室内冷凝放热。

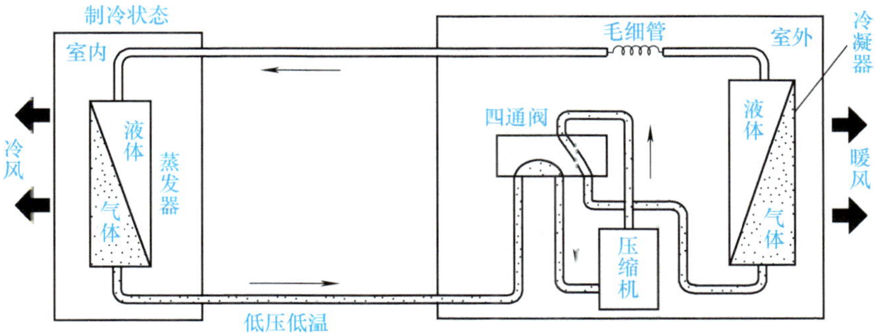

a) 制冷循环

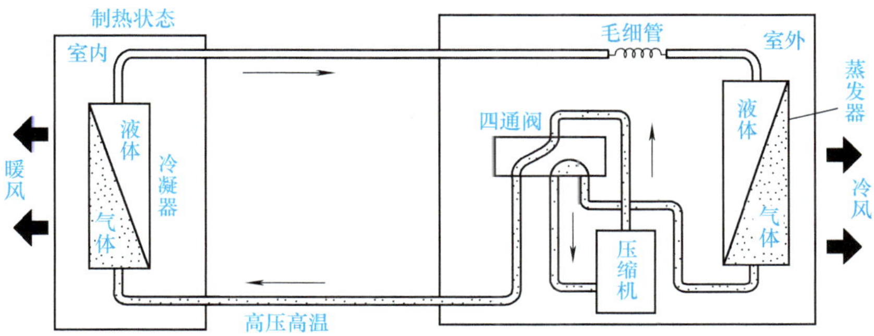

b) 制热循环

图 3-5 四通阀控制空调器制冷、制热

(2) 空调器的蒸发和冷凝

蒸发是指液态制冷剂在一定低压条件下吸收热量沸腾汽化为气态；冷凝是指气态制冷剂在一定高压条件下放出热量液化为液态。

制冷剂蒸发是指液态制冷剂沸腾汽化，而不是制冷剂液体表面的汽化。制冷剂在制冷循环系统管路内蒸发，用于蒸发的管路定义为蒸发器，制冷剂蒸发时要吸收周围大量的热量，所以蒸发器及周围的环境温度降低。当蒸发器在室内时，空调器就工作于制冷状态。

制冷剂冷凝是指气态制冷剂液化，制冷剂在制冷循环管路内冷凝，用于冷凝的管路定义为冷凝器，气态制冷剂冷凝过程要放出大量的热量，当冷凝器在室内时，空调器就工作于制热状态。

(3) 挂壁式空调器制冷管路循环

冷暖两用挂壁式空调器的制冷循环管路如图 3-6 所示，图中箭头表示制冷剂的循环方向和路径，实线箭头代表制冷状态的循环方向，虚线箭头代表制热状态的循环方向。止回阀是单向阀，和止回阀并联的是辅助毛细管。

基本技能

1. 绘制制冷循环图并分析工作原理

(1) 绘制蒸气压缩式制冷循环框图并分析工作原理

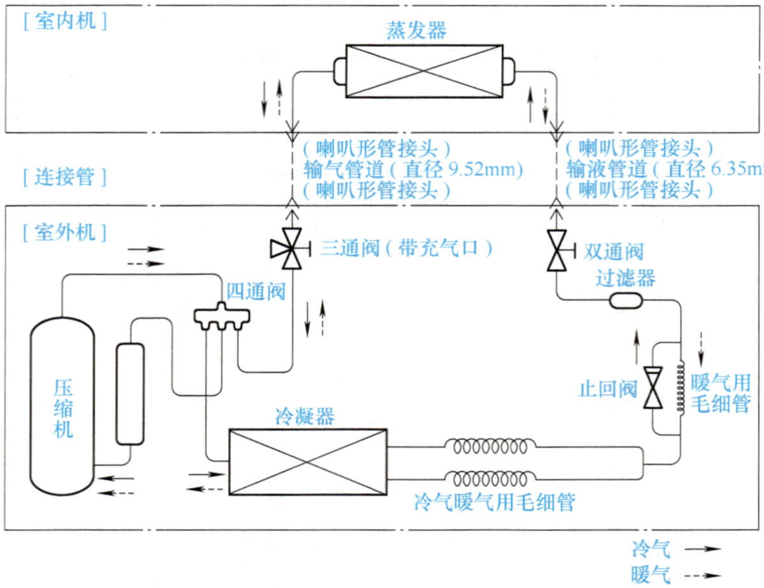

图 3-6　挂壁式空调器制冷管路循环图

1）绘制蒸气压缩式制冷循环框图。

2）在制冷循环框图上标出：制冷循环方向，制冷部件名称和作用，制冷剂在各个位置的物态、温度和压力。

（2）绘制双温冷柜制冷循环图并分析工作原理

1）绘制双温冷柜制冷循环图。

2）分析制冷循环管路，说出单向阀和蒸发压力调节阀的作用。

3）分析压力监测管路和能量调节器管路。

（3）绘制空调器制冷循环图并分析工作原理

1）绘制空调器制冷循环图。

2）标记制冷剂制冷和制热时的循环方向。

3）分析空调器的高压压力和低压压力。

2. 认识并分析制冷系统管路

（1）认识冷柜制冷管路

1）在冷柜制冷系统上，根据制冷循环图从压缩机排气开始分析制冷剂的状态、流向和变化，一直分析到制冷剂流回压缩机。

2）分析双室蒸发器后的单向阀和蒸发压力调节阀管路。

3）分析能量调节阀并联在压缩机的排气、回气管路上的作用。

4）认识、分析高低压压力控制器和管路的连接关系。

（2）观察冷柜制冷管路

在冷柜运行一段时间后，观察冷柜管路的结霜情况，用手感受管路的温度变化。

（3）分析空调器制冷管路

观察挂壁式空调器内外机及连接管路，分析管路循环过程。

任务 2 XK—ZLZR1A 型装置双温冷柜概述

基本知识

1. XK—ZLZR1A 型装置双温冷柜制冷系统

（1）XK—ZLZR1A 型装置双温冷柜简介

XK—ZLZR1A 型装置双温冷柜的柜体是实际商用的冷藏、冷冻柜。如图 3-7 所示，冷柜整个内部空间分为上下两层，上层为冷冻区，采用吹风翅片式蒸发器；下层为冷藏区，采用光管式蒸发器。柜体侧面安装一块不锈钢网孔板，用于安装制冷系统的部件和辅助管路。柜门安装透明玻璃窗，便于观察冷柜内部结构及工作状态。柜体内还包含照明系统和排水系统等。

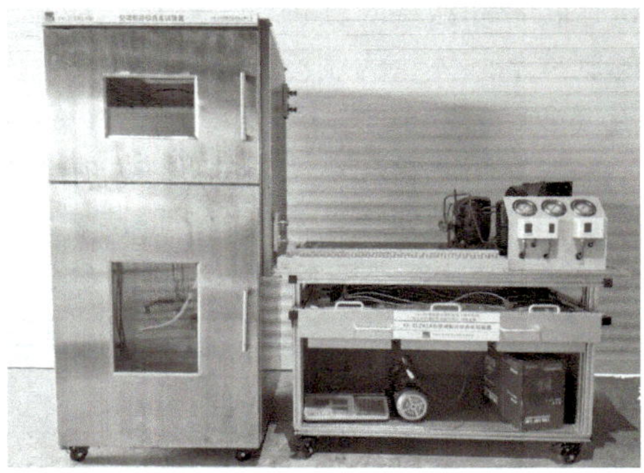

图 3-7 XK—ZLZR1A 型装置双温冷柜

（2）制冷系统

制冷循环系统最基本的组成有压缩机、冷凝器、过滤器、毛细管和蒸发器五个部分。在这五个基础组件上增加其他功能组件，就构成了 XK—ZLZR1A 型双温冷柜，用铜管连接起来，便形成完整的制冷系统。

中央控制平台上制作的制冷系统如图 3-8 所示。

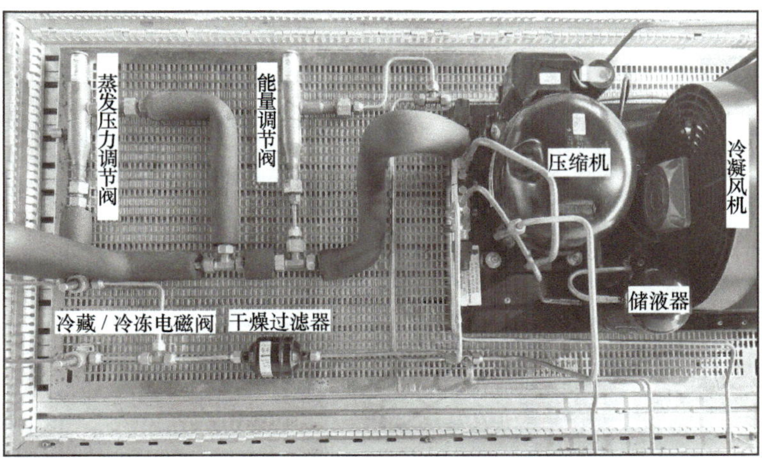

图 3-8 中央控制平台上制作的制冷系统

中央控制平台上制作的管路和冷柜柜体管路的连接如图 3-9 所示。

2. XK—ZLZR1A 型装置双温冷柜系统构成

XK—ZLZR1A 型装置双温冷柜制冷系统组件名称及实物对照见表 3-1。

（1）制冷机组

制冷系统采用风冷机组，它主要由压缩机、冷凝器和储液器组成，如图 3-10 所示。

1）压缩机。压缩机是将低压气体压缩为高压气体的一种从动的流体机械，是制冷系统的心脏，其实物如图 3-11 所示。它从吸气管吸入低温低压的制冷剂气体，通过电机运转带动活塞对其进行压缩后，向排气管排出高温高压的制冷剂气体，为制冷循环提供动力，从而实现压缩→冷凝（放热）→膨胀→蒸发（吸热）的制冷循环。

一般家用冰箱和空调器的压缩机用单相交流电作为电源，它们的结构原理基本相同，但两者使用的制冷剂有所不同。表 3-2 为某装置冷柜压缩机的参数。

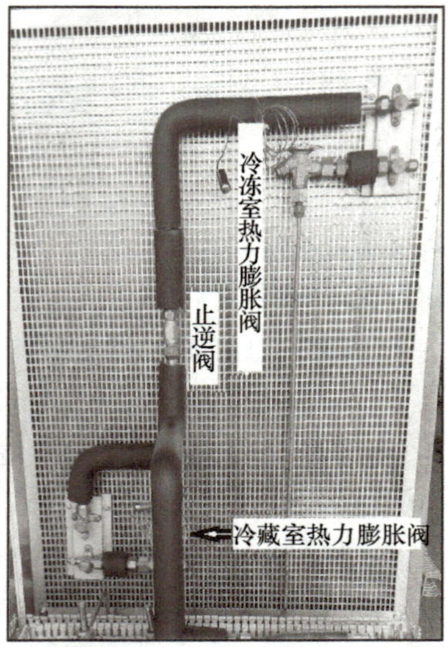

图 3-9 冷柜管路的连接

表 3-1 XK—ZLZR1A 型装置双温冷柜制冷系统组件名称及实物对照

序号	名称	图示	序号	名称	图示
1	压缩机		4	高压储液器	
2	冷凝器		5	干燥过滤器	
3	风机		6	手阀	

（续）

序号	名称	图示	序号	名称	图示
7	止回阀		11	蒸发压力调节阀	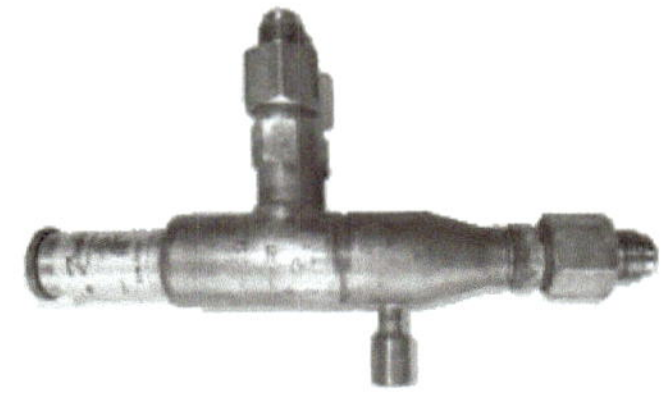
8	视液镜		12	能量调节阀	
9	热力膨胀阀		13	三通截止阀	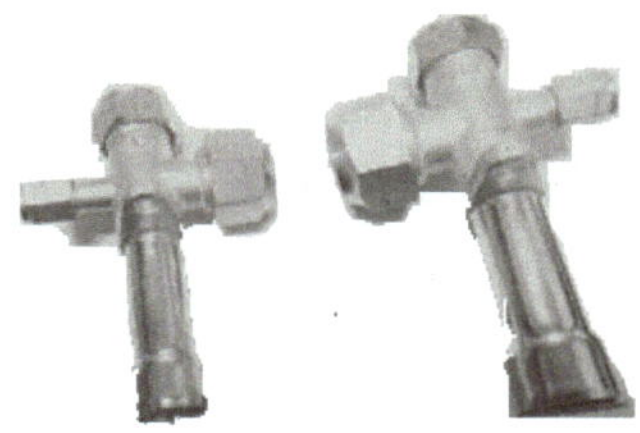
10	供液电磁阀	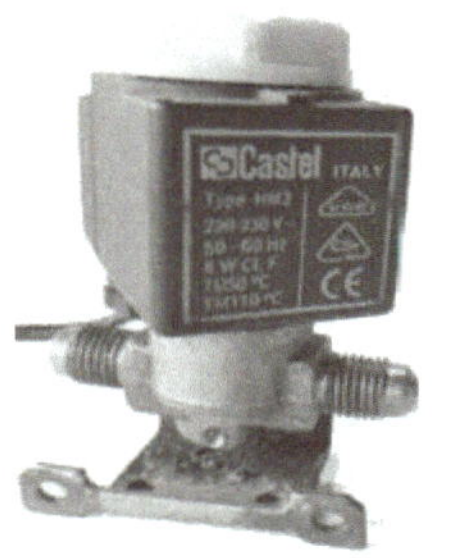	14	冷柜压缩机组合阀	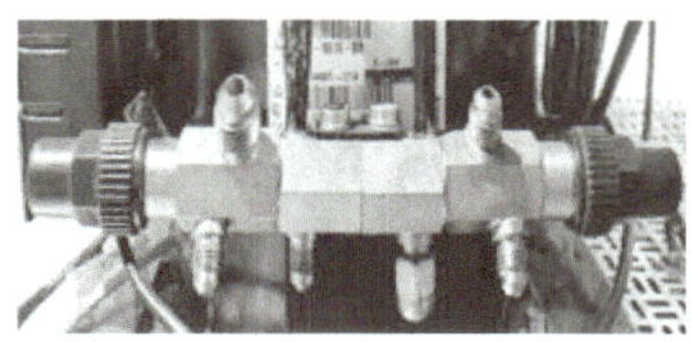

表 3-2　某装置冷柜压缩机参数

铭　牌	信　息	
	品牌：泰康	型号：AE4440Y—FZ1A
	冷媒：R134a	堵转电流：13.5A
	序列号：51	工作电压：220~240V
	频率：50Hz	排量类型：定排量

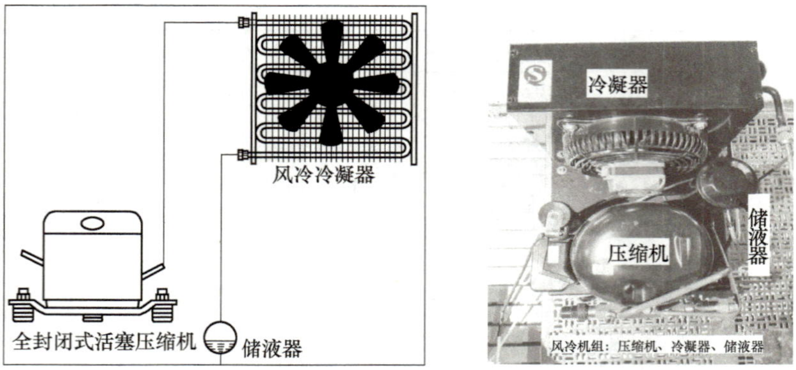

图 3-10　风冷机组

2）冷凝器（热交换器）。冷凝器为制冷系统的机件，属于换热器的一种，能把气体或蒸气转变成液体，将管子中的热量以很快的方式传到管子附近的空气中。冷凝器的工作过程是一个放热过程，所以冷凝器温度都较高。本装置冷凝器如图 3-12 所示。

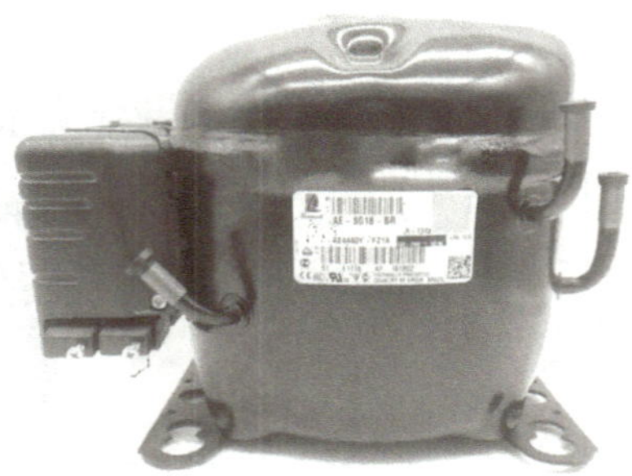

图 3-11　全封闭活塞压缩机

3）储液器（高压储液器）。在高压条件下压缩后的制冷剂蒸气在冷凝器中凝结为液体制冷剂。液体制冷剂离开冷凝器后流经储液器，储液器被安装在冷凝器和节流装置之间，用于暂时保存被冷凝器液化之后送到膨胀阀之前的制冷剂。

图 3-13 所示为本装置使用的储液器。

a) 冷凝器外观

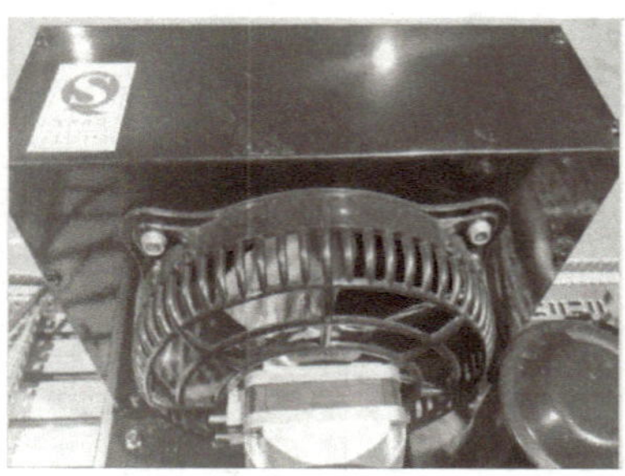

b) 轴流风机

图 3-12　冷凝器

图 3-13　高压储液器

（2）冷柜压缩机组合阀

通过组合阀控制四个管口之间的通断，完成系统保压检漏、真空处理及制冷剂充注。本装置由两组截止阀组合而成（一组为高压截止阀，另一组为低压截止阀），如图 3-14 所示，其通断设置方法见表 3-3。

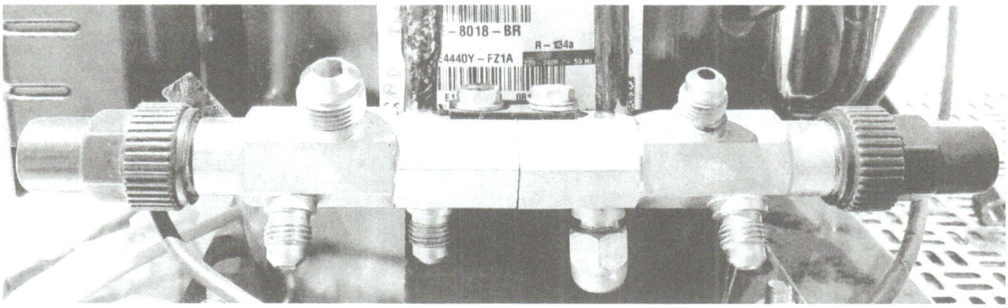

图 3-14　压缩机组合阀

表 3-3　冷柜压缩机组合阀通断设置方法

序　号	图　示	方　法
第一种情况	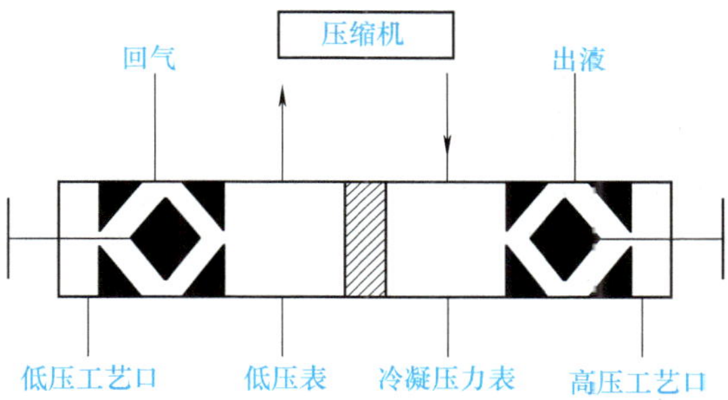	手阀逆时针旋转，阀芯旋至中间位置，四个接口互通
第二种情况	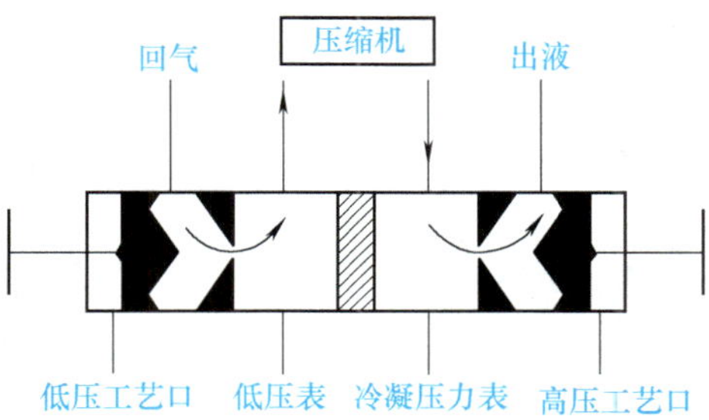	手阀逆时针旋转，阀芯旋至最外侧，除工艺口外其他三个接口互通
第三种情况	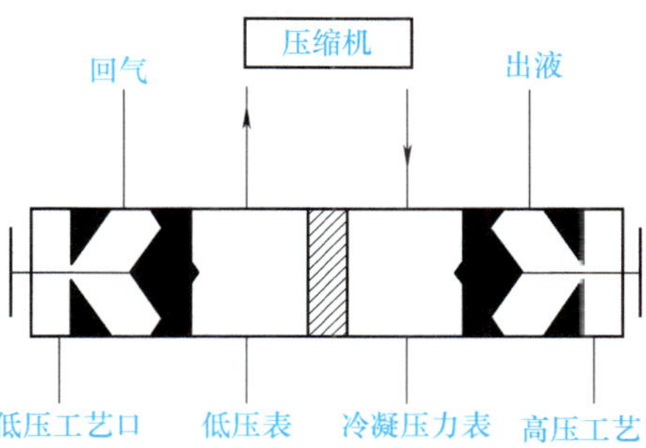	手阀顺时针旋转，阀芯旋至最内侧，四个接口两两互通

（3）干燥过滤器

干燥过滤器主要起到杂质过滤的作用，安装在高压末端（冷凝器出口）、节流装置之前。一般来说，要根据冰箱、空调器的制冷系统来确定干燥器的规格（如直径、内径及外径）和内部件（如过滤碗、网布和分子筛）等。干燥过滤器实物如图 3-15 所示。

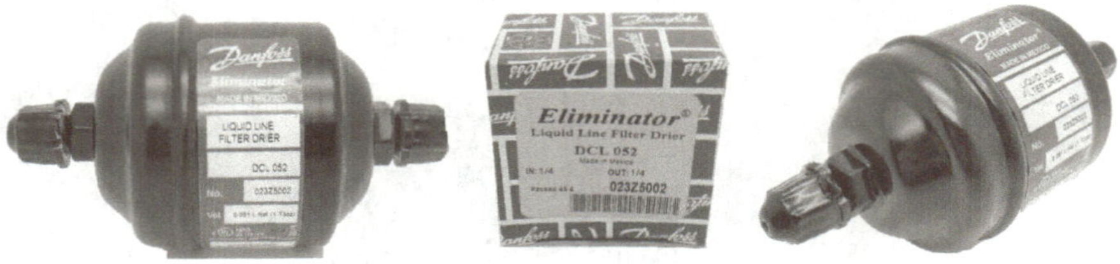

图 3-15　干燥过滤器

制冷系统一般使用 Eliminator R 液管用干燥过滤器，用于保护制冷和空调器使其不含水分、酸和固体杂质。在这些杂质被消除后，系统会比较安全，发生有害的化学反应、对管路的磨损概率都将大大降低。

所有的 Eliminator R 干燥过滤器都是固体芯体，其黏合材料保持在非常少的程度，芯体的选择主要根据系统中所用的制冷剂和润滑油来确定。

Eliminator R 芯体有两种形式：DML 型和 DCL 型。

DML 型干燥过滤器的芯体组分是 100%分子筛，主要用于需高吸水能力的应用场合，并可以与任何制造商的压缩机一起使用。由于 DML 型干燥器不含活性铝，油的添加剂将不会被消耗。

DCL 型干燥过滤器的芯体由 80%分子筛和 20%活性铝组成，可用于 HCFC 和 CFC 制冷剂以及矿物油或烷基苯油系统。DCL 型干燥过滤器特别适用于运行在高冷凝温度和需要高干燥能力的系统中。(本套设备使用的即是 DCL052 型)

如图 3-16 所示，干燥过滤器根据连接方式的不同可分为焊口干燥过滤器和螺口干燥过滤器两种形式。

a)焊口干燥过滤器　　b)螺口干燥过滤器

图 3-16　焊口、螺口干燥过滤器

(4) 视液镜

如图 3-17 所示，视液镜是一种工业设备，主要采用玻璃与钢件高温烧结而成。视液镜外形美观、强度好、玻璃透明度高，主要在各种制冷设备、压缩机上使用。

图 3-17　视液镜

视液镜的设计者为使用者提供了一种准确的方法来确定系统内制冷剂的品质和含水量。

通过广角的视镜可以观察系统内的制冷剂，很容易观察到系统内的气泡或闪蒸气体，以决定冷媒剂量是否适当或需要填充。视液镜内中心位置的指示器对水分高度灵敏，并随着系统内水分含量的变化逐渐改变颜色。

视液镜主要用于指示以下内容。

①制冷装置内液体管路中制冷剂的状况。

②制冷剂中的含水量。

③回油管路中来自油分离器的润滑油流动状况。

（5）手阀

此处主要介绍直通型手阀，它是一种手动截止阀，主要用来开闭管路、控制流向、调节和控制输送介质参数（温度、压力和流量），其结构和实物如图3-18所示。它适用于单向流动的管路，主要用于冷冻、冷藏和空气调节装置的液体、吸气和热气管路上。

本装置采用直通型手阀，螺口尺寸为0.25in（1in＝0.0254m），适用温度范围为－55～100℃，工作压力范围为－3～21bar，最大工作压力为28bar，最大测试压力为30.8bar。

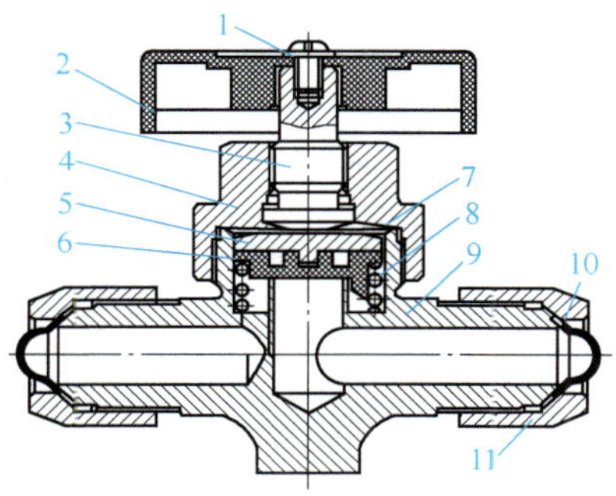

a) 结构

b) 实物

图3-18　手阀

1—螺钉　2—手轮　3—阀杆　4—阀盖　5—铜片　6—铜芯
7—膜片　8—弹簧　9—阀体　10—防尘帽　11—钠子

（6）止回阀

止回阀是指启闭件为圆形阀瓣并靠自身重量及介质压力产生动作来阻断介质倒流的一种阀门。制冷系统中常用NRH和NRVH型止回阀。它们通常用在氟化物制冷剂的制冷和空调系统的液管、吸气管和热气管路上。NRV和NRVH提供钎焊和喇叭口连接方式，可提供超大尺寸连接，以提高止回阀应用的灵活性，如图3-19所示。接口方式为螺纹联接；接口尺寸为3/8in（1in＝0.0254m）。

图3-19　NRV10型止回阀

（7）能量调节阀（热力旁通阀）

压缩机能量调节是指改变压缩机的产冷能力，使之与装置负荷变化相适应的调节。主机的制冷量与负荷之间的匹配情况可以从吸气压力的变化上反映出来。压缩机运行过程中，吸气压力升高，表明负荷增加；吸气压力降低，表明负荷减少。所以压缩机的能量调节以吸气压力（蒸发温度）为控制参数。

能量调节阀的原理是：当负荷下降使吸气压力降低时，将压缩机排出的高压气体旁通一部分到低压侧，用于补偿负荷下降而减少的蒸发器回气量，保持压缩机连续运行时所必需的最低吸气压力。它能使压缩机的能力与蒸发器的实际负荷相适应，当蒸发器负荷下降时，来自高压侧的热气为其提供一个虚负荷。

本装置采用丹佛斯直动式蒸发压力调节阀 KVC12，如图 3-20 所示。

KVC 型能量调节阀安装于制冷系统高、低压侧之间的旁通管路上，高压气体直接注入吸气管路。KVC 型能量调节阀通过旁通管路将高压侧的热气送入低压侧，以代替部分负荷，从而使压缩机的吸气压力不低于最低极限值。

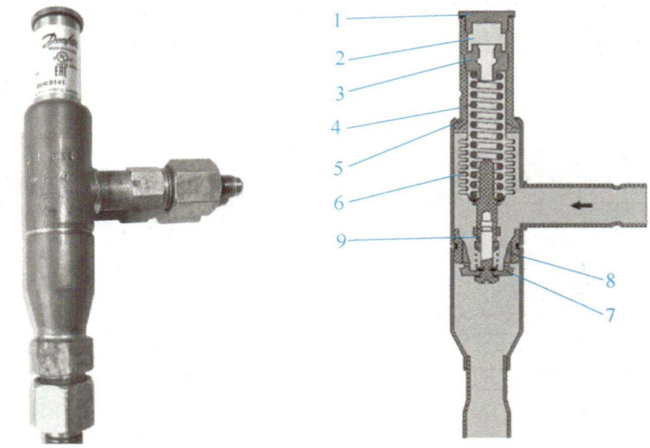

图 3-20 直动式蒸发压力调节阀 KVC12

1—保护帽 2—垫片 3—设置螺丝 4—主弹簧 5—阀体
6—均衡波纹管 7—阀板 8—阀座 9—减振装置

（8）热力膨胀阀

热力膨胀阀是通过监测蒸发器出口温度自动控制开口大小，从而控制进入蒸发器的制冷剂流量的一种装置。热力膨胀阀安装在蒸发器入口，如图 3-21a 所示，其感温系统可采用不同物质和方式进行充注，主要方式有充液式、充气式、交叉充液式、混合充注式和吸附充注式。如图 3-21b 所示，按照平衡方式的不同，热力膨胀阀可分为内平衡式和外平衡式两种。

在结构上，外平衡式热力膨胀阀和内平衡式热力膨胀阀基本相同，其不同之处在于作用在波纹膜片下方的不是蒸发器入口处的制冷剂压力，而是经由平衡管连通的蒸发器出口处的制冷剂压力。这样就避开了蒸发器的内阻问题，无论内阻大小，作用于膜片上方和下方的压力均可以根据要求的过热度进行调节。内平衡式热力膨胀阀只适用于蒸发器内阻较小的场合，广泛应用于小型制冷机和空调器，而外平衡式热力膨胀阀则只用于蒸发器压力损失较大的情况。

本装置采用内平衡式热力膨胀阀，其结构见表 3-4。

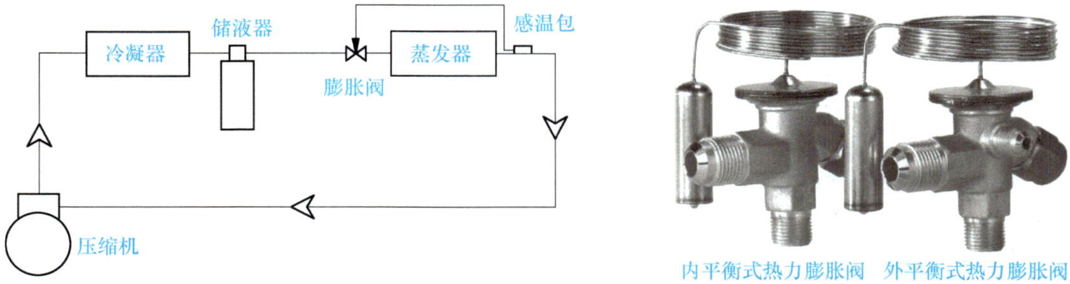

a) 热力膨胀阀安装位置　　b) 热力膨胀阀

图 3-21　热力膨胀阀

表 3-4　内平衡式热力膨胀阀的结构

<table>
<tr><td></td><td>图示</td><td>产品型号</td></tr>
<tr><td>热力膨胀阀</td><td>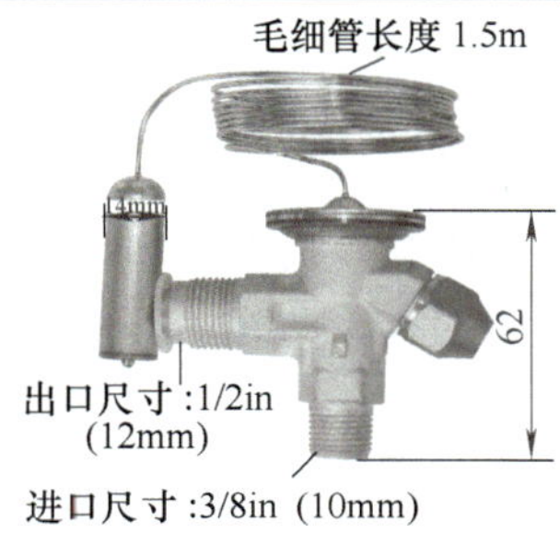

</td><td>产品名称：丹佛斯热力膨胀阀
产品型号：TN2　内平衡式
范围使用：制冷压缩机、中央空调
功能类型：调整介质方向、流量、速度
接口尺寸：3/8in×1/2in（依据设备接入变径改为 1/4in×3/8in）
工作温度：-40～10℃
介质类型：R134a
最高压力差：21bar
最大工作压力：30bar</td></tr>
<tr><td>用途</td><td colspan="2">1）节流：高温高压的液态制冷剂经过膨胀阀的节流孔节流后，成为低温低压的雾状液态制冷剂，为制冷剂的蒸发创造条件
2）控制制冷剂的流量：进入蒸发器的液态制冷剂经过蒸发器后，由液态蒸发为气态，吸收热量，降低温度。膨胀阀控制制冷剂的流量，保证蒸发器的出口完全为气态制冷剂。若制冷剂流量过大，出口则可能含有液态制冷剂，有可能进入压缩机而产生液击；若制冷剂流量过小，提前蒸发完毕，将造成制冷不足</td></tr>
<tr><td>结构及工作原理</td><td colspan="2">充注制冷剂的感温包放置在蒸发器出口管路上，感温包和膜片上部通过毛细管相连，感受蒸发器出口制冷剂的温度，膜片下面感受到的是蒸发器入口的压力。如果冷柜负荷增加，液态制冷剂在蒸发器内提前蒸发完毕，则蒸发器出口制冷剂温度将升高，膜片上压力增大，推动阀杆使膨胀阀开度增大，使进入蒸发器中的制冷剂流量增加，增大制冷量；如果冷柜负荷减小，则蒸发器出口制冷剂温度降低，以同样的作用原理使膨胀阀开度减小，从而减小制冷剂的流量
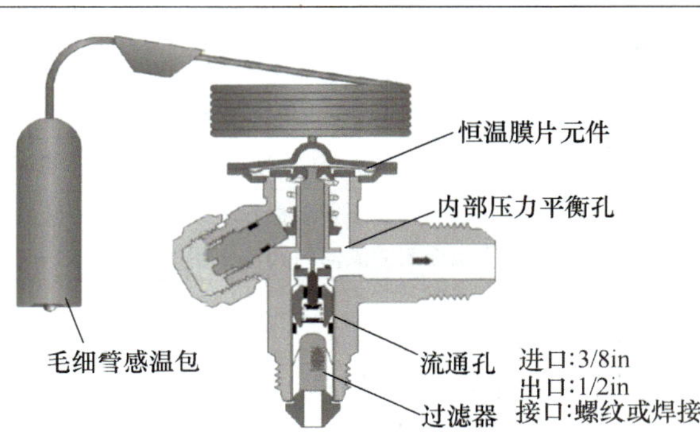
</td></tr>
</table>

（续）

安装要求	1）膨胀阀应靠近蒸发器 2）不能倾斜或颠倒安装 3）感温包必须固定在低于膨胀阀的顶膜片上腔，且感温包的头部要水平放置或朝下 4）感温包应安装在蒸发器出口，离压缩机吸气口 1.5m 以上 5）如果回气管有热交换（如热循环），感温包须安装在热交换前 6）感温包应紧贴管壁包扎，接触位置的氧化物应清除干净，必要时可涂一层铅漆作保护层，以防生锈 7）回气管直径小于 25mm，感温包安装在管顶；回气管直径大于 25mm，感温包安装在管下 45°，以防管子底部积油等因素影响感温包正确感温 8）安装时，感温包需用铜片包扎好，不要用塑料扎带包扎，因塑料扎带导热性较差 9）为了避免系统突然停机时造成制冷剂液体或油积在感温包所在的蒸发器水平管段而影响感温包的性能，应将感温包后的蒸发器管段做成一定的斜角

（9）供液电磁阀

电磁阀是用电磁控制的工业设备，是用来控制流体的自动化基础元件，属于执行器件，且不限于液压、气动。电磁阀主要用于工业控制系统中调整介质的方向、流量、速度和其他参数。它可以配合不同的电路实现预期的控制，而控制的精度和灵活性都能够保证。电磁阀有很多种，在控制系统的不同位置发挥相应的作用，最常用的有单向阀、安全阀、方向控制阀和速度调节阀等。

本装置采用直动常闭式电磁阀，其结构见表 3-5。

表 3-5　直动常闭式电磁阀结构

	图示	产品型号
供液电磁阀	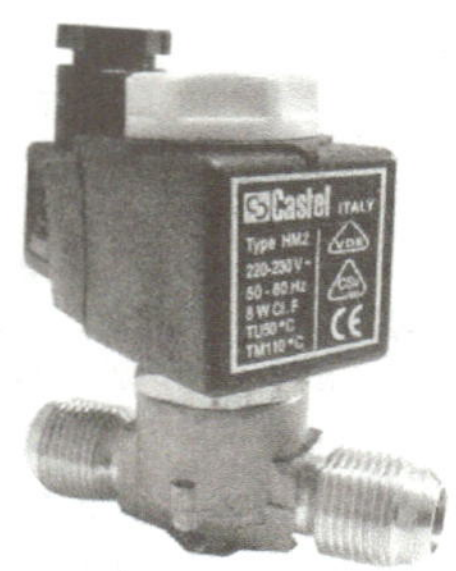	产品名称：卡士妥电磁阀 产品型号：1020/2A6 范围使用：制冷压缩机、中央空调 功能类型：调整介质方向、流量、速度 接口尺寸：1/4in 最高压力差：21bar 最大工作压力：30bar
原理	通电时，电磁线圈产生电磁力，把关闭件从阀座上吸起，阀门打开；断电时，电磁力消失，弹簧把关闭件压在阀座上，阀门关闭 电磁阀和压缩机压要同时开启，压缩机停机时电磁阀立刻关闭，停止供液，避免停机后大量制冷剂流入换热器，造成压缩机再次起动时发生液击	
特点	在真空、负压、零压时能正常工作，但通径一般不超过 25mm	
安装要求	电磁阀需要安装在膨胀阀的前面，且位置应尽量靠近膨胀阀，必须垂直安装在水平管路上方，并使制冷剂的流向与阀体标明的箭头指向一致	

（10）蒸发压力调节阀

在制冷系统运行过程中，若外界条件或负荷发生变动，膨胀阀的供液量就会相应改变，从而引起蒸发压力的变动。蒸发压力波动过大，不仅影响被冷却对象的温度控制精度，而且会使装置的运行稳定性变差。蒸发温度的控制是通过蒸发压力控制来实现的，这里就要用到蒸发压力调节阀。

控制原理：蒸发压力调节阀通过感应阀前制冷剂压力（即蒸发压力 p_0）动作，当 p_0 升高时，阀全开，随着负荷减小，p_0 下降，阀开度变小，使蒸发器流出的气体量减少，通过这种节流作用使阀前压力 p_0 高于阀后压力（吸气压力）。根据蒸发容量的大小，蒸发压力调节阀有直动式和导阀与主阀组合控制式，前者用于小型装置，后者用于大型装置。

本装置采用丹佛斯直动式蒸发压力调节阀 KVP12，其实物如图 3-22 所示。

KVP12 阀体下面的接口与蒸发器出口管路连接，阀体右边的接口与压缩机吸气管连接。使用时，压力表接口上安装好压力表，在装置运行过程中一边观察压力表读数，一边调节设定螺钉直到蒸发压力达到所需设定值的位置为止。

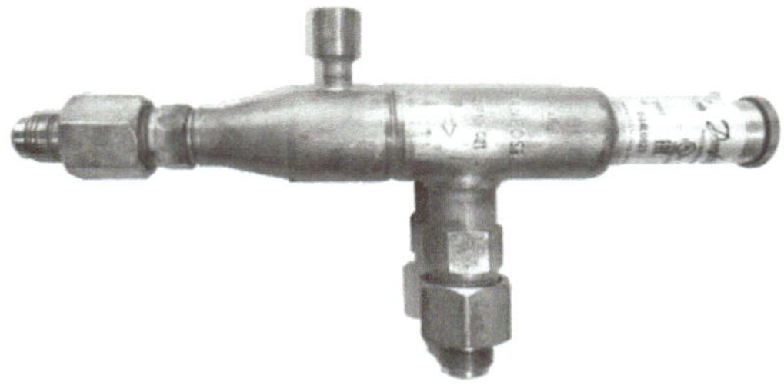

图 3-22　蒸发压力调节阀 KVP12

蒸发压力调节阀既可用于单一的蒸发器，也可用于两个以上的蒸发器，以保持不同的最低蒸发压力。

当冷负荷减少或者因冷凝压力降低而使压缩机制冷能力上升时，由于压缩机制冷能力过剩，必然使蒸发压力下降。安装蒸发压力调节阀后，该阀门自动关闭，压缩机的吸气压力即使下降，也能维持蒸发压力在设定值。直到蒸发压力重新升到设定压力之上，阀门才再次开启。

蒸发压力调节阀的主要作用可归纳为以下三点：

1）保证蒸发温度的恒定，减少系统温度的波动。

2）防止蒸发压力过低，当蒸发压力低于设定值时，阀门关闭。

3）一机多库时，可使不同库温中的蒸发器在各自不同的蒸发压力下运行。在这样的制冷系统中（不同蒸发压力运行下），KVP 安装在具有最高蒸发压力的蒸发器之后，每一个蒸发器由液体管路的电磁阀启动。

（11）三通截止阀

三通截止阀，简称三通阀，俗称低压截止阀或气阀（一般空调器制冷时流经的是低压气态制冷剂而得名）三通截止阀是控制三个管口之间互通的阀门。

三通截止阀的结构如图 3-23 所示。阀中两管回流，另一管孔是维修接头，大多产品中都有一个顶针结构，加气管上有个凸起的金属，顶进去后气才可从维修阀门注入。内六角扳手伸入阀门调节口顺时针拧动，阀杆下移到底，切断（出厂位置）室外机连接管口与粗配合连接管口；逆时针旋转，阀杆上移，阀孔开启，打开阀门，接通室外机连接管口和粗配合连接管口（制冷/制热位置）。

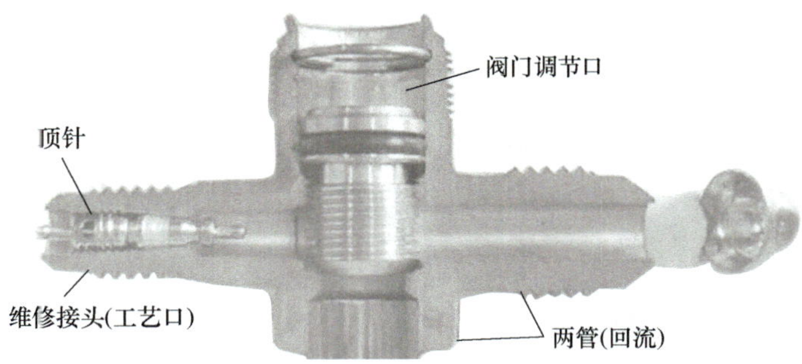

图 3-23　三通截止阀的结构

维修管口的内气门销平时关闭，将维修管与其他管切断；向里按压气门销时，气门销向里移动，使维修管与室外机连接管接通。向里按压气门销的方法一般有两种：用改锥直接按压气门销，需注意用力适中，避免损坏气门销；将英制管口安装到维修管口即可。

本装置采用手动式 3/8in 空调三通截止阀（一对），其结构见表 3-6。

表 3-6　手动式 3/8in 空调三通截止阀的结构

<table>
<tr><th></th><th>图　示</th><th>产品型号</th></tr>
<tr><td>三通截止阀</td><td>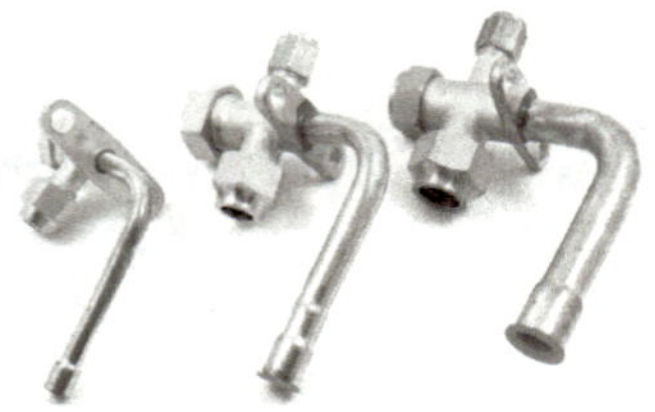
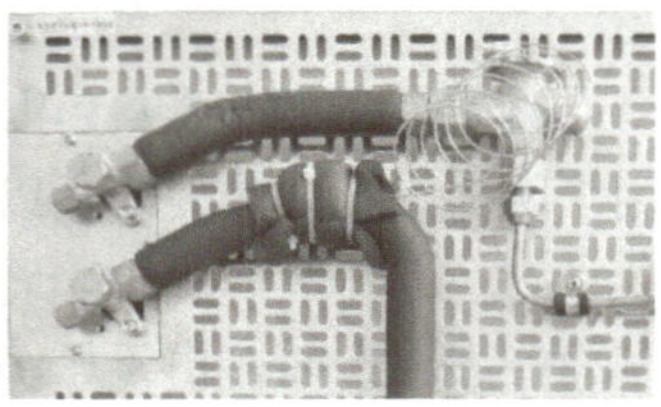</td><td>品名：高低压阀、截止阀
材质：黄铜、紫铜
产品规格：3/8in
产品特点：表面光洁、材质优异
产品优势：纯铜制作、超长寿命
产品用途：用于空调器外机机箱上，高低压口截止阀门（该部件用于本装置高低温库进出口）</td></tr>
<tr><td>原理</td><td colspan="2">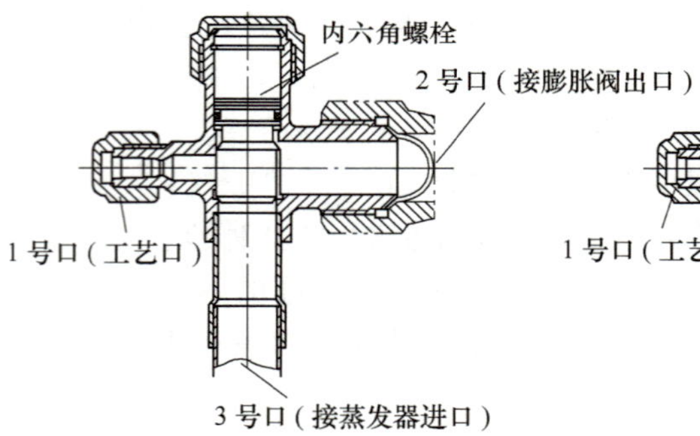

双温冷柜三通截止阀 (1)
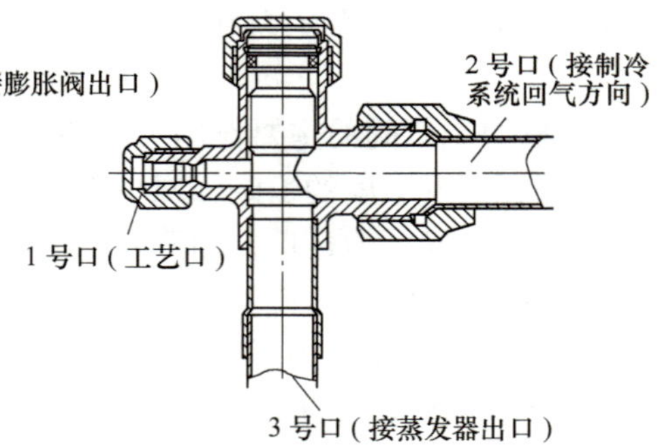

双温冷柜三通截止阀 (2)
双温冷柜低温库系统中有两个三通截止阀，截止阀中 1 号口和 2 号口处于常开状态，3 号口和 1、2 号口通过内六角螺栓的上下旋转控制通断（当内六角螺栓旋到最底部，3 号口和 1、2 号口断开，当六角螺栓旋离底部，1、2、3 号口互通）</td></tr>
<tr><td>安装要求</td><td colspan="2">焊接时，取下橡皮顶针，用蘸水的湿布包裹着焊接，这样速度较快</td></tr>
</table>

基本技能

1. 冷柜制冷系统部件的安装

（1）认识冷柜制冷部件

1）在冷柜上识别制冷系统部件，分析各部件所起的作用。

2）识别单向阀、电磁阀、能量调节阀、蒸发压力调节阀和过滤器等部件上的标识箭头。

（2）冷柜制冷部件的安装固定

根据图样要求安装固定电磁阀、能量调节阀、蒸发压力调节阀、过滤器，掌握安装要求和安装规范。

以上部件在使用时都是有方向要求的，安装部件时应注意部件标注的方向要和制冷剂循环的方向一致。

（3）部件调节

使用内六角扳手对能量调节阀、蒸发压力调节阀的阀芯进行适当的调节，掌握调节的方法，控制开启度。

2. 阀门操作及控制分析

（1）阀门操作

1）分析阀门结构和控制原理，理清各个端口连接的部件。

2）使用棘轮扳手练习阀门的开关操作。

3）开关控制阀门有 3 个位置：开启到底、在中间位置和关闭到底。

（2）阀门控制分析。

1）阀门开启到底：冷柜正常运行状态。

2）阀门在中间位置：主要利用阀门两端的两个工艺口对制冷系统进行工艺操作。

3）阀门关闭到底：可将冷柜制冷系统制冷剂回收，封闭在制冷机组内。

任务 3　XK—ZLZR1A 型装置空调器概述

基本知识

1. 空调器制冷系统常识

（1）空调器工况

我国空调器标准规定空调器工况：空调器制冷，室外环境温度 35℃，室内环境温度 27.5℃，蒸发温度 5℃。一般空调器运行时达不到工况条件，工况参数可作为空调器维修调试的基准。

（2）空调器制冷系统的压力

空调器的压力是指空调器的平衡压力、低压压力和高压压力，是制冷剂在空调器制冷系统内的工作压力。平衡压力是指压缩机不工作时整个制冷系统管路内的压力，高压压力是指压缩机运转时的排气压力，低压压力是指压缩机运转时的吸气压力。

制冷系统的高压和低压以压缩机和毛细管为分界点，制冷剂循环从压缩机排气，到冷凝器，再到过滤器，这部分管路承受高压压力；经过毛细管降压节流到蒸发器，再到压缩机吸气，这部分管路承受低压压力。

空调器在制冷和制热时，低压压力和平衡压力随环境温度变化得较大，但高压压力基本不变。

（3）空调器维修工艺口和压力的关系

由于空调器具有四通阀的换向功能，制冷剂的流动方向是可逆的，所以空调器的高压、低压在管路内的分布和制冷、制热状态有关。

空调器工艺口在其室外机的气阀上，工艺口在压缩机不工作时可以测量平衡压力，在制冷时可以测量低压压力，在制热时可以测量高压压力。在空调器维修调试过程中，不一定对空调器的三个压力都进行测量。空调器制冷时，通过测量平衡压力和低压压力进行分析；空调器制热时，通过测量平衡压力和高压压力进行分析。

2. 空调器制冷部件

（1）压缩机

空调器的压缩机是全封闭式的，压缩机和电机封闭在一个金属壳内，吸入低温低压气态制冷剂，排出高温高压气态制冷剂，为制冷系统提供循环动力。

压缩机和制冷系统有两个连接管口，分别是排气管口和回气管口，如图 3-24 所示。管径较细的是排气管，通常位于压缩机的顶部或侧上部，管径较粗的是回气管，通常位于压缩机的侧下部，压缩机回气管和气液分离器通常做成一体。

图 3-24　压缩机

1—压缩机　2—压缩机排气管口

3—压缩机回气管口

4—气液分离器

（2）四通阀

空调器四通阀是制冷、制热转换的控制部件。它有四条管路“D、C、S、E”和制冷系统连接在一起，四条管路通常在四通阀上标有标记，由电磁阀（也称为导阀）控制换向。四通阀的四根毛细管和四条管路连通，电磁阀控制毛细管内制冷剂高压、低压的方向，加到四通阀换向阀芯的两端，压力差推动阀体（主阀）内阀芯运动到换向位置，使制冷剂方向发生变化，完成制冷、制热的控制转换，其实物和基本结构如图 3-25 所示。

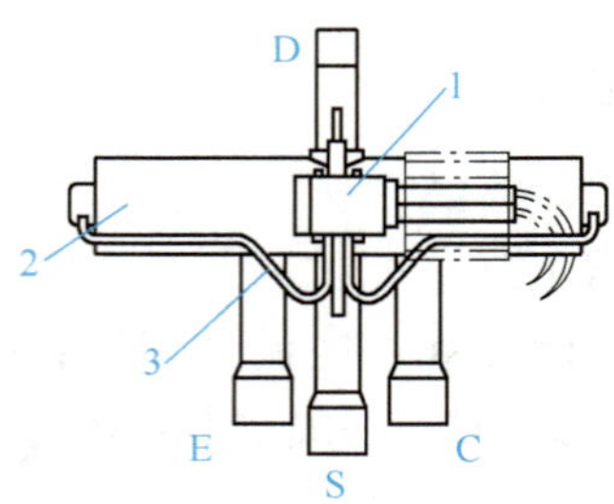

图 3-25　四通阀

1—电磁阀　2—四通阀体　3—毛细管

制冷时，电磁阀通常不动作，制热时，电磁阀动作，即四通阀的原始位置是制冷状态。四通阀换向的过程是：制冷状态下，DC 通，ES 通；制热状态下，换向为 DE 通，CS 通。四通阀管路 D、S 内制冷剂流动的方向始终不变，变化的是管路 E、C 内制冷剂流动的方向。

（3）冷凝器和蒸发器

冷凝器和蒸发器是盘管结构，都是热交换器，在循环风机的强制作用下，和空气进行热交换。为了快速和空气交换热量，管路的表面安装了加快换热的翅片。

1）冷凝器。空调器的室外盘管称为冷凝器，也称为室外热交换器，如图 3-26 所示。冷凝器的作用是使高温高压的气态制冷剂在环境温度条件下放热液化，变为中温高压的液态制冷剂。压缩机排出的高温高压气态制冷剂进入冷凝器，向空间放出热量降温，变为中温高压的液态制冷剂。

图 3-26　空调器室外盘管

1—压缩机　2—气阀和液阀
3—回通阀　4—室外盘管

在制热时室外盘管起蒸发器作用。

2）蒸发器。空调器的室内盘管称为蒸发器，也称为室内热交换器，如图 3-27 所示。蒸发器的作用是使低温低压的液态制冷剂吸热蒸发。低温低压液态制冷剂在蒸发器内进行低压蒸发，大量吸收空间热量，变为低温低压气态制冷剂。

在制热时室内盘管起冷凝器作用。

图 3-27　空调器室内盘管

（4）过滤器和毛细管

1）过滤器。制冷循环过程中，由于压缩机运转或管路变质会产生固态杂质，若杂质过大过多，则会堵塞用于节流的毛细管，所以在毛细管之前要加装过滤器。空调器过滤器的作用是滤除杂质，防止杂质堵塞毛细管。过滤器内部只有一层过滤网滤除杂质，不具备吸收水分的作用。

2）毛细管。毛细管就是管径较小的细铜管。它对流动的液态制冷剂有较大的阻力，对制冷剂的流动有降压节流的作用。所谓降压节流，就是毛细管对冷凝器流出的液态制冷剂控制流量、降低压力，将其变为低温低压液态制冷剂，进入蒸发器进行低温低压蒸发吸热。控制好毛细管的长短粗细，就可以使液态制冷剂在蒸发器内完全蒸发，从而吸收大量热量。

3. 空调器电气部件

（1）压缩机

1）单相压缩机端子。压缩机的三个电源接线端子命名为 C、R、S，端子 C 为公共端或控制端（Control），R 为运行端（Run），S 为起动端（Start），一般在端子附近都有明显的字母标记。

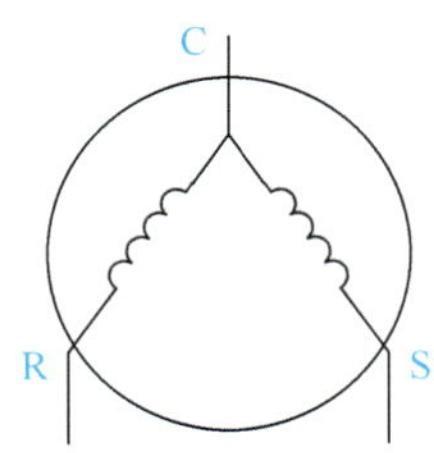

图 3-28　压缩机电动机电路符号

压缩机电动机是单相交流异步电动机，电路符号如图 3-28 所示。其内部有两个绕组，分别是 CR 和 CS，CR 为运行绕组，CS 为起动绕组。

压缩机的绕组阻值较小，一般为几欧。由于电动机的运行绕组 CR 用的线径比起动绕组 CS 的线径粗，并且二者的匝数基本相等，所以运行绕组 CR 的阻值偏小，即

$$R_{CR} < R_{CS}$$

又由于电动机有两个绕组，C 为公共端，所以有

$$R_{RS} = R_{CR} + R_{CS}$$

2）过载保护器。压缩机的过载是指压缩机过电流或温度过高（过热）。压缩机过载保护器是一个双金属片开关，串联在压缩机电路，如图 3-29 所示，其内部还有一个和开关串联的电热丝，不大于额定电流时，电热丝阻值很小不发热，超过额定电流，尤其是压缩机堵转（电动机绕组通电电动机不转）时，相当于短路电流，电热丝阻值变大发出明亮的红光，加热双金属片开关使之快速断开，使压缩机和电源脱离实现保护。

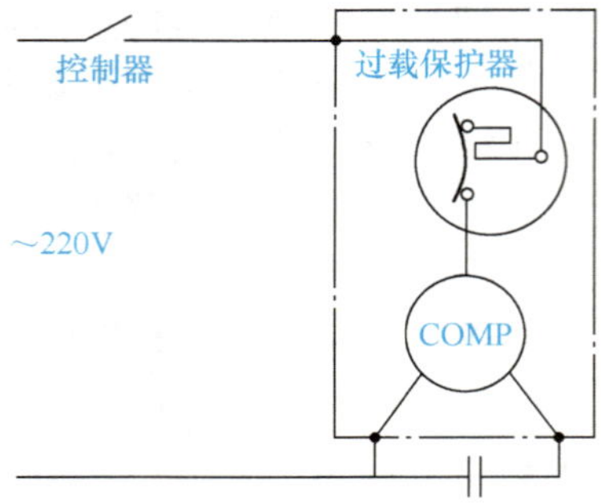

图 3-29　压缩机电路中的过载保护器

保护过程：过载保护器紧贴压缩机外壳安装，直接感受压缩机的温度，监测压缩机是否过热，当外壳温度过高时，经过一定的时间延时，双金属片受热变形，开关断开；当压缩机通电后由于某种原因（电压低或起动电容坏）起动不起来的时候，压缩机的堵转电流使双金属断开；当压缩机超过额定电流运转一段时间后，压缩机本身发热和过载保护器本身发热，使双金属片受热变形，开关断开。

3）起动电容。单相异步电动机定子线圈有起动绕组和运行绕组两个，若两个绕组直接并联接在电源上，产生的磁场则是脉动的，没有旋转空间的磁场，不能使电动机起动运转。

单相异步电动机在通电起动时，由于起动绕组串联了起动电容，如图 3-30 所示，起动绕组的电流超前运行绕组电流 90°，两个绕组又由于空间旋转位置差 90°，所以在通电开始，起动绕组磁场到运行绕组磁场在电动机定子线圈产生了一个空间旋转 90°的磁场，带动转子起动运转。

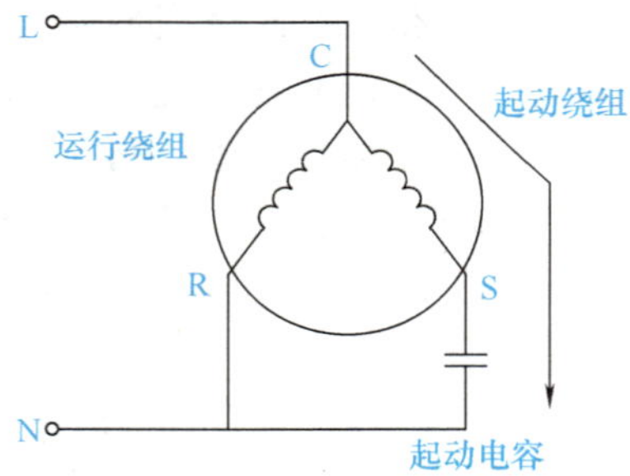

图 3-30　起动绕组串联起动电容

（2）外风机

空调器外风机电动机是单相异步电动机，使用 220V 单相交流电源，电动机带动风扇旋转，循环空气换热。

外风机电动机的工作原理和压缩机电动机的工作原理一样：单速风机内部的绕组有两个，一个是运行绕组 CM，一个是起动绕组 CS，公共端用字母 C 表示，运行端用字母 M（压缩机此端用字母 R 表示）来表示，起动端用 S 表示。

外风机有三根引线，电机内部仍然是两个绕组。电容串联在起动绕组 CS 回路中，和 CM 回路并联在 220V 交流电源上。

（3）内风机（PG 电动机）

空调器内风机采用单相交流异步电动机，该电动机为 PG（闭环控制调速）电动机。在电动机运转和调速时，CPU 对电动机的转速进行监测控制，以便能准确控制电动机的转速，带有转速监测反馈控制功能。PG 电动机接线原理如图 3-31 所示。

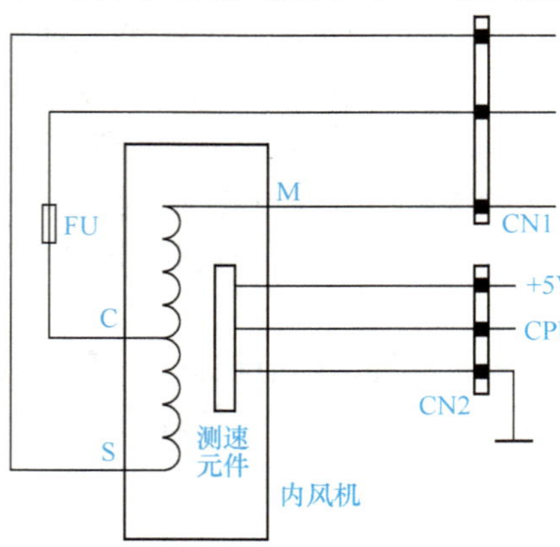

图 3-31　PG 电动机接线原理

PG 电动机的转速监测元件是霍尔元件，从电动机内部通过三根导线引到电动机外。PG电动机在挂壁式空调器上应用广泛，主要是内风机，电机共有6根引线，分成两个插头，分别是电动机的绕组端子和转速监测端口。电动机绕组的三个端子仍然是C、M、S，同样需要使用电容起动。

PG电动机的调速是对220V交流电压进行晶闸管移相斩波调压，从而控制电动机的工作电压进行调速，本装置空调器可实现3挡风速控制。

（4）步进电动机

步进电动机主要用来控制室内机扇叶的摆风方向，所以也称为摆风电动机。电动机安装位置如图3-32所示，有5根引线连接到电路板的插座上，其中一根是直流电源线，步进电动机使用12V直流电源。另外4根是相控制线，控制线由CPU输出四路脉冲信号进行控制。摆风电动机运行精度高、控制特性好。

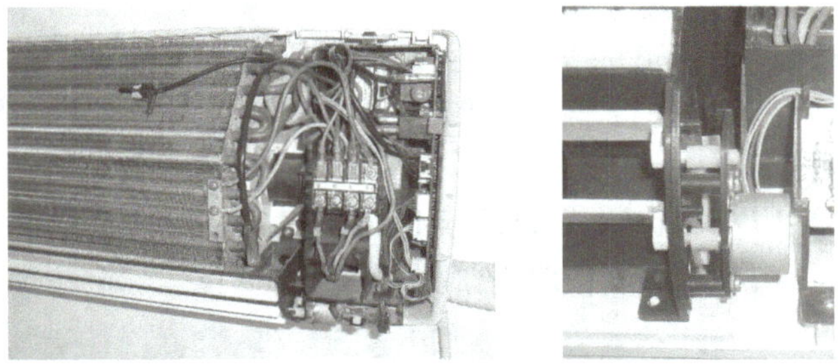

图3-32 摆风电动机安装位置

（5）四通阀

四通阀又称为电磁换向阀，工作电源是交流220V，是控制空调器制冷、制热时制冷剂转换流向的重要电气部件。空调器在制冷状态下，四通阀线圈通常处于断电复位状态；在制热状态下，处于通电换向状态。

四通阀的线圈测量阻值大约在1.5kΩ左右，其实物与图形符号如图3-33所示。

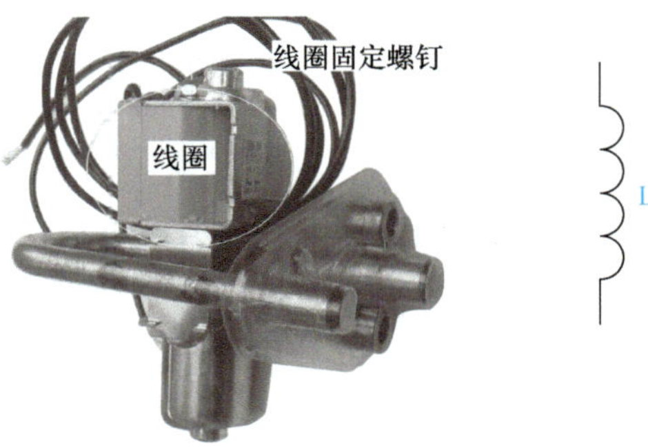

图3-33 四通阀线圈及图形符号

（6）温度传感器

空调器的基本功能就是对环境温度进行控制，在工作过程中，难免会出现过热现象。为了保证空调器的正常运行，就要对其关键部位的温度进行监测，从而实现保护。在空调器中通常采用温度传感器来监测其工作温度，保证空调器的正常运行。

1）温度传感器基本性质

温度传感器也称为感温探头，用于监测空调器所处的环境温度及制冷系统重要管路的温度，以控制空调器的工作状态。

空调器用温度传感器通常是负温度系数热敏电阻。它是一种特殊电阻。其阻值大小和温度变化成反比，即温度升高，电阻值变小；温度降低，电阻值变大。温度传感器的这种变化关系可以用万用表测量出来。

由于温度传感器的阻值是随温度变化而变化的，所以温度传感器的标称阻值以25℃对应的阻值为准。

常用空调器温度传感器实物及电路符号如图3-34所示，电阻体由两根导线通过插头和电路板连接，电阻体外形封装通常有塑料和金属两种，常见塑料封装的温度传感器为黑色，主要用于环境温度监测，常见金属封装的温度传感器为不锈钢或铜质，主要用于管路温度监测。

常用的空调器传感器主要有室内环境温度传感器和室内管路温度传感器。

2）室内环境温度传感器

室内环境温度传感器位于空调器进风通道的位置，通常使用塑料支架进行固定，如图 3-35 所示。

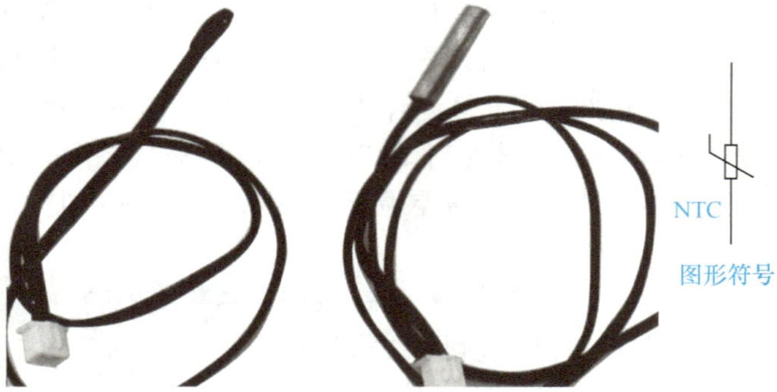

图 3-34　空调器温度传感器实物及图形符号

CPU 根据设定的工作状态通过室内环境温度传感器监测室内环境温度，控制压缩机通电运转或断电停机。

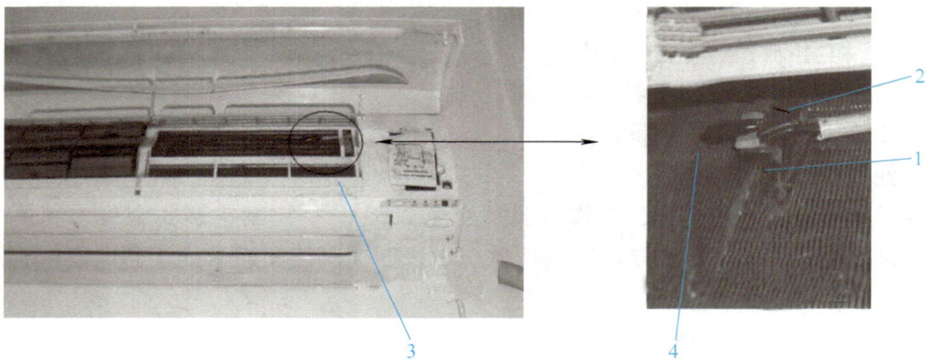

图 3-35　室内环境温度传感器安装位置

1—支架　2—导线及护套　3—传感器位置　4—传感器探头

空调器的温度控制精度为±1℃：制冷时，设定的温度若是 26℃，则当温度降到 25℃时，压缩机停机，当温度回升到 27℃时，压缩机运转制冷；制热时，设定温度若是 18℃，则当温度升到 19℃时，压缩机停机，当温度下降到 17℃时，压缩机运转制热。

3）室内管路温度传感器

一般在需要监测的位置焊接一段管路，将管路温度传感器插在管路内，用弹簧卡片固定，使之牢固并贴紧管路，管路温度传感器的安装位置如图 3-36 所示。

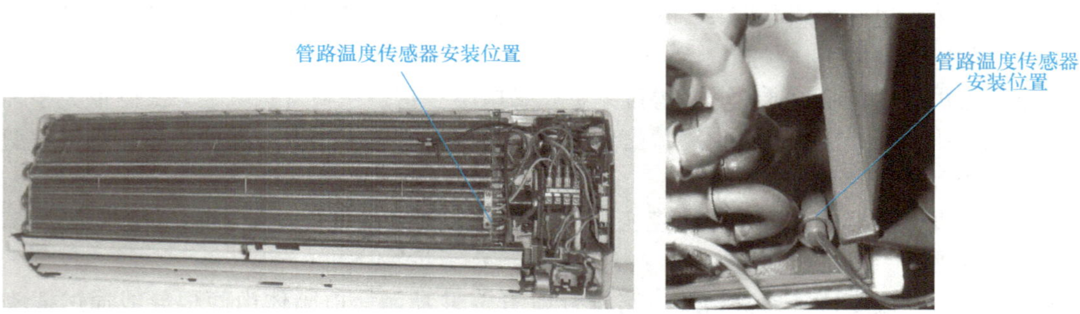

图 3-36　管路温度传感器的安装位置

①制冷状态下的作用：过冷保护和制冷效果监测保护。

a）过冷保护。室内盘管过冷导致自身结霜，将影响盘管和室内空气的热量的交换，此时，CPU 监测管路温度控制压缩机停机保护，称为过冷保护。过冷保护的温度一般为 2℃，空调器标准蒸发温度为+5℃。

b）制冷效果监测保护。制冷状态下，一定时间内室内盘管温度没有下降到一定温度，CPU 监测管路温度判断制冷系统问题或缺少制冷剂，压缩机将停机保护。

②制热状态下的作用：防冷风吹出监测、制热卸荷过热保护和制热效果监测等。

a）防冷风吹出保护。空调器制热开始后，内风机的运转受内管温度控制，当内管温度达到 28~32℃时，风机才运转，防止制热开始时吹出冷风，造成人体不适。

b）制热卸荷过热保护。制热过程中，若室内管温达到 56℃，说明管温太高，高压过高，此时，CPU 控制外风机停机，减少室外热量的吸收，压缩机不停，称为制热卸荷。若外风机停机后内管温度继续上升，达到 60℃时，CPU 控制压缩机停机保护，这是空调器的过热保护。

c）制热效果监测保护。空调器制热状态下，在一定的时间内，若室内盘管温度没有上升到一定的值，CPU 监测判断制冷系统问题或缺少制冷剂，压缩机将停机保护。

基本技能

1. 空调器制冷部件识别

1）拆开空调器内外机，认识空调器制冷系统部件。

2）分析空调器制冷、制热运行时制冷剂的流动路径。

3）分析室外机的工艺口在制冷、制热时压力的变化情况。

4）空调器制冷、制热时，手感外机连接管路，感受温度变化特点，并分析原因。

2. 空调器电气部件识别

1）认识空调器电气系统部件。

2）对压缩机、风机电动机进行电阻测量，分辨电动机端子。

3）测量四通阀线圈阻值。

4）测量温度传感器随温度变化的特性。

3. 内外机电气部件操作

拆卸空调器内外机，进行如下操作：

1）观察两个温度传感器的安装位置和安装方法。

2）检测内风机的两个插头 6 根线：电动机、霍尔元件。

3）观察步进摆风电动机的位置，分析摆风原理。

4）找到压缩机起动电容，对电容进行检测。

5）拆开压缩机顶壳的电器盒，对过载保护器进行检测。

项目4

双温冷柜制冷系统管路的安装与压力测试

任务1　双温冷柜制冷系统的管路制作与安装

基本知识

1. 制冷管路常用材料

在制冷系统中，除了设备组件，还有将组件连接起来用以输送冷媒，保证制冷正常运行的系统——制冷管路系统。

因为管路用来输送冷媒，冷媒在管路中的压力、形态不断地变化，所以制冷管路材料的选型必须符合以下规定：低温强度高、坚固耐腐蚀、经济、轻便、可以改变形状、易连接、安全（不渗漏、不助燃、不产生有毒气体、耐腐蚀）及环保（再生利用）等。

铜管是有色金属管的一种，图4-1所示为压制和拉制的无缝管。铜管具备坚固、耐腐蚀的特性，已成为自来水管路、供热/制冷管路安装的首选，常用于制造换热设备（如冷凝器），也用于制氧设备中装配低温管路。直径小的铜管常用于输送有压力的液体（如润滑系统、油压系统等）和用作仪表的测压管等。铜材的优点见表4-1。

图4-1　制冷铜管

2. 制冷系统管路制作常用工具

制冷系统管路制作的常用工具见表4-2。

表 4-1　铜材的优点

序号	优点	说　　明
1	经济性	由于铜管容易加工和连接，因而在其安装时可以节省材料和总费用，具有较强的稳定性和可靠性，可省去维修成本
2	轻便性	对相同内径的内螺纹管而言，铜管不需要黑色金属的厚度。安装时，铜管的输送费用更小，维护更容易，占用空间更小
3	可塑性	因为铜管可以弯曲、变形，因而常常可以做成弯头和接头，可以以任何角度折弯
4	安全性	不渗漏、不助燃、不产生有毒气体、耐腐蚀
5	质地	铜管质地坚硬，不易腐蚀，且耐高温、耐高压，可在多种环境中使用

表 4-2　常用工具

名称	图样	名称	图样	名称	图样
割管器	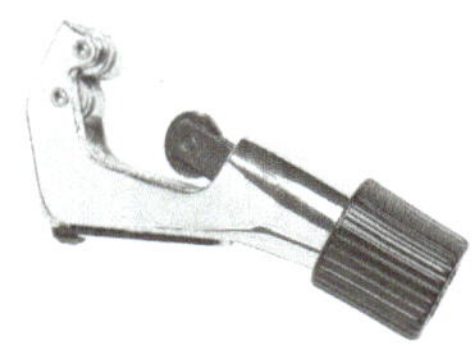	铰孔刀		刮刀	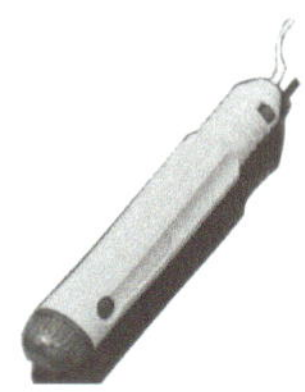
扩口器	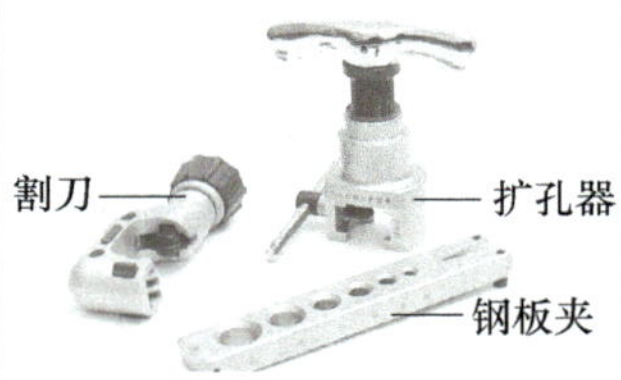	扳手	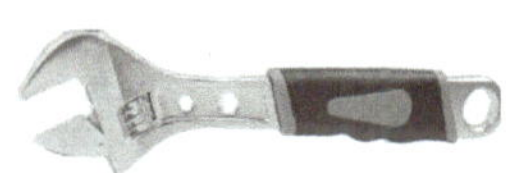	胀管器	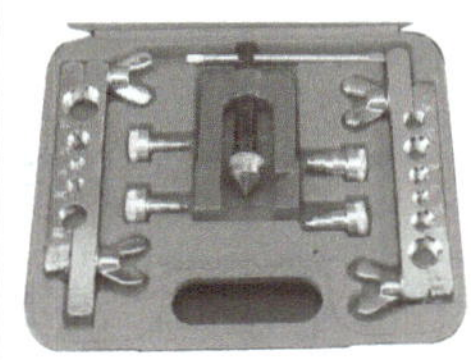
弯管器	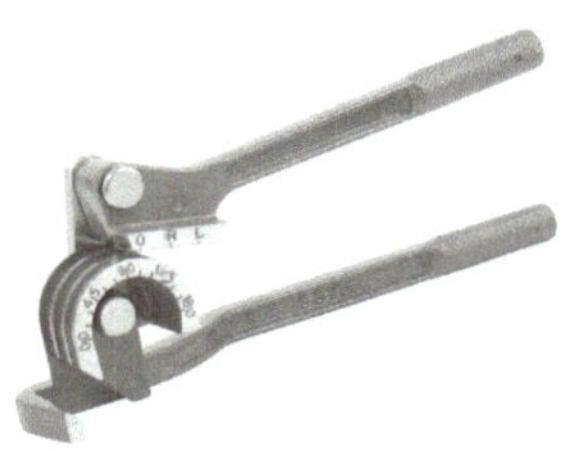				

（1）割管器

割管器是安装维修过程中专门用于切割铜管和铝管的工具，它主要由支架、导轮、刀片和手柄组成，如图 4-2 所示。常用割管器切割范围为 3～45mm。

（2）倒角器

铜管在切割加工过程中易产生收口和毛刺现象，倒角器主要用于去除切割加工过程中所产生的毛刺，消除铜管收口现象。倒角器外形及使用如图 4-3 所示。

（3）扩口器

扩口器是将小管径铜管（19mm 以下）端部扩张成喇叭口的专用工具。它用于将铜管端部扩成杯形口，主要由扩口夹具和扩管顶锥组成，其结构及实物如图 4-4 所示。

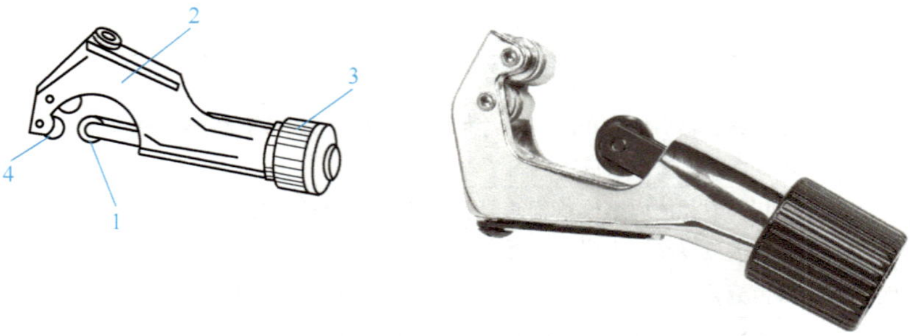

图 4-2　割管器

1—刀片　2—支架　3—手柄　4—导轮

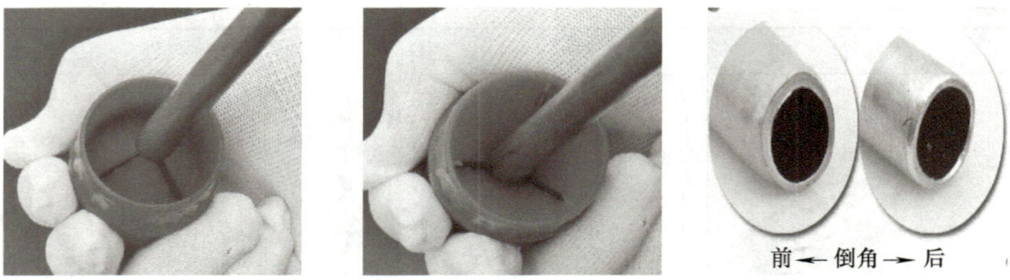

图 4-3　倒角器的使用

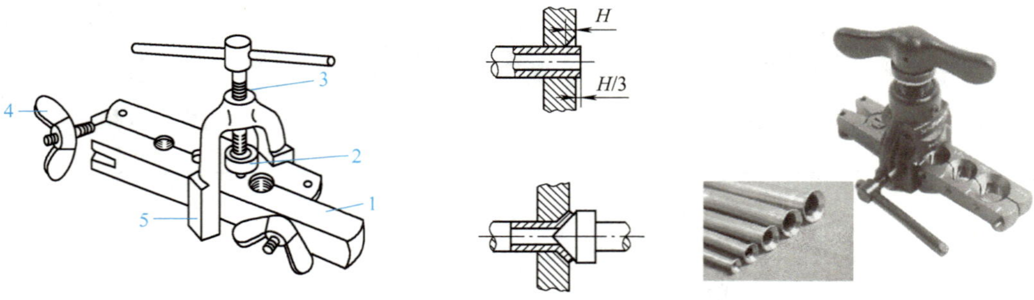

图 4-4　扩口器

1—扩口夹具　2—椎形头　3—螺杆　4—螺母　5—弓架

（4）弯管器（杠杆式）

弯管器是专门用于弯曲铜管、铝管的工具，其实物如图 4-5 所示。它主要由固定杆、活动杆和带导槽的固定轮组成。操作时，根据铜管的外径选择好固定轮，弯曲半径不应小于管径的 3.5 倍，其弯曲部位不应有凹瘪现象。

（5）扳手

扳手基本分为两种：呆扳手和活扳手。

呆扳手指的是已经固定开口的扳手，一端或两端制有固定尺寸的开口，用以拧转一定尺寸的螺母或螺栓。

活扳手的开口宽度可在一定范围内调节，是用来紧固和起松不同规格的螺母和螺栓的一种工具。活扳手是维修工人的常用工具，因其开口可以在一定的范围内进行调节，使用起来

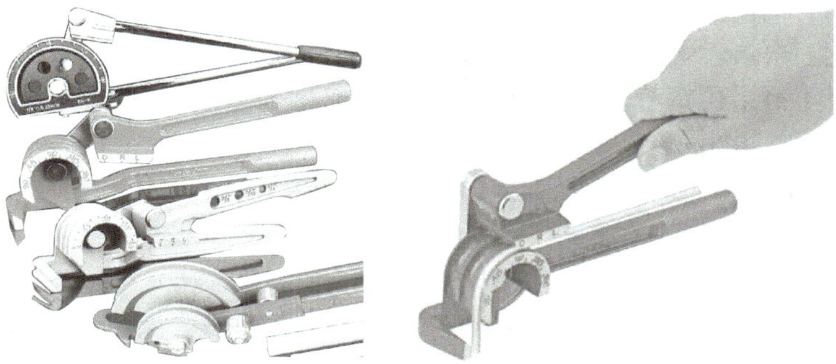

图 4-5　弯管器

很方便，不但可用于标准的公制螺栓和英制螺栓，还可用于某些自制的非标准螺栓。

活扳手由头部和柄部构成，头部由活动扳唇、呆扳唇、扳口、蜗轮和轴销构成。旋转涡轮可调节扳口的大小。图 4-6 为活扳手实物。

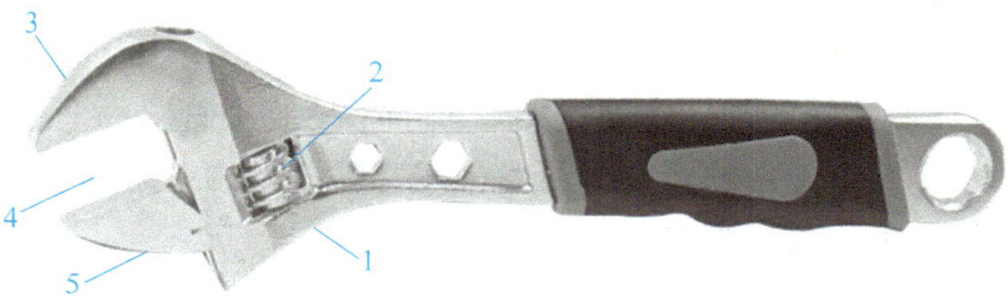

图 4-6　活扳手

1—轴销　2—蜗轮　3—呆扳唇　4—扳口　5—活动扳唇

活扳手的规格以长度×最大开口宽度表示。常用规格见表 4-3。

表 4-3　活扳手常用规格

规格	标尺开口/mm	扩张开口/mm	头部深/mm	全长/mm	重量/kg
6 寸	17	21	20	155	0. 17
8 寸	24	29	26	210	0. 27
10 寸	30	33	32	260	0. 50
12 寸	36	37	35	310	0. 83

注：1 寸=0. 033m。

扳手的使用注意事项：

1）无论何种扳手，最好的使用效果是拉动，若必须推动时，也只能用手掌来推，并且手指要伸开，以防螺栓或螺母突然松动而碰伤手指。要想得到最大的扭力，拉力的方向一定要和扳手柄成直角。

2）使用活扳手时，应根据螺母的大小选配规格。使用时，右手握手柄，手越靠近手柄尾端，扳动起来越省力。扳动大螺母时，需用较大力矩，手应握在靠近柄尾处。扳动小螺母时，需用力矩不大，但螺母过小，易打滑，因此手应握在接近头部的地方，并且应随时调节蜗轮，收紧活扳唇，防止打滑。

3）使用活扳手时，应使扳手的活动扳口承受推力而固定钳口承受拉力，即拉动扳手时活动扳口朝向内侧，用力一定要均匀，以免损坏扳手或使螺栓、螺母的棱角变形，造成打滑而发生事故。

4）使用扳手时，应避免用力过大，否则有可能打滑碰伤人体。

5）扳手不得当作撬棒或手锤使用。

6）在扳动生锈的螺母时，可在螺母上滴几滴煤油或机油，过一段时间就容易扳动了。扳不动时，千万不可采用钢管套在活扳手的手柄上来增加扭力，因为这样极易损伤活扳唇或螺母，导致螺母无法取出。

7）登高作业需用扳手时要用绳索传递，不得抛上扔下。

3. 制冷系统管路制作加工规范

（1）铜管的保护

1）铜管进场检验合格后，包管时必须封住管的端部，最常用的方法是用端盖封堵、缠胶带和封焊。

2）盘管必须竖放，以防止自重引起压缩变形。

3）必须用木支架等使铜管高于地面，以防尘、防水。

（2）铜管的加工

1）铜管的加工主要是指弯曲加工。制冷管路的弯曲应符合下列要求。

①制冷管路的弯曲要尽量采用冷煨法弯制，防止由于热煨产生氧化皮或嵌在管壁上的沙粒增加系统内的污物。

②铜管的弯曲半径及最小夹紧长度见表 4-4。弯曲的曲率半径应不小于管路直径的 3.5 倍，配管弯曲变形后的短径与原直径之比应大于 2/3。

表 4-4　铜管规格及参数

铜管规格	弯曲半径	壁厚/mm	最小夹紧长度 L/mm	备注
	内部设计标准			
ϕ6.35mm	R10	0.7	18	
ϕ7.94mm	R17.5	0.8	22	
ϕ9.52mm	R15	0.8	25	
ϕ12.7mm	R20、R25	1	35	
ϕ15.88mm	R30	1.2	40	
ϕ19.05mm	R35	1.2	50	
ϕ22.2mm	R45	1.2	60	
ϕ25.4mm	R50	1.2	75	
ϕ28.6mm	R60	1.4	90	
ϕ34.9mm	R60	1.4	105	

铜管的最小夹紧长度如图 4-7 所示。最小夹紧长度表示两段圆弧弯之间的直线段的长度 L，铜管设计时，L 可以为 0，若 L 不为 0，则必须保证表 4-4 中所示最小夹紧长度。

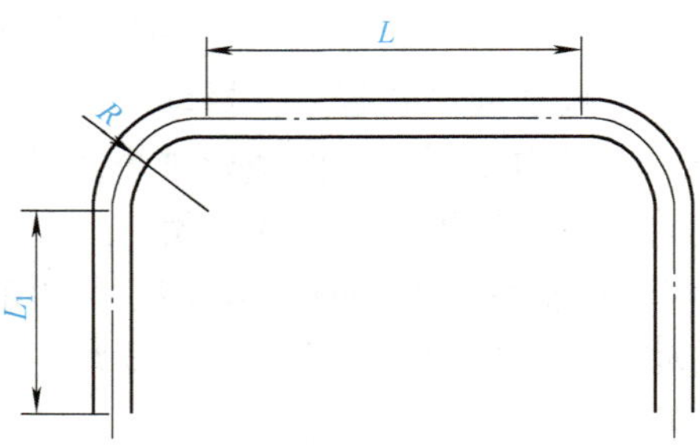

图 4-7　铜管最小夹紧长度

2）铜管的加工方法：①手工弯管适用于细铜管（ϕ6.35～ϕ12.7mm）；②机械弯管适用范围较广（ϕ6.35～ϕ44.45mm）。

弯曲加工时，铜管内侧不能起皱或变形，管路的焊接接口不应放在弯曲部位，接口焊缝距管路或管件弯曲部位的距离不应小于 100mm。图 4-8a 和图 4-8b 为铜管弯曲加工变形的情况，图 4-8c 为正确的铜管弯曲加工。

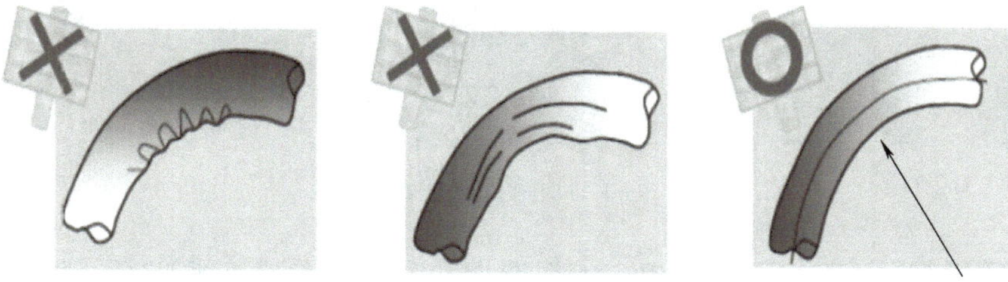

a) 内侧皱折变形　b) 内侧破损变形　c) 正确的弯曲加工

图 4-8　铜管弯曲加工

（3）铜管的保温

对于管路件与翅片换热器、风机相对独立的系统（有隔板隔开的系统），铜管一般不必加保温（无冷凝水排水装置的机型除外），反之，则铜管的低压管需加上保温套管。

（4）铜管的安装

铜管安装必须横平竖直，工整规范，尽量减少折弯，以利于冷媒流动。

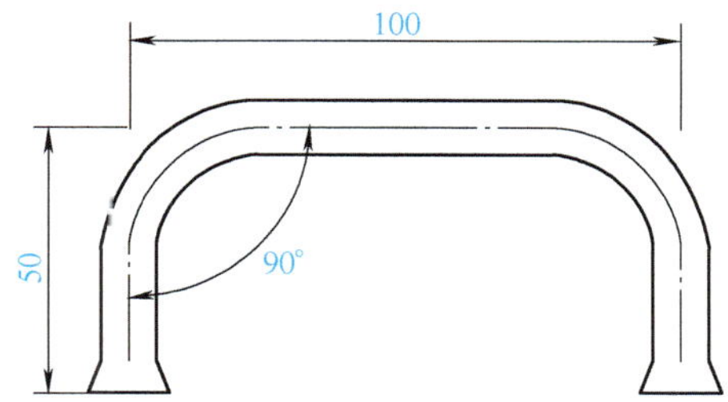

图 4-9　工件

4. 铜管的加工方法

例 4-1　制作如图 4-9 所示的工件（尺寸偏差±3mm）。

1）利用工作台的平面，将弯曲的铜管在台面上进行拉直操作。在拉直的过程中要非常小心，不要用脚大力踩踏铜管表面使其变形。待弯曲的铜管必须先经过处理，让铜管基本平直后方可进行下一步的操作。图 4-10 所示要切割的管子是 ϕ10 紫铜管，预割管 250mm。

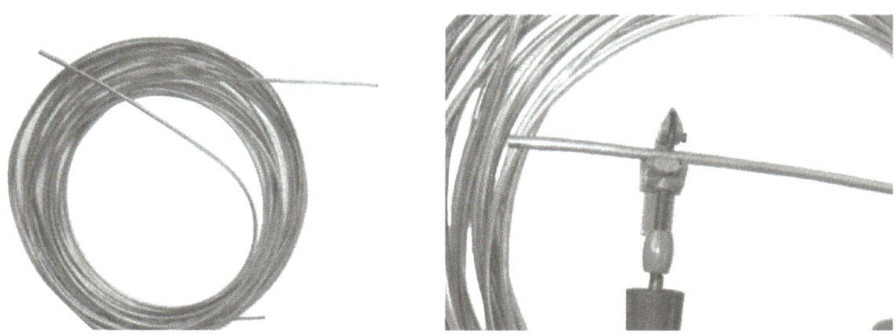

图 4-10　铜管的截取

2）将割刀绕管子转动 1 圈，若未见偏移，则顺时针旋动进给手轮 1/4～1/2 圈后，再将割刀绕管子转动 2～4 圈，重复若干次，直至管子被割断。

（**注意：** 割管过程中滚轮刀片每次的进给量不能过多，否则会造成严重的卷边或毛刺，甚至导致管子变形。）

3）割断管子后，用倒角器将管子内沿的毛刺刮净，并清除管内的金属屑，如图 4-11 所示。

4）将要弯管的铜管退火或将铜管弯曲的部位退火，对于新的铜管可以不退火。将铜管

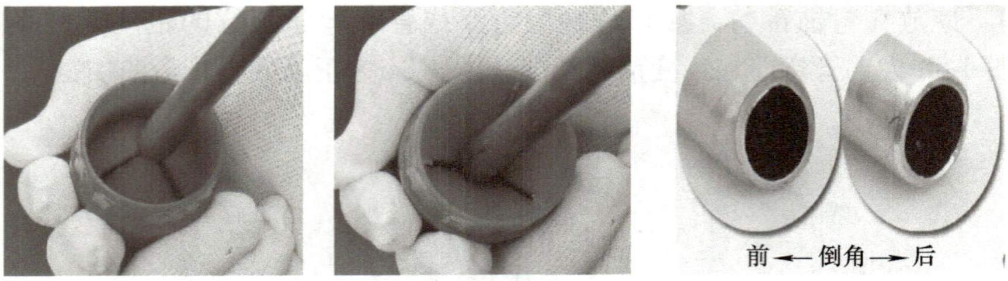

图 4-11　铜管倒角处理

插入与其直径相符（ϕ10）的轨道中，依据选取的弯管器确定弯曲半径。如图 4-12 所示，取 50mm 为起弯点，与弯管器 0 刻度线对齐，如图 4-13 所示弯曲 90°。

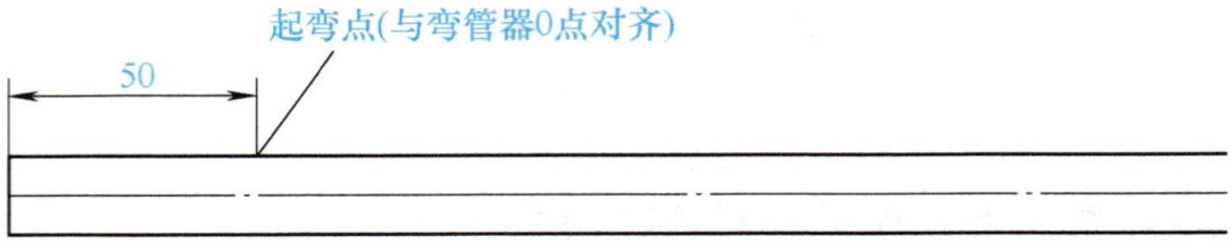

图 4-12　起弯点

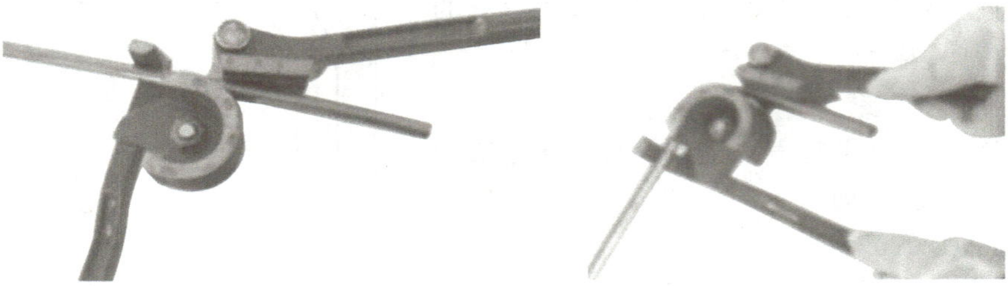

图 4-13　弯管

5）依据规范，管路尺寸标注一般为中线到中线，如图 4-14 所示，量取 100mm 为起弯点，与弯管器 0 刻度线对齐，弯曲 90°。最后将剩余管路按照 50mm 尺寸割出。

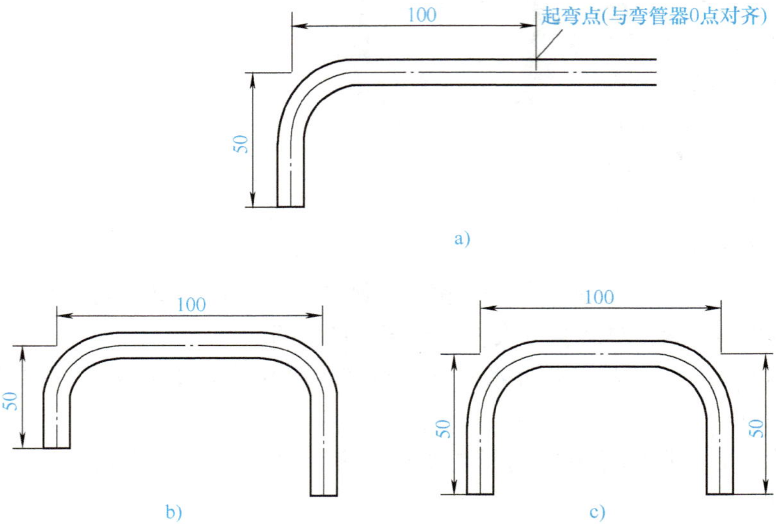

图 4-14　弯曲规范

6）利用扩口器对工件进行喇叭口加工。将倒角后的管子一端口放入扩口器夹具 ϕ10mm 的孔内，铜管端部露出夹具约 1/3 高度（夹具坡面高度的 1/3），如图 4-15 所示。

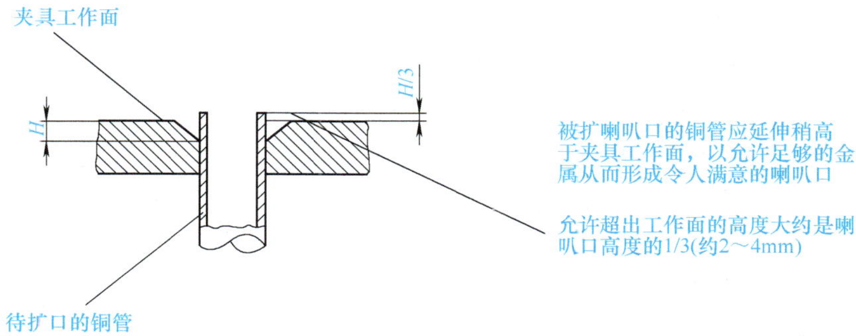

图 4-15　固定待扩口铜管

旋紧夹具螺母直至将铜管夹牢，将扩口顶锥卡于铜管内，顺时针旋转手柄，将顶锥往下压，直至形成喇叭口，退出顶锥，松开螺母，从夹具中取出铜管，观察喇叭口，应光滑圆整，无裂痕、毛刺和折边，如图 4-16 所示。依法制作另一端喇叭口。

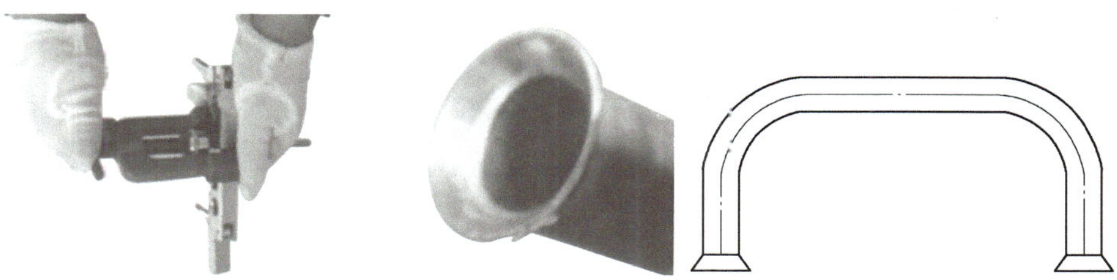

图 4-16　制作喇叭口

基本技能

1. 按图样制作管路

根据附图图样（图 4-17～图 4-19）要求选取专用工具及合适的材料完成双温冷柜制冷管路的制作。

在 XK—ZLZR1A 型空调制冷综合实训装置（以下简称“装置”）平台上，根据提供的图样、技术要求以及相关工程规范安装制冷系统。

2. 操作要求及流程

（1）操作要求

1）根据图 4-18 和图 4-19 完成双温冷柜制冷系统部件的布置和安装。

2）按图 4-17 要求进行双温冷柜制冷系统盘管的制作。

所需材料及工具见表 4-5 和表 4-6。

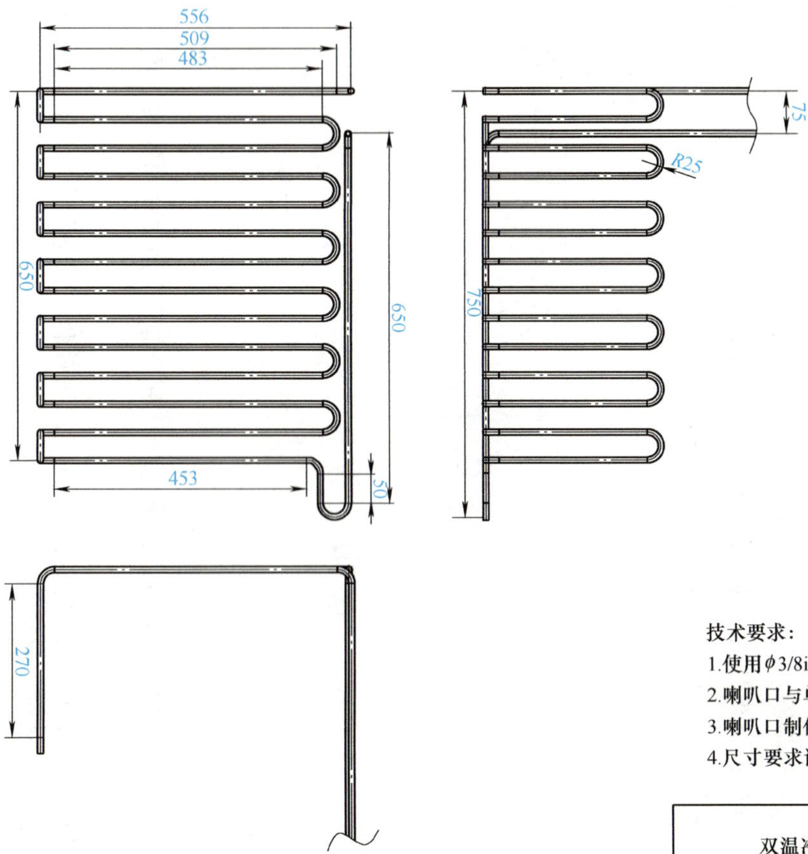

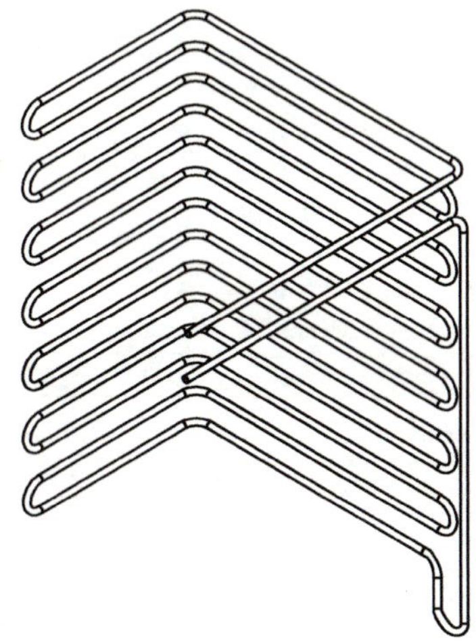

技术要求：

1.使用ϕ3/8in铜管进行制作。

2.喇叭口与单接头的连接部分自行设计与制作。

3.喇叭口制作，需去除毛刺，光滑无裂痕。

4.尺寸要求误差不超过±3mm。

双温冷柜冷藏室蒸发器盘管图			比例	图号
设计		中职组制冷与空调设备组装与调试赛项		
制图				

图 4-17　双温冷柜冷藏室蒸发器盘管图

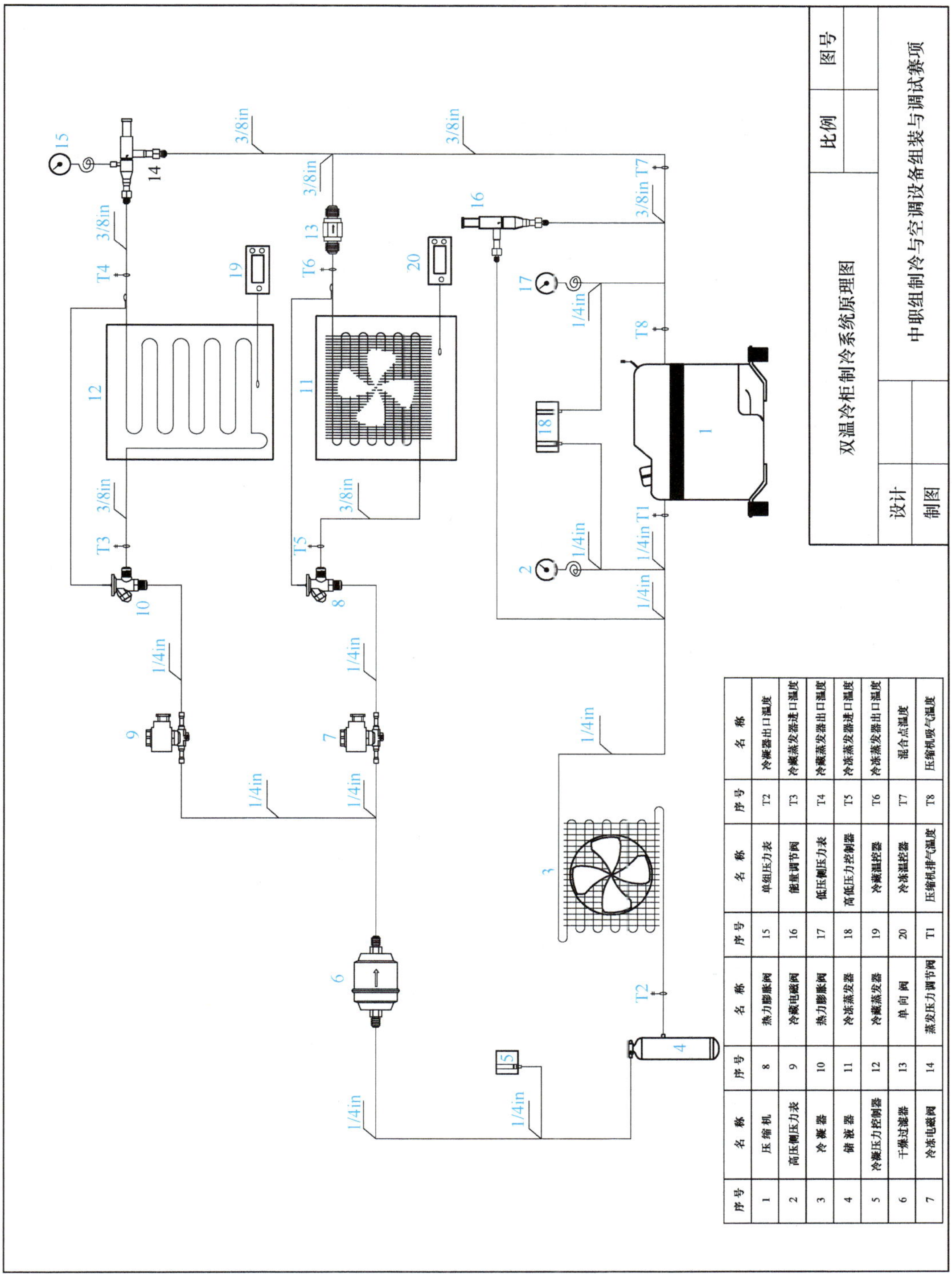

序号	名称	序号	名称	序号	名称	序号	名称
1	压缩机	8	热力膨胀阀	15	单组压力表	T2	冷凝器出口温度
2	高压侧压力表	9	冷藏电磁阀	16	能量调节阀	T3	冷藏蒸发器进口温度
3	冷凝器	10	热力膨胀阀	17	低压侧压力表	T4	冷藏蒸发器出口温度
4	储液器	11	冷冻蒸发器	18	高低压力控制器	T5	冷冻蒸发器进口温度
5	冷凝压力控制器	12	冷藏蒸发器	19	冷藏温控器	T6	冷冻蒸发器出口温度
6	干燥过滤器	13	单向阀	20	冷冻温控器	T7	混合点温度
7	冷冻电磁阀	14	蒸发压力调节阀	T1	压缩机排气温度	T8	压缩机吸气温度

图4-18　双温冷柜制冷系统原理图

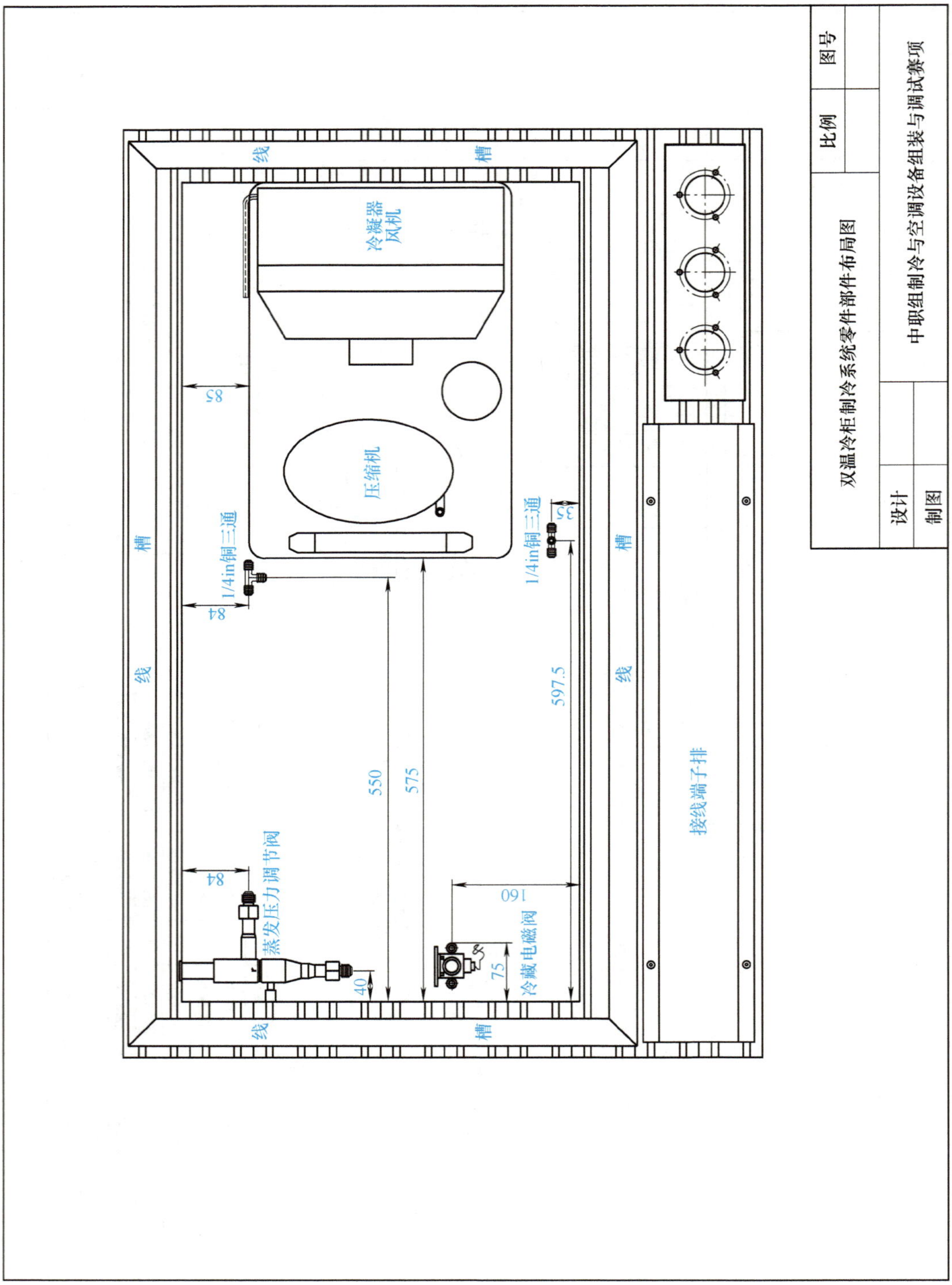

图 4-19 双温冷柜制冷系统零部件布局图

表 4-5　材料清单

序号	名称	规格	数量	备注
1	铜管	ϕ10mm	2500mm	
		ϕ6mm	3000mm	
3	保温管	ϕ10mm/ϕ6mm	若干	
4	扎带	150mm	若干	
5	螺钉座	10mm×5mm	若干	
6	螺钉		若干	

表 4-6　工具准备

序号	名称	规格	数量	备注
1	XK—ZLZR1A 型空调制冷综合实训装置		1 套	
2	活扳手	250mm	2 把	
3	弯管器	ϕ6mm/ϕ10mm	各 1 把	
4	倒角器		1 个	
5	扩口器	ϕ6~ϕ16mm	一套	
6	螺钉旋具	300mm	2 把	一字、十字
7	卷尺	3m	1 把	
8	手套		1 副	

（2）操作流程

1）合理选用工具，按照图 4-19 所示完成双温冷柜制冷系统部件的布置和安装，需要固定的部件用蓝色网孔板卡子和自攻螺钉固定到网孔板上；根据管路布局工艺，管路悬空高于 10mm 的地方需要用 R 形铜管固定座和铜柱（铜柱用 ϕ6mm 铜管自制，长度为 10mm 左右）进行固定，蒸发压力调节阀需要用扎线固定座固定。安装过程见表 4-7。

表 4-7　安装过程

台面测量

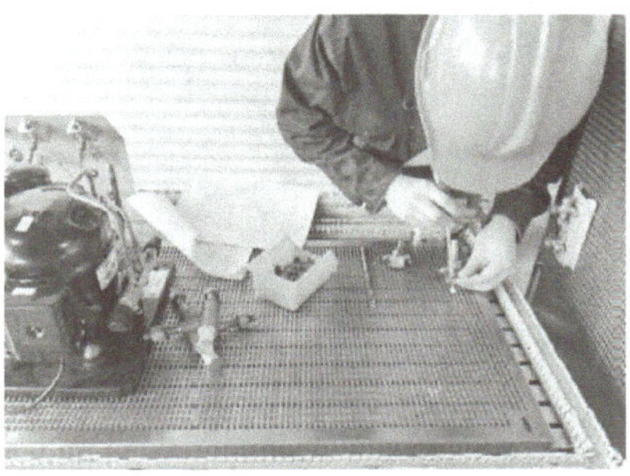

台面清理干净，将组件按照图例固定摆放

（续）

<table>
<tr><td colspan="2">组件定位</td></tr>
<tr><td>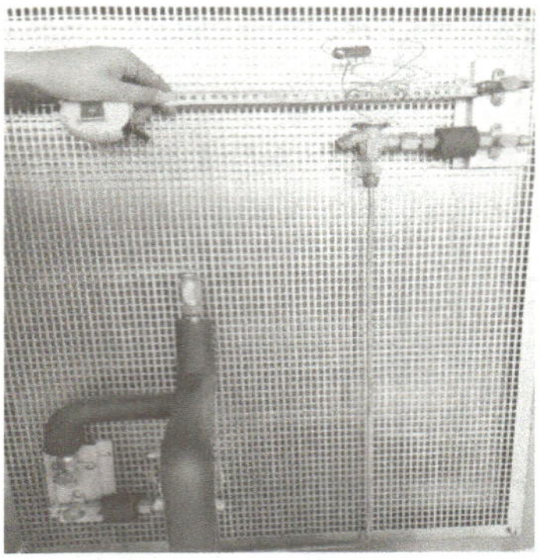</td><td></td></tr>
<tr><td colspan="2">管路制作过程（测量，弯曲，制作喇叭口，成品）</td></tr>
<tr><td colspan="2">盘管制作</td></tr>
<tr><td></td><td></td></tr>
<tr><td>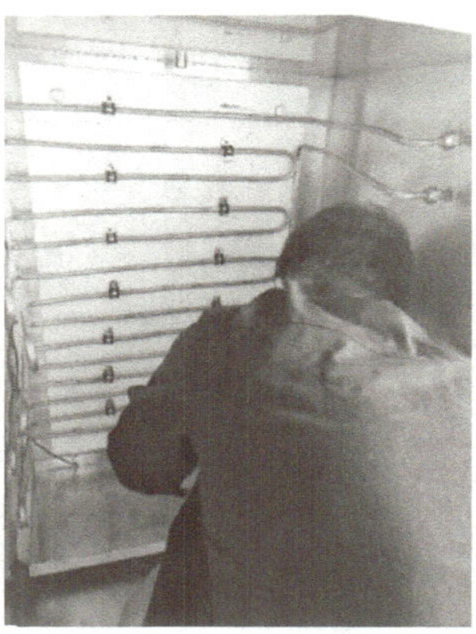</td><td></td></tr>
<tr><td colspan="2">注意管卡固定</td></tr>
</table>

2）结合实际需求进行调整，完成双温冷柜制冷系统管路的连接。安装必须符合工艺要求；制冷系统整体布局应合理、美观、层次分明，管路连接要简洁、用材最省、横平竖直，不得相互碰触，部件安装应紧凑、牢固；管路安装过程中，参考实际双温冷柜制冷系统的结构对需要保温的管路加装保温套管。管路连接步骤见表4-8。

表4-8　管路连接

管路安装图片	
	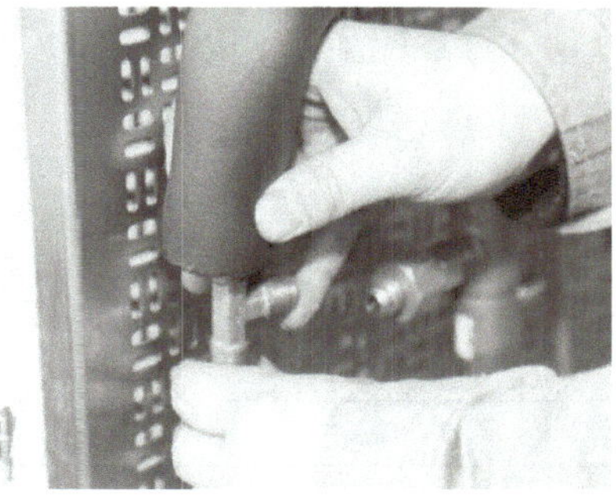
组件安装图片	管路安装图片

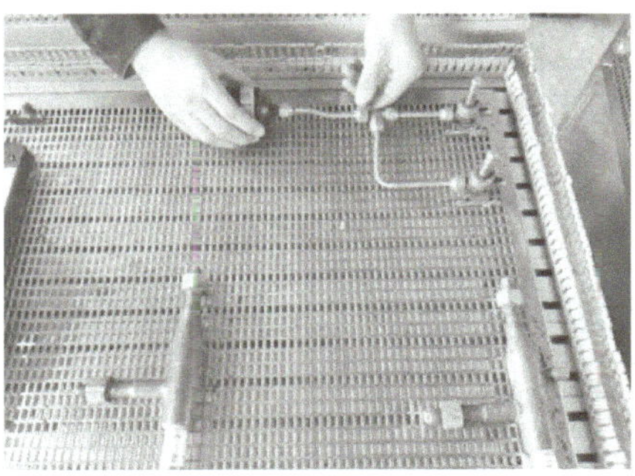	

（续）

安装台面

立式安装图片

知识拓展

1. 常用铜管规格单位换算（表 4-9）

表 4-9 铜管换算表

规格			壁厚/mm	kg/m	m/kg
1/4in	ϕ6mm	ϕ6.35mm	0.8	0.124	8.06
			0.7	0.11	9.09
3/8in	ϕ10mm	ϕ9.52mm	0.8	0.195	5.12
			0.7	0.173	5.78

（续）

规　格			壁厚/mm	kg/m	m/kg
1/2in	ϕ12mm	ϕ12. 7mm	0. 9	0. 297	3. 36
			0. 8	0. 267	3. 75
			0. 7	0. 235	4. 26
5/8in	ϕ16mm	ϕ15. 88mm	0. 8	0. 338	2. 96
			0. 9	0. 377	2. 65
			1. 0	0. 416	2. 4
3/4in	ϕ20mm	ϕ19. 05mm	0. 9	0. 457	2. 18
			1. 0	0. 505	1. 98
7/8in	ϕ22mm	ϕ22. 22mm	1. 2	0. 706	1. 41
			1. 1	0. 67	1. 49
1in	ϕ25mm	ϕ25. 4mm	1. 2	0. 813	1. 23
			1. 1	0. 77	1. 29

特别提醒：铜管标注的尺寸为外径×壁厚。单位是 mm（例如，10mm×0. 8mm）

2. 铜管材质的鉴别方法

1）先看铜管的外层，试着用锋利的东西刮一下，一般优质的铜管可以刮出一条深线，因为优质铜管是用比较纯的铜材所制，铜具有良好的延伸性。当然这种好材料一般用在军工产业或特殊行业。

2）把铜管的内壁用利器刮一圈。把刮出来的材质与从其表面刮出来的材质相比较，如果一样，说明整个铜管材质很好，如果不一样，则说明这种铜管是用较差的材质所制。一般在里面都加了诸如铁金属之类的物质。

3）把铜管用力折弯，如果容易折弯，则说明铜管材质比较好，如果不好折弯，或者折弯以后管壁出现裂纹，特别是内壁，一旦出现裂纹，则说明这种铜管就是劣质管。

任务 2　双温冷柜制冷系统管路压力测试

基本知识

双温冷柜制冷系统管路安装流程：管路安装⟶系统吹污⟶气密性试验⟶抽真空及真空保压⟶制冷剂充注。

三分设备，七分安装。制冷系统的高效运行离不开规范的操作，双温冷柜制冷系统管路在组装过程中的规范性决定了系统能否高效、安全地运行。在制冷系统的安装过程中，压力测试是十分重要的一项工作。

1. 制冷系统管路压力测试的基本工具

（1）氮气钢瓶

氮气钢瓶实物如图 4-20 所示。它主要由瓶体、瓶帽、瓶阀、瓶箍和防振圈组成。40L 氮气钢瓶必须经过水压压力试验，水压试验压力为 22.5MPa，其工作压力为 15MPa，一般氮气充装压力为 12.5MPa 左右。使用时，必须使用氮气减压阀调节到合适的压力，才可输出氮气使用。

（2）氮气减压阀

氮气减压阀实物如图 4-21 所示，它配有两个 2in 压力表，分别用于测量氮气钢瓶内和输出氮气的压力。压力调节螺杆可以调节输出氮气的压力值。

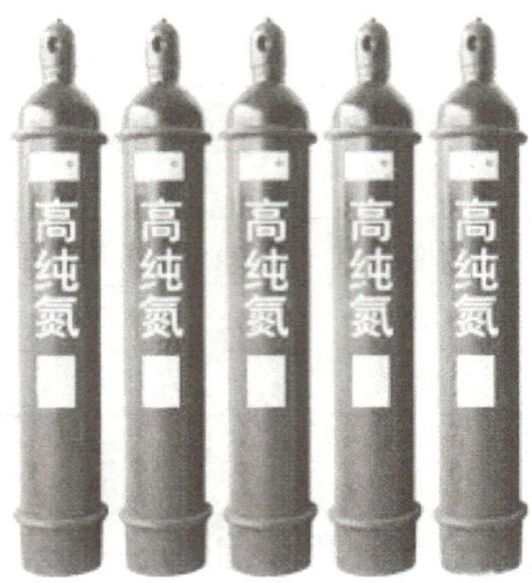

图 4-20　氮气钢瓶

图 4-21　氮气减压阀

1—氮气瓶接口　2—高压表　3—低压表

4—减压后氮气出口　5—压力调节螺杆

（3）双表维修阀

实训装置中的双表维修阀又称为歧管压力表或三通检修阀，是一种用于制冷系统气密性检查、抽真空和充注制冷剂的专用工具。

有些双表维修阀阀体中央还有一个视液镜，用于观察制冷剂的流动状况。一只低压表带负压指示，一般用于抽真空和测量低压侧压力；一只高压表，通常用于测量高压侧压力。双表维修阀参数见表 4-10。

表 4-10　双表维修阀参数

双表维修阀压力表量程	高压表	低压表	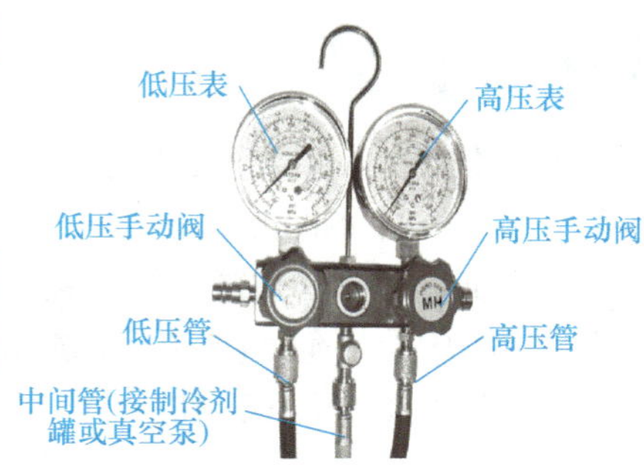
	−0.1～5.3MPa [−1.0kgf/cm^2(−760mmHg)～53kgf/cm^2]	−0.1～3.8MPa [−1.0kgf/cm^2(−760mmHg)～38kgf/cm^2]	
加液管耐压要求	工作压力	临界压力	
	5.1MPa(51kgf/cm^2)	27.4MPa(274kgf/cm^2)	

1）双表维修阀的结构。如图 4-22 所示，当低压阀开启时，“A”与“B”之间的管路连通。同样，当高压阀开启时，“A”与“C”之间的管路连通。当两个阀都开启时，“A”“B”和“C”之间的所有管路都连通。

不管对应阀的状态如何，低压表总是接通“B”，而高压表总是接通“C”。

2）双表维修阀的操作方法。

①将“B”连接到低压侧接头阀，将“C”连接到高压侧接头阀。

②排空时，将“A”连接到真空泵或者在填充制冷剂时连接制冷剂容器。

③除在排空或填充制冷剂时，所有的阀应保持关闭状态。

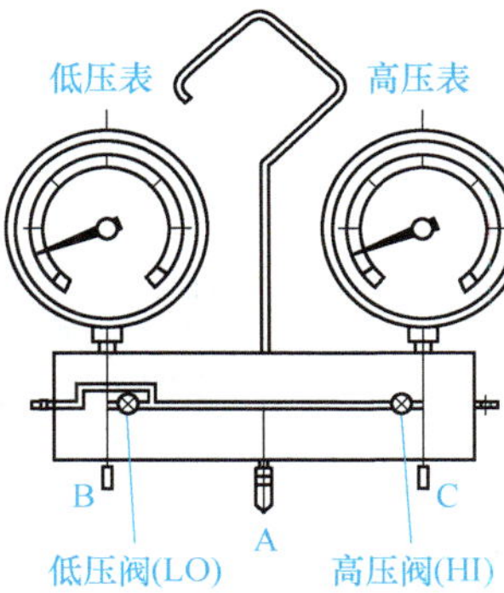

图 4-22　双表维修阀的结构

（4）耐压橡胶输气软管

如图 4-23 所示，耐压橡胶输气软管有红、黄、蓝、黑等颜色。接头处必须用专用卡箍或金属丝卡紧扎牢。氮气传输管的基本要求：采用三层结构，内胶层+增强层+外胶层，增强层为高伸缩性编制纤维，外表面为条纹状，氮气传输管的内径为 8mm，工作压力为 2MPa 以上，适用温度为-25～70℃。

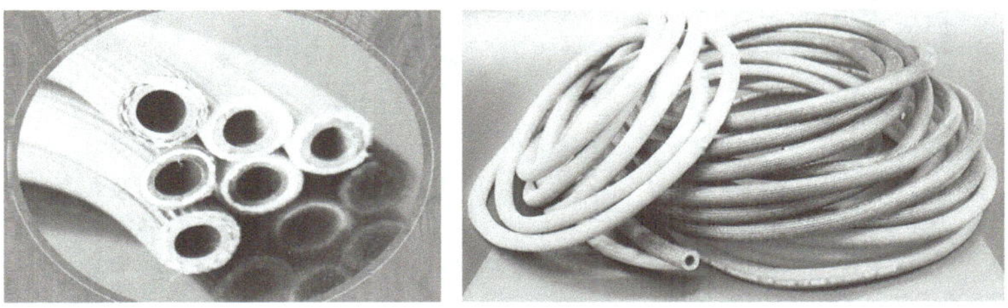

图 4-23　橡胶软管

（5）连接式手阀

如图 4-24 所示，手阀用于耐压橡胶输气软管和公/英制加液管之间的转接。它主要由阀门旋钮、阀体、黄铜钠子等部分组成，在安装过程中要注意其安装方向。

（6）旋片式真空泵

抽真空是制冷设备生产或维修过程中充注制冷剂前的一个必不可少的重要工序。即用真空泵与制冷系统管路相连接（一般是高低压侧同时连接），将系统管路中的不凝性气体和水分等排除的过程。常用旋片式真空泵参数见表 4-11。

（7）开瓶器

开瓶器种类很多，不同开瓶器的大小和尺寸也不一样，这主要取决于所用制冷剂的种类。图 4-25a 所示为加注制冷剂 R134a 的开瓶器。

图 4-24　1/4in 连接式手阀
1—黄铜钠子　2—阀门旋钮
3—阀体

表 4-11　常用旋片式真空泵参数

型号：FY-1C-N
额定电压：220V/50Hz
抽气速率：$4m^3/h$
极限压力：2Pa
加油量：300ml
电动机功率：150W
外形尺寸：290mm×124mm×224mm
重量：6.5kg
进气口连接螺纹：1/4in

使用时，将开瓶器的螺纹接口拧到制冷剂小钢瓶的螺纹接口上，其安装方式如图 4-25b 所示。

a)　　　　b)

图 4-25　开瓶器

1—制冷剂输出接口　2—阀手柄　3—阀身　4—锁紧装置

（8）真空计

真空计又称为真空表，是测量真空度或气压的仪器。一般是利用不同气压下气体的某种物理效应的变化进行气压的测量。

数字真空计可以提供系统内精确的真空数值（≥7.5μm，分辨率为 0.1μm），这是普通冷媒表组无法显示的。真空作业时系统需抽至 700μm 以下，才会开始有效降低系统内的湿气，最佳状态为 300μm 以下，这是普通标注所无法达到的数值。

本装置使用数字真空计如图 4-26 所示。真空计具有检测系统深度真空、系统真空检漏、检测识别真空度报警功能、自动预热、电量提示、开机自动校准及 10min 自动关机的功能。

将真空计接入制冷系统中，按下开机键 1，设定需求单位（Pa、mPa、mmHg、Torr、mTorr、microns），将真空计接入抽真空制冷系统，观察显示屏，确定系统真空情况。

2. 制冷系统管路的压力测试

（1）系统吹污

整个制冷系统是一个密封、清洁的系统，系统内不得有任何杂物，系统吹污即用氮气（0.5~0.6MPa）对制冷系统的内部进行吹扫，以使之清洁畅通。制冷设备安装好后，其系统内可能会残留焊渣、锈迹及氧化皮等物。这些杂质、污物残存在制冷系统内，与运动部件相接触会造成部件的磨损；有时会在膨胀阀、毛细管或过滤器等处发生堵塞（脏堵）；污物与制冷剂、冷冻油发生化学反应，还会导致腐蚀。因此，在制冷系统正式运转前，必须进行吹污处理。

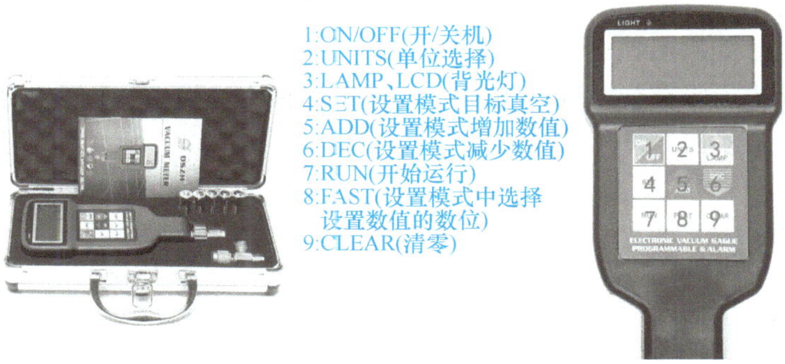

图 4-26　数字真空计

吹污最好分段进行，先吹高压系统，再吹低压系统。对于孔径较小的毛细管、节流阀，需单独吹污。

小型制冷系统吹污的基本方法是：首先断开压缩机与制冷系统其他部件的连接口，接着将高压氮气经减压阀减至0.5~0.6MPa后接到冷凝器进口进行吹扫。在气压作用下，使氮气顺着原制冷剂循环方向扫遍除压缩机以外的整个制冷系统。吹扫时间的长短应视具体情况而定。

对于较大系统，为了降低气体流动阻力和气体流量，吹污工作可分段进行。排污口应设置在各清污段的最低点，排污可反复进行多次，直到排污口排出的气体吹在白纸或白布上没有明显的污点时，则可认为系统已吹扫干净。如果系统中装有电磁阀，吹污时则应设法使电磁阀开启。若采用压缩机本身的压缩空气进行吹污，压缩机的排气温度不应超过130℃，否则必须断续进行吹污。吹污前，可适量在相关组件中加入三氯乙烯溶液，以便溶解和排出油污，待油污溶解后再进行吹污。

（2）气密性试验

1）气密性试验的目的。制冷系统的气密性是其稳定运行的保证。如果系统安装完成之后再发现泄漏现象，查找泄漏点就十分困难了。泄漏会严重影响冷柜和空调器的使用功能，甚至会损坏压缩机而导致系统瘫痪，所以要严格进行气密性试验。

2）气密性试验的方法

系统的气密性试验就是查漏。可用压力试漏、抽真空试漏和充注少量制冷剂试漏三个程序查漏。

①压力试漏。压力试漏与吹污一样，也可用氮气或干燥的压缩空气实现。用氮气时，应在氮气瓶与系统之间安装减压阀，如图4-27所示。

图 4-27　安装减压阀试漏

R134a的试验压力（绝对压力）：一般低压系统

为1.2MPa，高压系统为2.0MPa。加压之后用肥皂水检查管路之间、管路和设备之间的连接处，如果出现气泡，则表明泄漏。检查无漏时，可进行保压，保压时间为24h，前6h允许压力下降0.02MPa，后18h内温度恒定时，压力不变则为合格。

不同制冷工质的气密性试验压力见表4-12。

表4-12 气密性试验压力 单位：MPa

制冷系统 制冷工质	R134a	R22	R401A、R402A、R404A、R407A、R407B、R407C、R5017	R410A
低中压系统	1.2	1.2	1.2	1.6
高压系统	2.0	2.5	3.0	4.0

注：低、中压系统指自热力膨胀阀起，经蒸发器到制冷压缩机吸入口这一段制冷系统；高压系统指自制冷压缩机排气口起，经冷凝气至热力膨胀阀入口这一段制冷系统。

压力试漏是对整个制冷系统充以一定压力的氮气或空气，使设备管路内壁受压，以检查安装后的接头、法兰、管材、设备等是否有泄漏。在制冷剂为氟利昂的系统中，因为氟对系统含水量要求很严格，因此试压时，多采用工业用的氮气。氮气具有无腐蚀、无水分、不燃不爆、价格便宜和操作方便等优点。尽量不采用压缩空气，因它含有水分和杂质。严禁用氧气充压，因为有危险性，在没有氮气的情况下，也可用干燥压缩空气试漏。

②抽真空试漏。在压力试漏工作完成后，可以进行抽真空试漏。其目的有两个：一是检查系统在真空条件下的密封性，二是抽除系统中残留的气体和水分。

③充注少量制冷剂试漏。向制冷系统内充注少量制冷剂，可利用卤素检漏仪试漏，也可以用试纸和肥皂水等检漏。

(3) 抽真空及真空保压

1）抽真空。从制冷剂的工作原理可知，制冷剂在制冷系统内循环流动时，它的状态是不断变化的，压缩时为气体，冷凝后变为液体，蒸发后又变为气体。但属于不凝性的空气或氮气，在常温下或在一般的低温下是不会凝结为液体的。这部分不凝性气体存在于冷凝器中，并占去了部分容积，从而影响了冷凝器的散热能力，使冷凝压力升高，影响正常的制冷效果。所以，一定要把系统中的不凝性气体抽尽。

2）操作规范。制冷系统抽真空试验应在系统排污和气密性试验合格后进行。用真空泵抽真空时，除关闭制冷系统与外界有关的阀门外，应将制冷系统中的阀门全部开启。抽真空操作应分数次进行，使制冷系统内压力均匀下降。

严禁用制冷压缩机进行制冷系统抽真空作业。

抽真空前系统压力应减至0.00MPa，所用真空泵应能抽真空至绝对压力5.3kPa（真空度710mmHg、0.97kgf/cm^2）。

制冷系统抽真空至绝对压力5.3kPa（真空度710mmHg、0.97kgf/cm^2）后，继续抽真空4h以上，再保持24h真空度，系统绝对压力回升不大于0.5kPa为合格。

3）抽真空及检测方法：低压侧抽真空、二次抽真空、复式排空气法和高低压双侧抽真空等。

①低压侧抽真空。低压侧抽真空是利用真空泵从压缩机上的工艺管或在回气管上设置的工艺管上抽真空，如图 4-28 所示。

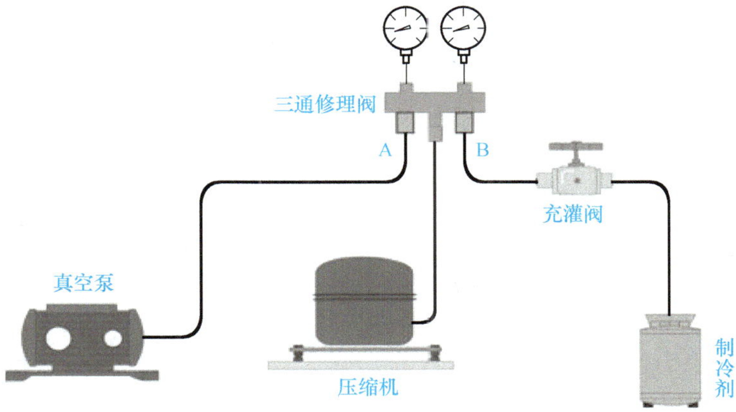

图 4-28　低压侧抽真空

这种方法操作简单、焊接点少，泄漏的可能性相应较小。缺点是系统高压侧的空气需经毛细管抽出，由于毛细管阻力较大，当低压侧中的空气绝对压力达到 133Pa 以下时，高压侧残留空气的绝对压力仍然较高，因此抽真空的时间较长。

②二次抽真空。低压侧抽真空很难使制冷系统达到真空度的要求，因而可先将系统抽至一定的真空度，停止真空泵运转，然后向系统充入制冷剂并使系统内部压力回升到大气压力。此时，开启压缩机运行几分钟，使系统残留的空气与工质混合，然后停止压缩机运转，开启真空泵进行第二次抽真空。虽然高压侧仍然很难达到真空度要求，但同低压侧抽真空相比，系统残留的是制冷剂与空气的混合气体，减少了系统内残留的空气量。

③复式排空气法。抽真空的目的主要是减少系统内空气与水蒸气的含量。若没有真空泵，可采用复式排空气法，即多次向系统充入与排放制冷剂。每次充入制冷剂使表压达到 0. 2MPa，停充并等候 5min，然后再排放制冷剂至表压为零，反复多次即可。这种方法的缺点是制冷剂消耗较大，且污染环境。

④高低压双侧抽真空。高低压双侧抽真空是利用真空泵在系统高低压两侧同时抽真空，如图 4-29 所示。

在干燥过滤器的工艺管与压缩机的工艺管上用一台真空泵同时抽真空。采用耐压胶管分别将干燥过滤器的工艺管和压缩机的工艺管与复式修理阀相连，将复式修理阀的公用接头通过耐压橡胶输气软管与真空泵相接。

抽真空时，只需打开双表维修阀左右两个阀，开启真空泵就可对系统抽真空了。这种方法的优点是抽真空速度快、高低压双侧均能达到真空度的要求，但只适用于高压侧与低压侧均有工艺管的系统。

基本技能

1. 双温冷柜系统吹污操作

在管件制作及系统组装过程中，利用氮气分别对管件及管路进行吹污，吹污压力为

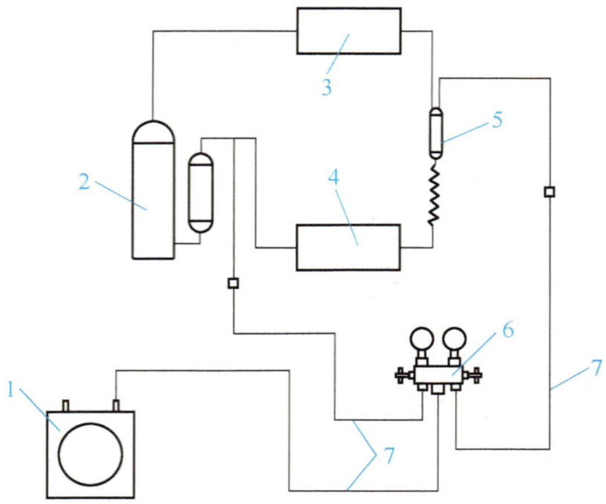

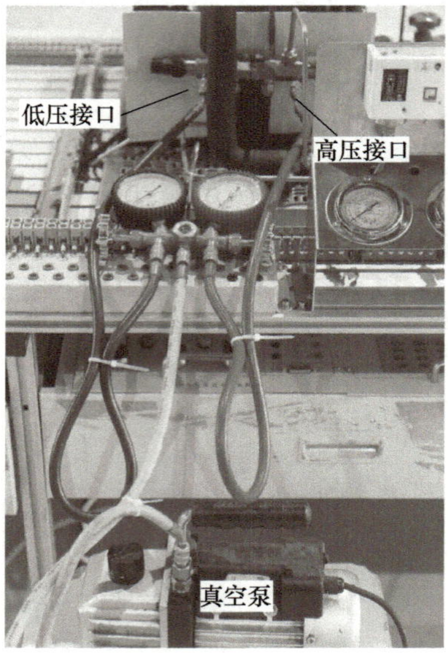

图 4-29　高低压双侧抽真空

1—真空泵　2—压缩机　3—冷凝器　4—蒸发器　5—干燥过滤器　6—双表维修阀　7—耐压胶管

0.4~0.5MPa。吹污结束后，将结果填入表 4-14 中。

整套系统吹污过程如下。

1）将氮气钢瓶、氮气减压阀、耐压橡胶输气软管及双表维修阀依次连接。

2）打开氮气钢瓶阀，调节压力调节螺杆，输出 0.4~0.6MPa 氮气。

3）依据表 4-13 分四段吹污。利用强磁打开电磁阀，如图 4-30 所示，关闭双表维修阀高低压侧手阀，将高压侧连接软管与高压系统进气口连接，用手堵住系统出气口，打开双表维修阀高压侧手阀，使氮气进入高压系统，观察高压表压力，待压力达到吹污压力（0.5~0.6MPa），或者感觉手堵不住管口时，突然放手露出管口，让系统内的污物、水分随氮气喷到湿纱布上，每根管路至少如此反复操作三次，直至判定系统吹扫干净，方可结束操作。

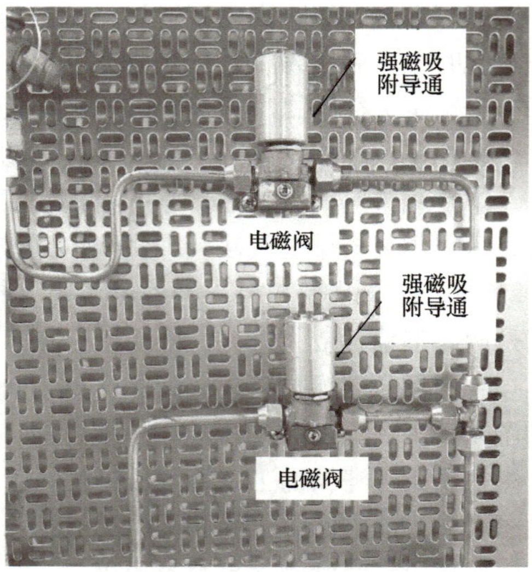

图 4-30　电磁阀的导通

4）依据上述步骤分别对高压段系统、压缩机高压出口段、冷冻室段及冷藏室段进行吹污操作。

5）吹污结束后，依次关闭氮气钢瓶阀和氮气减压阀，放出橡胶输气软管内的剩余氮气。

6）整理工具，清洁现场，恢复整洁干净。

表 4-13　系统排污

高压段排污（注意压缩机组合阀）	
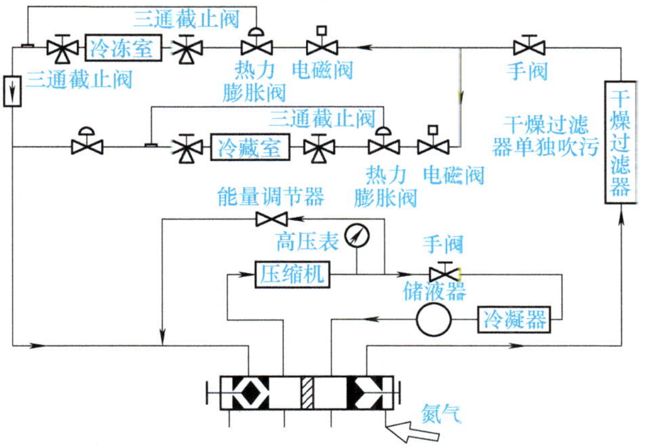	
压缩机高压出口段排污（注意压缩机组合阀）	
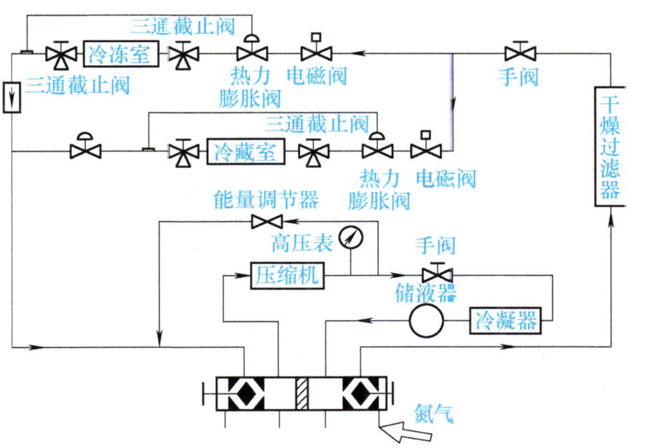	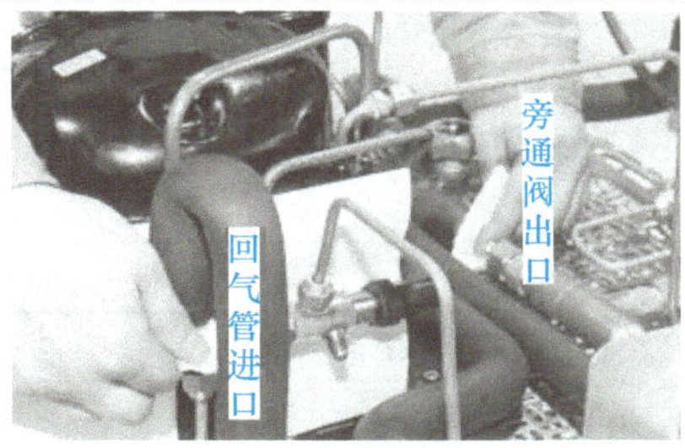 
冷冻室段排污	
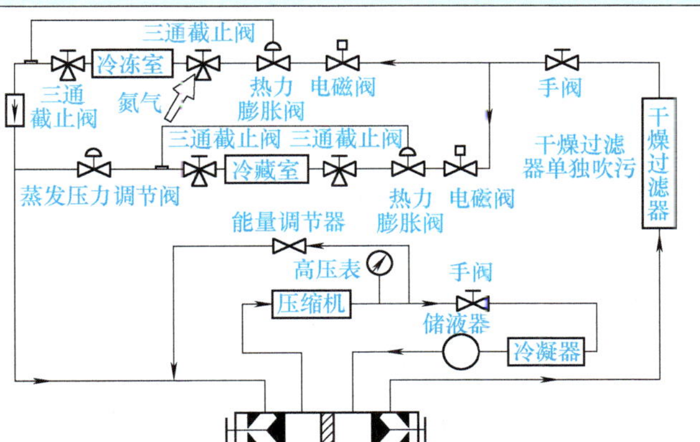	

（续）

冷藏室段排污

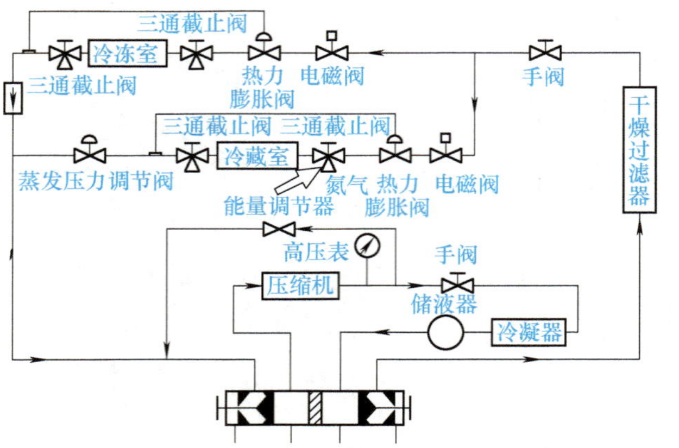

表 4-14　双温冷柜系统吹污过程记录

吹污压力/MPa		确认签字	
管件单独排污		确认签字	
高压段排污		确认签字	
压缩机高压出口段排污		确认签字	
冷冻室段排污		确认签字	
冷藏室段排污		确认签字	

2. 双温冷柜系统检漏及压力测试

1）双温冷柜系统检漏及压力测试过程中不允许设备通电（利用强磁打开电磁阀）。

2）利用赛场提供的氮气对双温冷柜制冷系统进行试压检漏，试压压力值为 0.5MPa，保证 5min 压力不掉。继续往系统中充注氮气至 1.1MPa，自检不漏后，断开氮气管与双温冷柜系统的连接。在表 4-15 中记录系统保压开始时间及低压侧压力表的数值，验证压力值并签字确认，保压 10min 后，再在表 4-15 中记录系统保压结束时间及低压侧压力表的数值，再次验证压力值并签字确认。

3）如果发现泄漏现象，自行查明原因并进行处理后，重新进行试压检漏操作，直到不漏为止。

气密性试验的操作步骤如下。

试验前，应在纳子帽与管端涂少量矿物油或合成油，并应在固定纳子帽时采用两只扳手操作。

气密性试验必须使用氮气做介质，氮气要干燥，缓慢加压，分两步进行。

第一阶段：慢慢加压至 0.5MPa（$5kgf/cm^2$），停留 5min，进行泄漏检查，可能发现大的渗漏，如图 4-31 所示。

第二阶段：慢慢加压至 R134a 系统 1.0MPa（$10kgf/cm^2$），如图 4-32 所示。停留 5min，进行强度试验，可能发现细微渗漏或砂眼。氮气加压至试验压力后，保压 24h，观察压力是

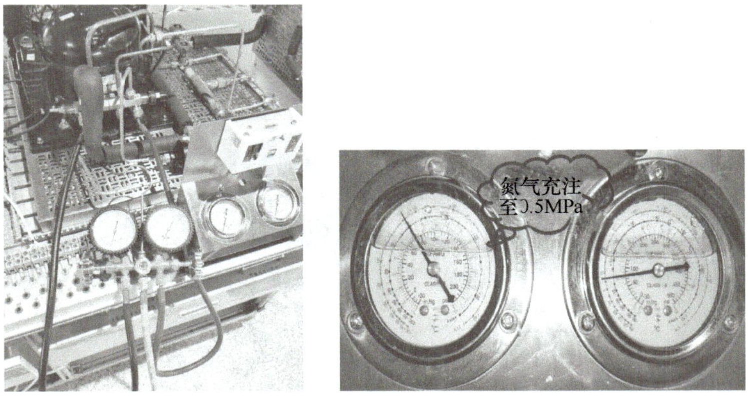

图 4-31　氮气保压

否下降，若压力不降即为合格。

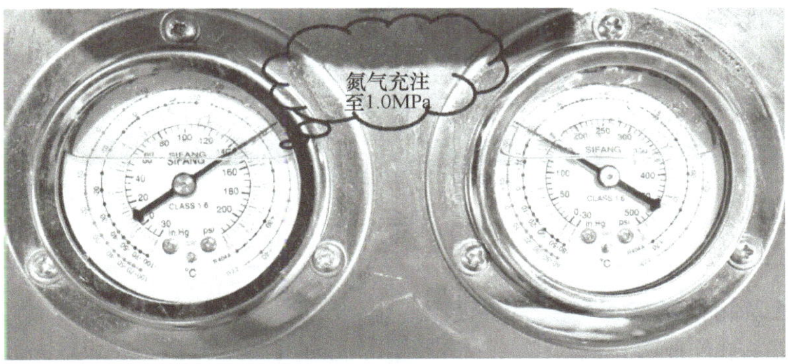

图 4-32　压力充注至 1. 0MPa

检查是否泄漏可采用手感、听感、肥皂水等方法，或者在氮气试压完成后将氮气放至 0. 3MPa（3kgf/cm^2）后加注相应制冷剂，至压力为 0. 5MPa(5kgf/cm^2）时用与制冷剂相适应的检漏仪检测。

肥皂水检漏是目前使用最普遍的检漏方法，特别是中、大型制冷系统，基本上就是利用这种方法寻找泄漏点。肥皂水通常用肥皂或肥皂粉调制而成，肥皂水的溶液不能过稠，否则会因黏度过大而难以流动，检漏的灵敏性就会变差。调制的溶液也不能过稀，过稀会因流动性过大而不易黏附在设备表面上，难以形成气泡。肥皂水可用毛刷直接涂抹在易漏处，观察其部位是否起泡。对于不易直接观察的部位，可利用镜面反射和手电筒检查。检漏结束后，应将所涂的肥皂水擦拭干净，以防腐蚀，如图 4-33 所示。

注意事项：

①试压压力表的量程：采用 R134a 制冷剂时为 1. 8MPa 或以上；同时从气管和液管充注氮气。

②记录压力表的读数、环境温度和试验时间。

③对压力进行修正时，温度变化 1℃，压力相应变化 0. 01MPa(0. 1kgf/cm)。

④压力缓慢上升。

a)

b)

图 4-33　检漏

⑤压力保持不变方为合格。

⑥在试压之前一定要检查气管和液管的截止阀，防止在试压时将氮气打入外机系统。

⑦如需长时间保压，应将压力降低到 0.5MPa（5kgf/cm^2）以下，将试验数据填入表 4-15 中。长时间的高压可能导致焊接部位的渗漏，存在安全隐患。

表 4-15　双温冷柜系统试压检漏过程

次数	保压开始			保压结束		
	时间	压力值/Pa	确认签字	时 间	压力值/Pa	确认签字
第一次						
第二次						

3. 双温冷柜系统抽真空及真空保压操作

正确连接双表维修阀及真空泵，对双温冷柜系统进行抽真空操作，如图 4-34 所示。

图 4-34　高低压双侧抽真空

任务要求：

1）双温冷柜系统未充注制冷剂前不允许通电。

2）抽真空时间不少于 10min，绝对压力不高于 2500mic（1mic = 1.3Pa）。抽真空完成后，关闭双表修理阀低压侧阀门，真空泵断电停机，在表 4-16 中记录抽真空结束时间和数字真空计显示的压力值，验证压力值并签字确认；保压 10min 后，在表 4-16 中记录数字真空计的压力值，再验证压力值并签字确认；真空保压结束时，绝对压力不高于 2500mic，方可进行制冷剂充注；绝对压力高于 2500mic，不允许进行制冷剂充注，自行查明原因，重新进行抽真空操作，直到符合要求为止。

3）保压期间发现压力回升，自行查明原因并进行处理后，重新进行抽真空保压操作。

4）对制冷系统充注适量制冷剂，使其低压侧压力值处于 1bar（$1bar=10^5Pa$）左右，在操作过程中，不得向现场大量排放制冷剂。

表 4-16 双温冷柜系统抽真空操作

抽真空及真空保压操作						
抽真空开始时间			确认签字			
抽真空结束时间			确认签字			
真空保压操作						
次数	保压开始			保压结束		
	时间	压力值/mic	裁判签字	时间	压力值/mic	裁判签字
第一次						
第二次						

操作步骤

1）操作前的检查。

①确保真空泵开关处于关闭状态。

②真空泵水平放置时，确保润滑油与油位线保持水平。

③检查密封胶垫是否破损。

④检查压力表表针是否归零。

2）将真空泵放置在室内地面（安全、稳定、便于操作处）。

3）开启系统阀门，关闭与大气相通的阀门，将真空泵与双温冷柜系统高低压接口相连。

4）从大阀门上将加氟口处螺母拧下，加氟管拧到加氟口上，并确认顶针是否顶到位（禁止使用钳子等工具拧紧接头）。

5）先打开真空泵电源开关，再打开压力表表阀，开始抽真空。

6）通过短柄球阀将真空计接入制冷系统中，并开机设置真空度单位。

7）抽真空：观察真空计，压力到 1400mic 后停止抽真空，抽真空时间应根据机型和真空泵的大小来确定，参考时间 10~45min，最低不得少于 8min，并应以压力表显示的压力值为准，如图 4-35 所示。

8）先关闭压力表表阀，再关闭真空泵电源开关。

9）从真空泵处取下加氟管，将真空泵进气嘴盖帽拧紧，防止灰尘等进入。真空保压 10min 后，将保压结束时间及压力值填入表 4-16。真空保压结束时，绝对压力应不高于 2500mic，方可进行制冷剂充注；若绝对压力高于 2500mic，则不允许进行制冷剂充注，应自行查明原因，重新进行抽真空操作，直到符合要求为止。

10）确认无漏点后，关闭真空计上短柄球阀阀口（等待下一步操作拆表或灌注制冷剂）。

数字随着真空度程度逐渐降低6800mic —— 3800mic ——1400mic

图 4-35　抽真空（真空计变化）

项目5

双温冷柜电气控制系统

任务1 双温冷柜的工作原理

基本知识

双温冷柜使用一台压缩机，利用电磁阀对双室蒸发器制冷剂进行通断控制，双室温度可以单独控制。XK—ZLZR1A型空调制冷综合实训装置上的冷柜如图5-1所示。压缩机安装在中央控制平台上，电磁阀根据要求可安装在冷柜柜体或中央控制平台的网孔板上。

图5-1 XK—ZLZR1A型空调制冷综合实训装置上的冷柜
1—压缩机 2—平台网孔板 3—柜体网孔板

1. 双温冷柜工作性能与要求

(1) 压缩机运行不停机

双温冷柜的压缩机功率较大，频繁起动不仅会干扰供电网络，还会导致压缩机被大电流频繁冲击，影响压缩机的使用寿命。所以冷柜在正常工作过程中，压缩机一直处于运转不停机的状态。

(2) 双室温度控制

双室温度是冷柜控制的重要参数，温度的控制由电磁阀通断制冷剂来实现，而不是控制压缩机开停机来实现。

当冷冻室温度达到设定温度时，冷冻室蒸发器的供液电磁阀断电，电磁阀断开，制冷剂供液停止，不再制冷。当温度回升到需要制冷时，电磁阀得电，电磁阀接通，制冷剂供液，冷冻室制冷。

当冷藏室温度达到设定温度时，冷藏室蒸发器的供液电磁阀断电，电磁阀断开，制冷剂供液停止，不再制冷。当温度回升到需要制冷时，电磁阀得电，电磁阀接通，制冷剂供液，冷藏室制冷。

（3）制冷系统的压力保护

1）压力保护主要有低压压力过低保护、高压压力过高保护和冷凝出液压力过低保护。

2）低压、高压保护时，压缩机断电停机。

3）冷凝出液压力过低保护时，冷凝器风机断电停止运转。

（4）压缩机负载补偿

在双室温度达到设定值时，由于电磁阀关闭，导致低压压力持续降低，若不采取措施，制冷系统将进入低压保护，压缩机停机。这和设计要求压缩机在冷柜正常工作过程中不停机是相悖的。

为了在双室温度达到设定温度后，压缩机还能持续运转，通常在压缩机的排气端和回气端连接能量调节阀，控制其开启度，对压缩机进行负载补偿，形成一定的低压，能使压缩机在较低负载下运行，而且不会引起低压压力保护。

（5）双室蒸发压力调节

制冷系统使用一台压缩机运行，则系统只有一个压缩机吸气低压压力。双室温度要求高低不同，则说明双室对应的蒸发压力是不同的。制冷剂的热力特性参数说明蒸发压力和蒸发温度一一对应，双室蒸发压力不同则不可能只有一个低压压力，而必须有两个低压压力。

制冷系统压缩机的吸气低压代表的是冷冻室的蒸发压力，冷藏室的蒸发压力高于冷冻室蒸发压力，在冷藏室蒸发器的出口端连接蒸发压力调节阀，调节阀流出的制冷剂再和冷冻出口的制冷剂汇合后一起回流。

对蒸发压力调节阀的开启度进行控制，则可以控制较高的冷藏蒸发压力，和冷冻的蒸发压力形成压力差，保证冷藏和冷冻室不相互影响各自的制冷效果。

（6）冷藏冷冻传热

冷藏室使用光管式盘管蒸发器，采用自然对流、辐射、传导等综合方式，吸收冷藏物品的热量直接制冷，是直冷式制冷。

冷冻室使用翅片式集中盘管蒸发器，主要采用风机循环强制对流方式，将冷冻物品的热量通过冷气循环转移到蒸发器间接制冷，是间冷式制冷。

（7）照明

冷藏室、冷冻室安装 LED 照明灯，开门时灯亮，关门时灯灭。

2. 双温冷柜的电气控制过程

电气控制的执行部件主要有 7 个，分别为压缩机、冷凝器风机、冷冻室电磁阀、冷冻室风机、冷冻室照明灯、冷藏室电磁阀和冷藏室照明灯。

依次接通冷柜电源开关、冷藏室电气开关和冷冻室电气开关。

（1）电源开关控制

1）旋转冷柜电源开关，接通冷柜电气系统电源。

2）压缩机得电运转，压缩机是否运转只受冷柜电源开关控制，不受冷藏、冷冻控制。

3）冷冻室、冷藏室照明系统得电，由门开关控制照明灯亮灭。

4）冷凝器风机系统得电，但风机暂不运转，当冷凝压力升高到设定值时，由冷凝压力控制器开关接通电源，风机运转。

（2）冷藏室开关控制

1）旋转冷柜冷藏开关，接通冷柜冷藏电气系统电源，冷藏室电磁阀得电接通。

2）冷藏温度达到设定值，冷藏电磁阀断电。

（3）冷冻室开关控制

1）旋转冷柜冷冻开关，接通冷柜冷冻电气系统电源，冷冻室电磁阀得电接通，冷冻室风机得电运转。

2）冷冻温度达到设定值，冷冻电磁阀断电，冷冻室风机停转。

（4）监测保护

电气控制系统在运行过程中，对设备运行状态进行监测。

通过高低压压力控制器监测制冷系统的工作高压压力和低压压力，在压力异常时断开压缩机电源进行保护。

通过冷凝压力控制器监测制冷系统的冷凝出液压力，压力低于设定值时，断开冷凝器风机电源，风机停转；当压力升高到设定值时，接通冷凝器风机电源，风机运转。

压缩机在过电流异常运行时，经过一定时间，热继电器断开，压缩机断电，实现保护。

压缩机接线盒内装有过载保护器，当压缩机温度过高或堵转产生大电流时，过载保护器自动断开，压缩机断电，实现保护。

基本技能

1. 熟悉冷柜整机构成

1）认识 XK—ZLZR1A 型冷柜各组成部分。

2）熟悉冷柜箱体、压缩机制冷机组和中央控制平台。

3）掌握冷柜的通电运行操作。

2. 冷柜电源开关试机

确保冷柜电路接线完整，进行通电试机，仔细观察冷柜整机与各部件的运行状态。闭合电源模块上的电源开关为冷柜模块供电。

1）接通冷柜电源开关，压缩机、冷凝器风机运行，压缩机工作指示灯亮。

2）接通冷藏室电气开关，冷藏室温控器显示屏亮，电磁阀动作听到“咔”声，冷藏运行指示灯亮。

3）接通冷冻室电气开关，冷冻室温控器显示屏亮，电磁阀动作听到“咔”声，冷冻运行指示灯亮，冷冻室风机运行。

4）压缩机负载补偿测试：将冷柜电源接通，不接通冷藏室、冷冻室电源，压缩机运转，制冷剂无制冷循环。

3min 后记录低压压力（压缩机的补偿负载），手感能量调节阀进出气的温差。

调节能量调节阀阀杆螺钉，改变低压压力，使补偿量发生变化。调节时，若低压过低，注意低压压力的保护。

3. 冷柜制冷状态试机

冷柜起动运行，记录开始时的状态参数。

1）记录冷藏室、冷冻室显示屏指示的温度。

2）记录低压压力、冷藏室蒸发压力、高压压力和冷凝压力。

3）在冷柜运行过程中观察双室温度的下降和各压力的变化。

①记录冷冻室分别下降到 0℃、-10℃，冷藏室下降到 5℃所需的时间。分析若要求冷

冻-10℃，冷藏5℃，哪个温度先达到。

②在冷冻室温度达到-10℃，冷藏室达到5℃时，记录低压压力、冷藏室蒸发压力、高压压力及冷凝压力。和开始记录的数据进行比较。

任务2　双温冷柜电气控制系统的基本构成

基本知识

1. 温度控制器

温度控制器简称温控制，具有温度检测、温度显示、电源开关控制及参数调节等功能。双温冷柜使用两个温控器，分别是冷藏室温控器和冷冻室温控器。

（1）温控器简介

双温冷柜温控器采用两个EW—181H型电子数显温控器，具有操作简单、控温准确、抗干扰能力强的优点。其实物如图5-2所示。

EW—181H型电子数显温控器规格说明如下。

1）工作电压：AC220V（±10%），50Hz/60Hz。

2）工作环境：-10～50℃。

3）控制范围：-45～80℃。

4）分辨率：1℃。

5）准确级：±1℃。

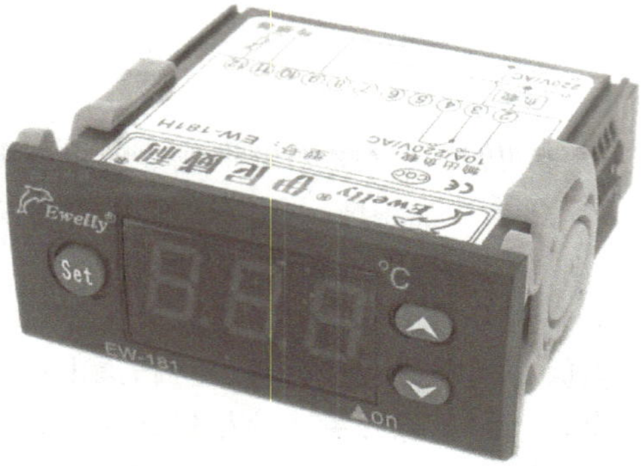

图5-2　EW—181H型电子数显温控器

EW—181H型电子数显温控器以温度检测和处理芯片为核心，外接220V交流电源，外接负温度系数热敏电阻（温度传感器）检测温度，内部通过继电器开关输出外部所需的控制电源，控制原理如图5-3所示。

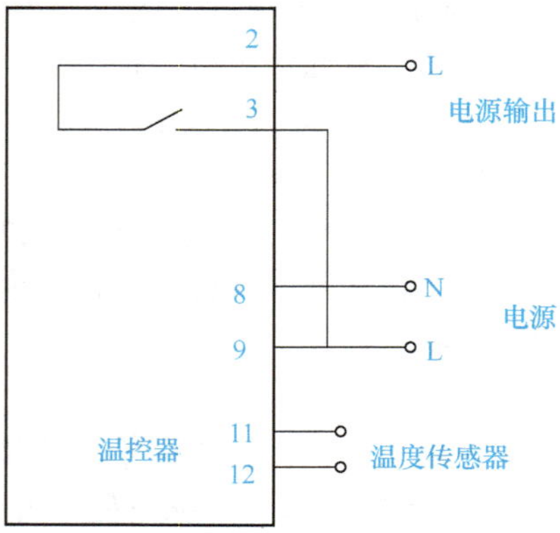

图5-3　温控器控制原理

冷藏室、冷冻室电源接通状态下，温控器分别显示对应室的温度，在持续制冷状态下，数字显示跟随着降低。当温度降低到设定温度时，温控器内部继电器开关动作；当温度回升到设定温差值时，温控器内部继电器开关反向动作。

设定温度和回升温差可以通过按键进行自定义。

（2）温控器参数调节

EW—181H型电子数显温控器参数调节功能见表5-1，双温冷柜使用的温控器已经按出厂设定进行了设定，基本不用再调节。

表 5-1 温控器参数调节功能

代码	功能	设定范围	出厂设定	单位
HC	制暖/制冷	H/C	C	—
LS	最低限制	-45℃至控制温度	-45	℃
HS	最高限制	控制温度至 80℃	80	℃
Pt	延时时间	0~5min	1	min
CA	温度校正	-15~15℃	00	℃
d	温度回差	1~15℃	2	℃

1）制暖/制冷：选取“H”，功能是制暖，温度控制是在温度升高到设定温度时，内部继电器动作。选取“C”，功能是制冷，温度控制是在温度降低到设定温度时，内部继电器动作。

2）最低限制：制冷状态下，可以最低显示到-45℃。

3）最高限制：制热状态下，可以最高显示到 80℃。

4）延时时间：通电后继电器开始工作的时间（不是温控动作时间）。在实际操作过程中，可将延时时间设定为 0。

5）温度校正：控制温度精度。采用不匹配的温度传感器时，可以通过温度校正显示正确的温度。

6）温度回差：控制温度分辨率，最低分辨率可以调节为 1℃。出厂设定为 2℃，表示若温控器设定温度为-10℃，则制冷到-10℃时，温控器动作，电磁阀断电，当温度回升到-8℃（回差 2℃，-10℃+2℃=-8℃）时，温控器动作，电磁阀得电。

（3）温控器面板操作

EW—181H 型电子数显温控器面板只有 3 个按键开关：功能选择开关“Set”，向上开关“▲”和向下开关“▼”，如图 5-4 所示。通电后，温控器闪烁 3s，然后自动显示对应室的温度。

图 5-4 温控器控制面板

1）设定温度。按下 Set 键即时松手，显示的室温转变为设定的温度。

在显示设定温度的时间内，按向上键可以提高设定温度，按向下键可以降低设定温度，调节到所需设定温度后，无须按“确认”键，5s 后，自动确认设定的新温度，并回到室温的温度显示上。

2）功能调节。按下 Set 键不松手，5s 后显示屏显示“HC”，松开手，温控器进入功能调节模式。

按向上或向下键选择功能。

功能设定：按住 Set 键，按上、下键设定功能参数。

调节完成，无需按“确认”键，5s 后，自动确认设定的新功能，并回到室温的温度显示上。

（4）温控器接线

EW—181H 型电子数显温控器接线简单，其电路如图 5-5 所示。

温控器内部继电器使用常开触点 2、3 连接外部继电器 KA，由温度控制是否接通或断开。温控器通电后，触点 2、3 接通，达到设定温度后，触点 2、3 断开。

温控器 8、9 端子连接 220V 交流电源，为温控器工作供电，温控器内部有独立的直流稳压电源为芯片和继电器供电。

温控器的温度传感器连接到端子 11、12 上。

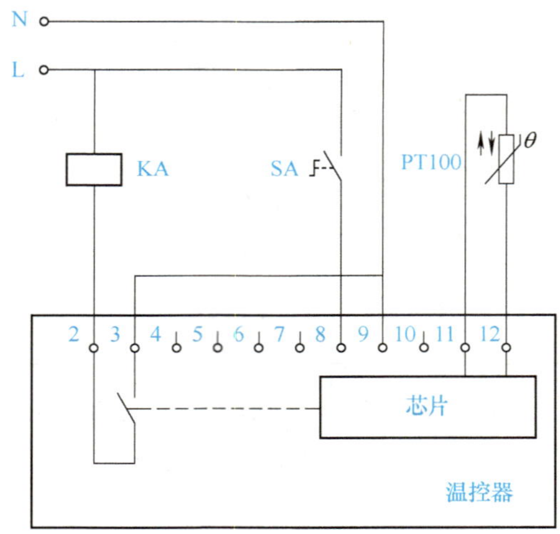

图 5-5　温控器电路

（5）温度控制过程

1）冷藏室温度控制。接通总电源开关、冷藏室电源开关，温控器显示冷藏室温度。

设定温度 2℃，设定回差温度 1℃。

当冷藏室温度达到 2℃时，冷藏室电磁阀断电，冷藏室停止制冷。

当冷藏室温度回升到 2℃+1℃=3℃时，冷藏室电磁阀得电，冷藏室开始制冷。

2）冷冻室温度控制。接通总电源开关、冷冻室电源开关，温控器显示冷冻室温度。

设定温度-15℃，设定回差温度 2℃。

当冷冻室温度达到-15℃时，冷冻室电磁阀断电，冷冻室停止制冷。

当冷冻室温度回升到-15℃+2℃=-13℃时，冷冻室电磁阀得电，冷冻室开始制冷。

在双室电磁阀断电后，由于蒸发器内还有较多的液态制冷剂，继续蒸发回流到压缩机，所以双室的温度有时会偏低，出现低于设定温度的现象。

2. 控制挂箱与接线端子排

（1）控制挂箱

双温冷柜控制电路是以温控器为核心构成的冷柜控制模块。控制模块安装在设备控制平台的挂箱内，XK-ZLZR1A-002 型冷柜控制挂箱如图 5-6 所示。

控制挂箱面板由两个智能温度控制器、旋钮开关、指示灯、输入/输出护套插孔和带测量点的电气原理图等组成。

两个智能温度控制器分别控制冷藏室和冷冻室温度；旋钮开关分别是电源开关、冷藏室开关和冷冻室开关；指示灯分别用于电源指示、压缩机运行指示、冷藏室工作指示、压力保护指示和冷冻室工作指示。

输入/输出护套插孔用于输入电路与执行部件的接线。

下部丝印详细的电气原理图，在相应位置安装测量点，用于电气参数和排除故障时的测量。

控制挂箱右下角配有考核接口，用于故障设置与考核。

（2）接线端子排

控制挂箱输入/输出护套插孔用于输入电路与执行部件的接线，挂箱连接线路使用两端安全插头的模块插线，要求冷柜的输入电路和执行部件先连接到接线端子排，再使用模块插线将端子排和控制模块进行插接，如图 5-7 所示。

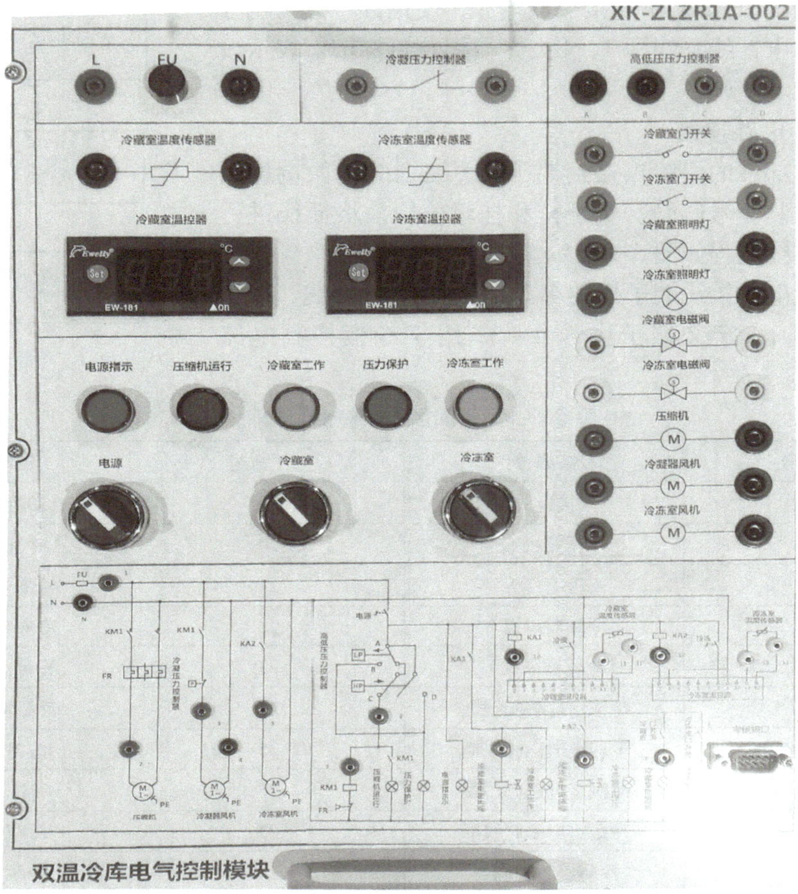

图 5-6　XK-ZLZR1A-002 型冷柜控制挂箱

接线端子排安装在控制平台上，共有 60 个端子，供冷柜和空调器分配使用，如图 5-8 所示。

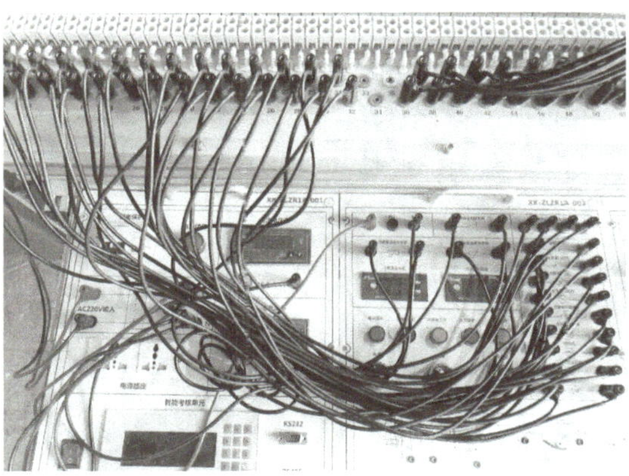

图 5-7　模块插线

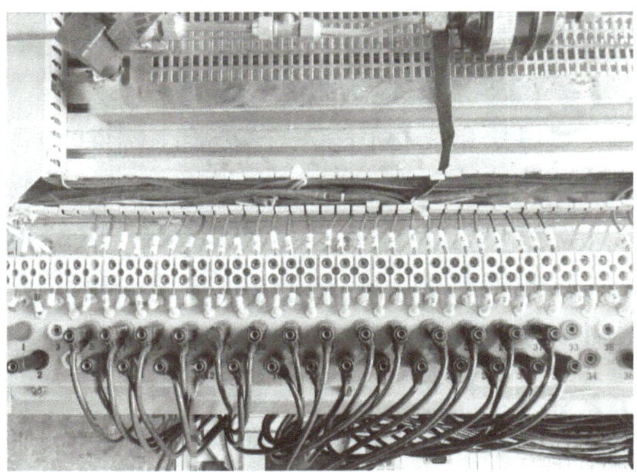

图 5-8　接线端子排

其中，端子 1、2 用于连接交流电源，使用红、黑两色分别表示相线和中性线。端子 3、4、35 使用黄色标记，表示设备的接地保护。

(3) 冷柜电路连接

冷柜电气部件的引线连接到端子排，在引线的两端按照任务书的要求装套号码管。端子排和挂箱使用模块插线进行连接，冷柜接线流程如图 5-9 所示。

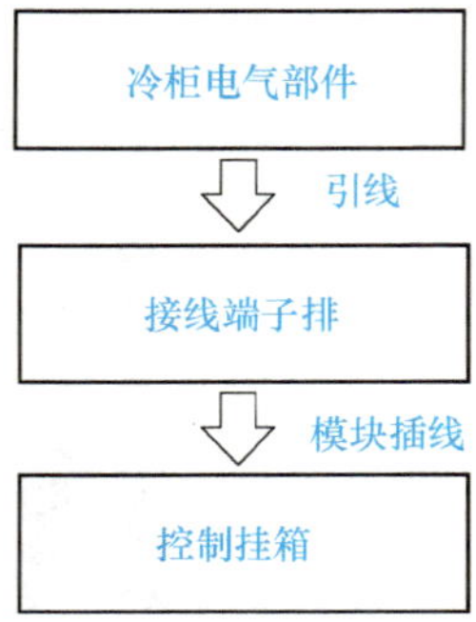

图 5-9　冷柜接线流程

双温冷柜电气接线端子排共有 29 根冷柜电气接线，端子排分配见表 5-2，定义端子序号 4～32 用于冷柜控制电路接线。

表 5-2　双温冷柜电气接线端子排分配

端子排号	设备或器件	端子排号	设备或器件
4	接地线	19	冷冻室风机 L
5	压缩机 L	20	冷冻室风机 N
6	压缩机 N	21	冷冻室照明灯 L
7	冷凝器风机 N	22	冷冻室照明灯 N
8	冷凝器风机 L	23	冷藏室照明灯 L
9	冷冻室电磁阀线圈	24	冷藏室照明灯 N
10	冷冻室电磁阀线圈	25	冷冻室门开关
11	冷藏室电磁阀线圈	26	冷冻室门开关
12	冷藏室电磁阀线圈	27	冷藏室门开关
13	冷凝压力控制器	28	冷藏室门开关
14	冷凝压力控制器	29	冷藏室传感器
15	高低压压力控制器 A	30	冷藏室传感器
16	高低压压力控制器 B	31	冷冻室传感器
17	高低压压力控制器 C	32	冷冻室传感器
18	高低压压力控制器 D		

3. 双温冷柜柜体内控制电路

双温冷柜柜体内部电路要和控制挂箱连接，从而方便控制柜体内部电路。柜体内部的电气部件接线设计为统一连接到柜体后部的接线柱上，以便于与控制柜箱连接。柜体内部共有 15 根引线连接到接线柱，如图 5-10 所示。

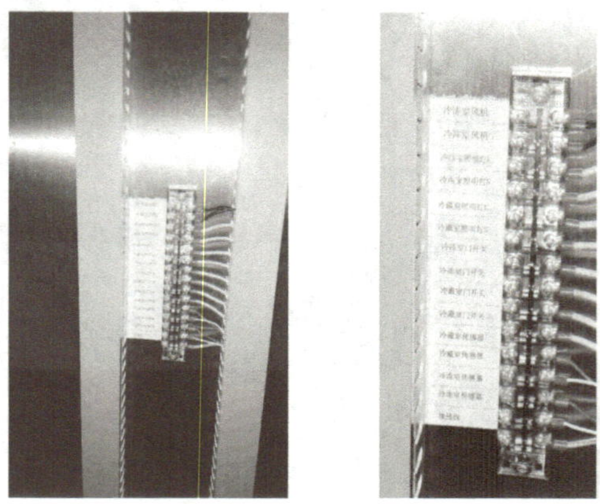

图 5-10　冷柜接线柱

冷冻室内部主要有冷冻室风机、冷冻室照明灯、照明门开关、冷冻室温度传感器等电气部件，共计 9 根引线（含 1 根接地保护线）连接到接线柱。

冷藏室内部主要有冷藏室照明灯、照明门

开关、冷藏室温度传感器等电气部件，共计 6 根引线连接到接线柱。

4. 双温冷柜柜体外控制电路

双温冷柜柜体外主要电气部件有压缩机（2 线）、冷凝器风机（2 线）、2 个电磁阀（2+2=4 线）、高低压压力控制器（4 线）、冷凝压力控制器（2 线）等，共计 14 根引线和控制挂箱连接。

5. 双温冷柜电气控制系统的基本构成

双温冷柜电气控制系统的基本构成如图 5-11 所示。

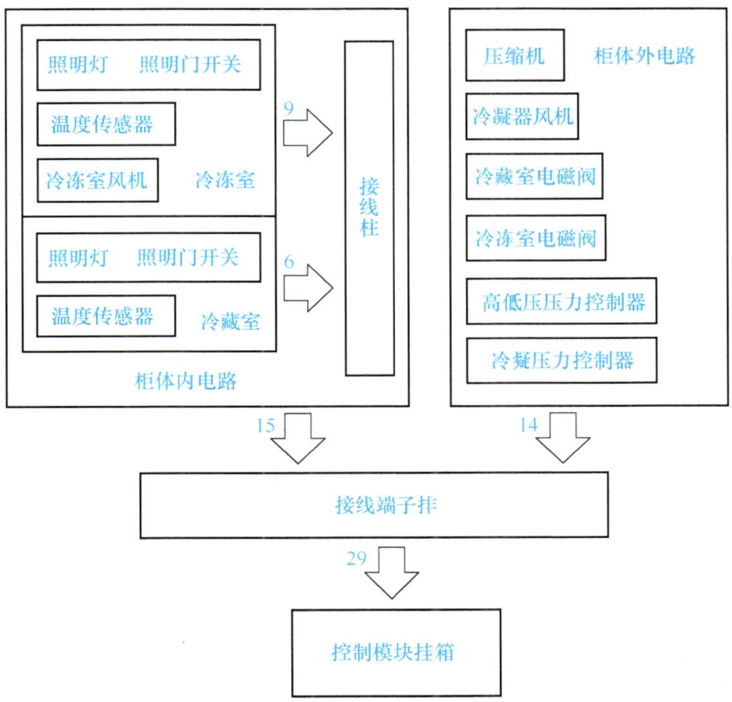

图 5-11　双温冷柜电气控制系统的基本构成

基本技能

1. 熟悉冷柜电气控制电路

1）认识模块，掌握模块各个插孔的功能。

2）根据图 5-9 的流程理清冷柜控制电路的构成和连接。

3）熟悉冷柜柜体接线柱及对应的电气部件引线。

4）熟悉柜体外冷柜电气部件的引线。

2. 温度控制器的调节

1）冷冻室、冷藏室温度设定。

2）温度回差值设定：冷藏室温度回差 1℃，冷冻室温度回差 2℃。

3）记录冷藏室停机温度和开机温度，记录冷冻室停机温度和开机温度。

3. 编制双温冷柜电气接线端子排分配表

1）根据电路连接实物，参考表 5-2，在空表格上填写实际的双温冷柜电气接线端子排分配。

2）自行编制双温冷柜电气接线端子排分配表，用于接线训练。

4. 冷柜控制模块与部件接线

1）拆装冷柜模块接插线，按照每个部件连接模块线进行独立扎线整理，每个部件模块线不少于两道扎带，所有扎带整理平齐，多余扎带头剪掉。

2）对中央平台接线端子排的冷柜连线进行拆装练习，接线接点紧密，在线槽内对导线进行强、弱电分类整理，合理包扎。

3）冷柜柜体接线柱接线拆装，注意号码管的对应。

任务 3　双温冷柜常见电气部件

基本知识

1. 压缩机

双温冷柜采用泰康 7/16 匹压缩机，是往复活塞式压缩机，工作电源采用 220V 单相交流电，压缩机采用单相异步电动机（电容起动，双重过载保护）。

（1）压缩机概述

双温冷柜的压缩机如图 5-12 所示。它属于全封闭式压缩机，内部电动机的端子连接到侧面的 3 个接线桩上。

图 5-12　双温冷柜压缩机

压缩机电动机有两个绕组：起动绕组和运行绕组。两个绕组在空间上相位差 90°，按照旋转方向的要求将两个绕组的各一端连接到一起，构成电动机的公共端 C，两个绕组的另一端分别定义：运行绕组剩余端为运行端子 M，起动绕组剩余端为起动端子 S，电动机绕组与端子如图 5-13 所示。

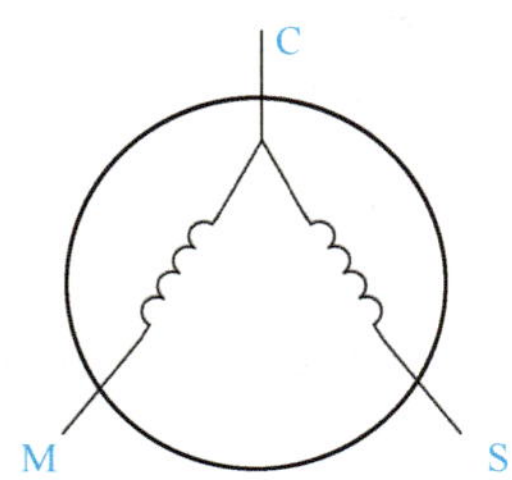

图 5-13　压缩机电动机绕组和端子

（2）压缩机起动

1）压缩机起动原理。双温冷柜制冷系统由于电磁阀控制制冷剂，压缩机停机后制冷剂压力很难达到平衡，在压缩机起动时，有较大的高、低压缩比，基本上是处于负载起动，所以需要较大的起动转矩。这里介绍的压缩机采用电容起动。

单相异步电动机在起动时需要起动绕组和运行绕组同时通

电，产生相位差 90°的旋转磁场，使电动机旋转，电动机旋转运行后，转子在惯性作用下旋转，和运行绕组之间产生电磁感应，转子能够自动运转，此时若起动绕组继续通电，则增加了能耗且压缩机温升过大，所以运转后起动绕组的电源尽可能断开，或通过串联电容进行补偿。

双温冷柜压缩机采用重锤式继电器控制起动电容，当压缩机起动时，将电容和起动绕组 CS 串联，完成起动。运行时，将电容从起动绕组 CS 断开，压缩机进入正常运转状态。

压缩机电路结构如图 5-14 所示，重锤式继电器内部开关和起动绕组 CS 串联，外接起动电容。常态下开关是断开状态。重锤式继电器线圈和压缩机运行绕组 CM 串联。

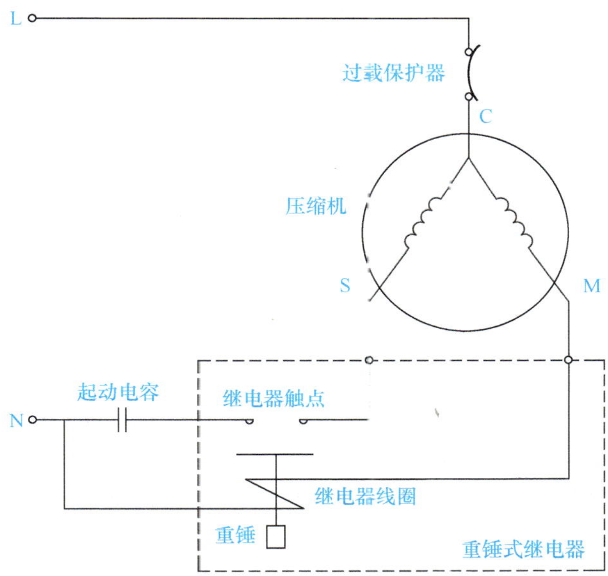

图 5-14　压缩机电路结构

2）压缩机起动过程。重锤式继电器在重锤重力作用下开关断开，起动电容没有连接到起动绕组 CS 中。

压缩机通电后，由于继电器开关没有接通起动绕组，所以运行绕组 CM 通过继电器线圈和电源连接，压缩机是不能运转的，导致运行绕组 CM 电流很大，大电流在继电器线圈产生电磁力，当电磁力大于重锤的重力时，将继电器内部重锤式开关吸合，接通起动绕组和起动电容，压缩机起动运转。

压缩机运转后，转子产生反向电动势，使运行绕组的电流减小，当压缩机转速升到一定转速后，运转电流小于起动时运行绕组的电流，继电器线圈电磁力减弱，开关在重锤的重力作用下断开，起动电容从 CS 回路自动断掉，完成压缩机起动，压缩机运转。

3）起动电容。起动电容容量是 60μF，如图 5-15 所示。它具有较大的起动转矩，能在短时间内多次重复起动。

4）起动重锤继电器。重锤式继电器专门用于较大功率的单相压缩机起动电路，用于接通、断开起动电容，重锤式继电器安装在压缩机体的电器盒内，使用时注意和压缩机的功率匹配，重锤式继电器须垂直安装，以保证重锤的重力方向。

图 5-15 压缩机起动电容

(3) 压缩机过载保护

压缩机通过双金属蝶形过载保护器进行过载保护，在压缩机过电流、过热时，自动断开压缩机电源，防止压缩机被烧坏，对压缩机进行保护。使用过载保护器时应注意和压缩机的功率匹配。

压缩机在运行过程中，若冷凝器散热不良，将导致压缩机过电流和过热，过载保护器将断开，切断压缩机电源，保护压缩机绕组不被烧坏。

压缩机起动时，若重锤继电器或起动电容损坏，无法使压缩机起动运转，则运行绕组的连续大电流使过载保护器断开，切断压缩机电源，保护压缩机绕组不被烧坏。

过载保护器是双金属片开关。当双金属片受热时，两种不同的金属膨胀率不同，导致双金属片弯曲，开关断开。

过载保护器用于监测压缩机温度，紧贴压缩机外壳安装，且使用弹簧片或弹簧丝压紧，感受压缩机过热，有一定的延迟性。过载保护器监测压缩机电流，是将过载保护器的电热丝和压缩机串联，流过正常工作电流时，电热丝不发热，过电流时，尤其是压缩机堵转时，大电流使电热丝发热，双金属片受热及时断开电源，对压缩机进行过电流断电保护。

过载保护器动作的常见工况主要有：压缩机连续工作时间过长导致压缩机过热；压缩机连续工作在低电压下，运行电流偏大，引起压缩机过热；冷凝器散热不良，导致高压过高，排气温度变高，压缩机过热；压缩机起动时电压过低，引起起动电流过大；压缩机起动元件损坏，不能起动，引起堵转电流保护等。

(4) 压缩机控制电路

如图 5-16 所示，冷柜压缩机使用交流接触器 KM1 接通电源，交流电源从 L、N 接入，经过 KM1 连接到压缩机，压缩机的起动电路、过载保护器和压缩机组合成一体，相当于图 5-16 中的 M1。

PE 是压缩机外壳接地保护。

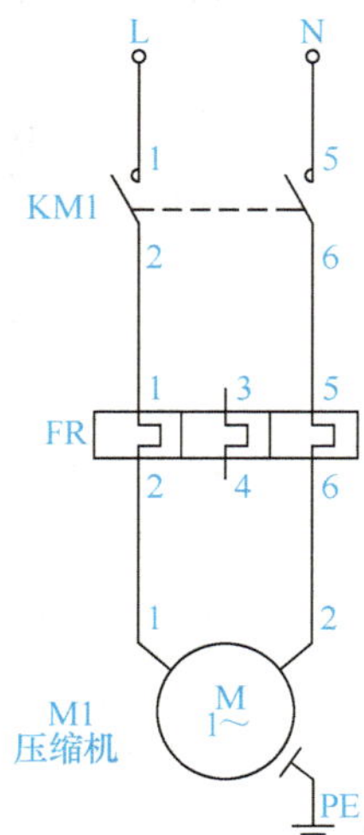

图 5-16 压缩机控制电路

FR 是压缩机热继电器，安装在控制挂箱内，和交流接触器 KM1 组合安装在一起，图中 FR 是热继电器的电流检测电热丝。FR 的额定电流可进行整定调节，冷柜模块为 3.5A。

2. 高低压压力控制器

压力控制器是冷柜控制电路中的重要部件，在制冷系统压力异常时，要将压缩机断电，否则将引起压缩机过热或过电流，从而损坏压缩机。

（1）压力控制原理

1）低压保护。当制冷系统出现堵塞、制冷剂泄漏等问题时，将导致制冷系统低压过低。

低压过低不仅会引起制冷效果下降，还会引起压缩机回流制冷剂温度过高、流量少，使压缩机的热量不能被有效的制冷剂流量带走，导致压缩排气温度和压缩机壳温高，引起压缩机过热。所以在低压过低的情况下，控制系统要进行低压保护，使压缩机断电，避免压缩机过热而受到损坏。

2）高压保护。当制冷系统冷凝器风机不转或转速过慢、冷凝器翅片脏污过多时，将导致冷凝器散热不良，使制冷系统冷凝温度过高，高压压力过高。

高压压力过高将导致压缩机负载增加，不仅会引起压缩机电流过大，也会引起压缩机温度过高。若不及时对压缩机进行断电保护，则会引起压缩机损坏或设备爆炸等严重事故。所以在高压过高的情况下，控制系统要进行高压保护，使压缩机断电。

（2）压力控制器内部电路

压力控制器通过压力导管监测制冷系统的高压压力和低压压力。当压力正常时，压力控制器开关闭合，压缩机得电；当低压过低、高压过高时，压力控制器开关断开，压缩机断电，实现保护。

高压压力控制器和低压压力控制器在双温冷柜系统中组合在一起，称为高低压压力控制器。双温冷柜高低压压力控制器使用“Danfoss（丹弗斯）KP15”系列压力控制器，如图 5-17 所示，左面的压力控制器用于低压压力控制，右面的压力控制器用于高压压力控制。

高低压压力控制器开关是双压力双刀双掷开关，其内部电路如图 5-18 所示，LP 表示低压压力控制开关，HP 表示高压压力控制开关。

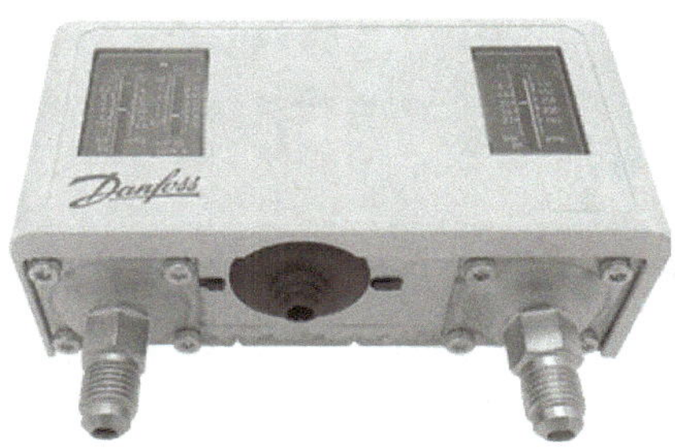

图 5-17　双组压力控制器

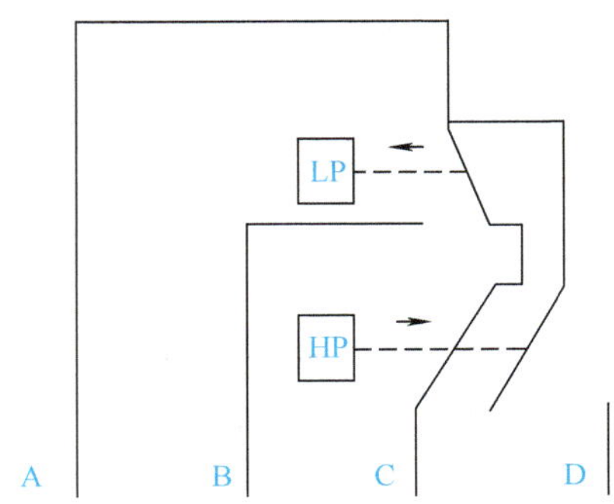

图 5-18　高低压压力控制器内部电路

图 5-18 所示是压力正常状态下的开关状态。当压力正常时，低压压力、高压压力开关闭合，AC 接通。当低压过低时，低压压力开关断开，AC 断开，AB 接通。当高压压力过高

时，高压压力开关断开，AC 断开，AD 接通。

压力控制器接线 A、B、C、D 四个端子如图 5-19 所示。注意实际的排列顺序是 CBAD，而不是 ABCD，接线时要特别注意。

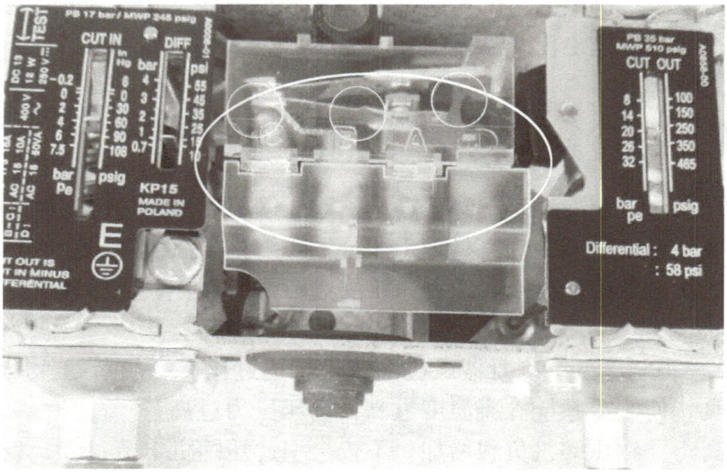

图 5-19　双组压力控制器接线端子

(3) 压力控制器的调节

高低压压力控制器保护压力的大小可以根据实际设备的要求进行调节设定，压力的调节螺钉在控制器的顶部，如图 5-20 所示。低压压力控制器需要调节两个参数，使用左侧两个调节螺钉，高压压力控制器只需要调节 1 个参数，使用右侧 1 个调节螺钉。

调节螺钉时，要先将螺钉定位锁金属片拆卸下来。

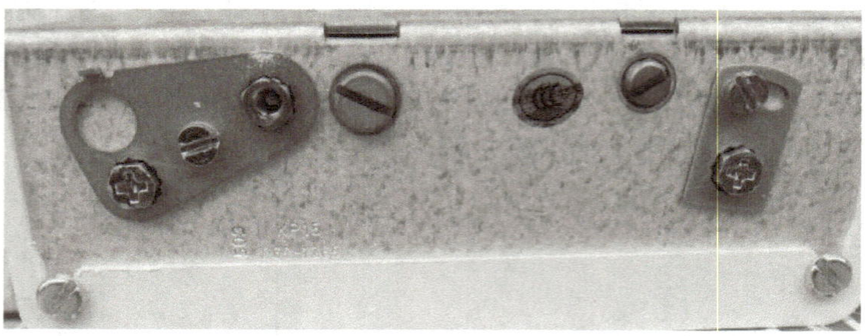

图 5-20　压力开关调节螺钉

①低压侧：调节低压调整杆（CUT IN 挡）设置低压侧闭合压力，低压调整杆转动一圈约为 0.7bar。调节低压侧差压调整杆（DIFF 挡）设定低压侧的差压，差压调整杆转动一圈约为 0.15bar。低压侧的断开压力为低压侧的闭合压力减去差压后的值。（**注意：**低压侧的断开压力必须高于绝对真空压力。$P_e=-1$bar）。

②高压侧：调节高压调整杆（CUT OUT 挡）设置高压侧断开压力，高压调整杆转动一圈约为 2.3bar。高压侧的压差是固定值 3bar，不可调节。所以高压压力保护只需要调节高压保护开关断开值即可。

压力开关的动作切换有两种：压差上切换值和压差下切换值。中间是压力开关动作控制

的压力范围（压差值或回差压力值），即

$$压差=压差上切换值-压差下切换值$$

1）低压压力控制器调节。低压压力控制器的压力指示如图 5-21 所示，表盘刻度分为左右两个部分。左面是 CUT IN 刻度，范围是-0.2～7.5bar，右面是 DIFF 刻度，范围是 0.7～4bar。压力的刻度数值是表压力的数值。

压差上切换值使用 CUT IN 表示，CUT IN 称为低压压力的量程范围，是低压压力控制器的闭合点。

压力控制器动作控制的压力范围使用 DIFF 表示，DIFF 称为压差值或回差压力值。

保护值就是压差下切换值压力开关断开点。

在低压压力控制器上通常指示出量程范围和压差值，通过计算可以算出低压断开保护值，有

$$保护值=CUT\ IN 值-DIFF 值$$

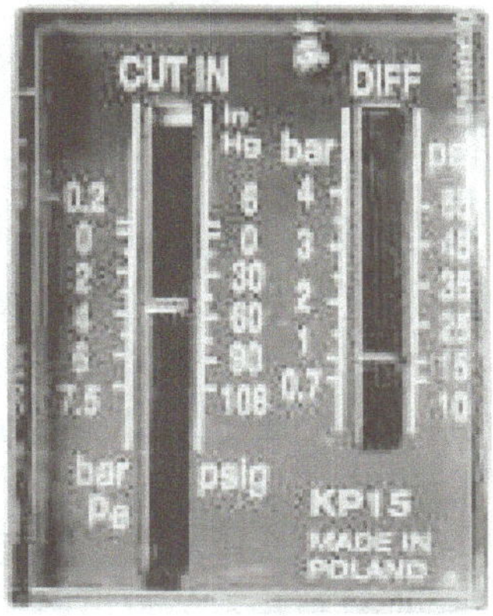

图 5-21　低压压力指示盘

例如，要求设备制冷系统在低压压力低于 0.1bar 保护，压缩机断电停机，当低压压力回升到 1.5bar 时，解除保护，压缩机通电运转。

当低压压力回升到 1.5bar 时，解除保护：CUT IN 值为 1.5bar。

低压压力低于 0.1bar 时保护：保护值为 0.1bar。

计算：

$$DIFF=CUT\ IN 值-保护值$$

$$DIFF=1.5-0.1=1.4\ (bar)$$

调节低压压力控制器的 CUT IN 螺钉，使 CUT IN 刻度指示在 1.5bar，调节低压压力控制器的“DIFF”螺钉，使“DIFF”刻度指示在 1.4bar。

2）高压压力控制器调节。高压压力控制器的压力指示如图 5-22 所示，表盘刻度是“CUT OUT”刻度，是高压保护断开点，范围是 8～32bar。它没有 DIFF 刻度，压差是固定的。

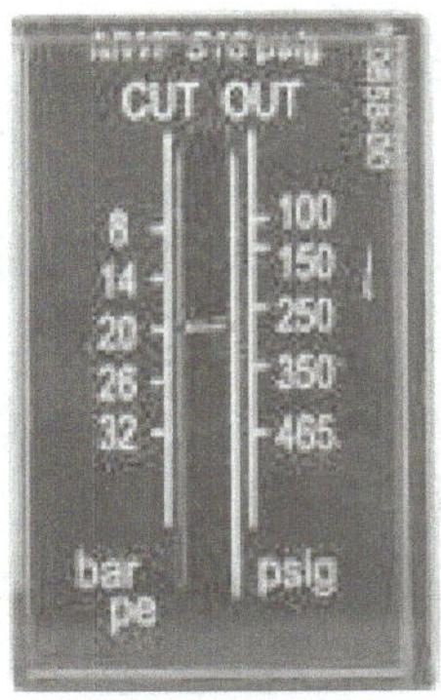

图 5-22　高压压力指示盘

高压压力控制器的压差上切换值是保护断开点 CUT OUT，压差下切换值是闭合恢复点，回差压力固定为 3bar。

例如，要求设备制冷系统在高压压力值高于 12bar 时保护，压缩机断电停机。

当高压压力值升到 12bar 时保护：CUT OUT 值为 12bar。

回差压力值固定为 3bar，高压恢复闭合点，有

$$闭合值=CUT\ OUT 值-DIFF$$

$$闭合值=12-3=9\ (bar)$$

调节高压压力控制器的 CUT OUT 螺钉，使 CUT OUT 刻度指示在 12bar。高压保护后，当压力下降到 9bar 时，高压压力开关自动闭合，压缩机工作。

（4）压力控制器电路

高低压压力控制器电路如图 5-23 所示。实际操作时，将高低压压力控制器的接线端子 A、B、C、D 使用导线连接到要求序号的接线端子排上，再使用模块插线和冷柜控制挂箱连接，插接到对应的 A、B、C、D 插孔中即可，其他线路在挂箱内已经接好。

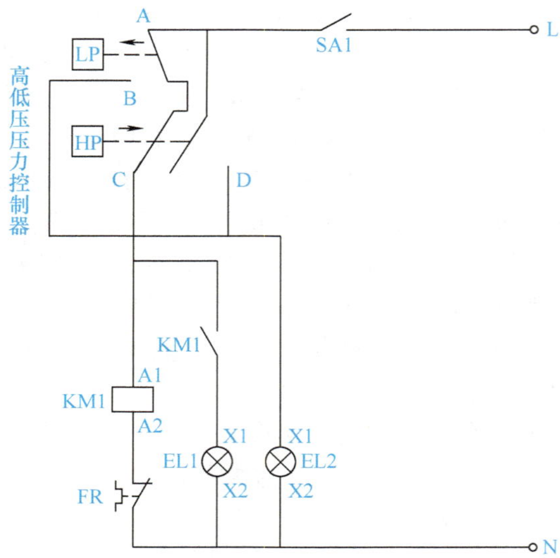

图 5-23 高低压压力控制器电路

图 5-23 中，SA1 是总电源开关，KM1 是控制压缩机电源的交流接触器，A1A2 是 KM1 的线圈，EL1 支路中串联 KM1 常开辅助触点，EL2 是压力保护指示灯，FR 是接触器的热继电器。

闭合总电源开关，高低压压力控制器处于正常的闭合状态，AC 接通，KM1 线圈得电，交流接触器 KM1 工作，压缩机得电运转，压缩机的工作指示灯 EL1 得电指示。通过控制电路可知，压缩机是否运转受控于高低压压力控制器，不受双室的温度控制。

控制电路内部已经将控制器的 BD 连接在一起，和压力保护指示灯 EL2 连接。当高压过高或低压过低时，AC 断开，AD 或 AB 接通。AC 断开，交流接触器 KM1 失电，压缩机停机，压缩机工作指示灯 EL1 熄灭，压力保护指示灯 EL2 亮（高低压力保护指示灯只有 1 个 EL2）。

3. 冷凝压力控制器

冷凝压力是影响制冷装置运行性能的重要参数。当冷凝压力过低时，特别是在冬季环境温度较低时，冷凝器的冷凝压力往往很低，使得膨胀阀两端的压力差减小，难以向蒸发器提供适当的制冷剂，而导致蒸发器获取的冷媒偏少，使系统的制冷量达不到要求。本装置采用冷凝压力保护开关来控制冷凝器风扇的运转和停止。当冷凝压力过低时，风扇停止运转，当冷凝压力过高时，风扇开始运转。

图 5-24 冷凝压力控制器

冷凝压力控制器的结构和原理与低压压力控制器完全一致，其实物如图 5-24 所示。

冷凝压力控制器只监测 1 个压力，控制器只有 1 个，所以也可以称为单组压力控制器。

冷凝压力控制器电路较为简单，主要用于控制冷凝器风机的通断电，如图 5-25 所示。冷凝器风机和压缩机一起受控于交流接触器 KM1，接触器有专用的辅助开关 KM1 控制冷凝

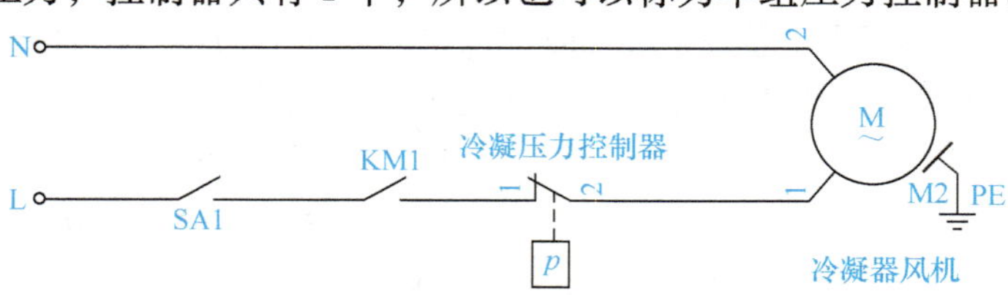

图 5-25 冷凝压力控制器控制冷凝器风机

器风机的通断电。接触器开关和冷凝压力控制器串联，控制冷凝器风机通断电。

冷柜总电源开关 SA1 闭合，交流接触器 KM1 得电，压缩机工作，冷凝器风机也得电工作。调节单组压力控制器可能会导致压缩机运转开始时冷凝器风机不运转或和压缩机同时运转。

例如，冷凝器风机在冷凝压力高于 8bar 时运转，低于 6bar 时停转。

当压力升到 8bar 时，冷凝器风机运转，压力开关接通，CUT IN 值为 8bar。

压力低于 6bar 时，冷凝器风机停转，压力开关断开：压差下切换值为 6bar。

计算：

$$\text{DIFF}=\text{CUT IN 值}-\text{压差下切换值}$$

$$\text{DIFF}=8-6=2\ (\text{bar})$$

调节压力控制器的 CUT IN 螺钉，使 CUT IN 刻度指示在 8bar，调节压力控制器的 DIFF 螺钉，使 DIFF 刻度指示在 2bar。

冷柜起动，压缩机运转，冷凝器的压力通常是逐渐升高的，当升高到 8bar 时，冷凝器风机得电运转。若环境温度较高，冷凝压力能够稳定在大于 8bar 的某个压力下，冷凝器风机将持续运转。若环境温度较低（冬季），风机运转后冷凝器的压力就会降低，低于 6bar 时，风机断电停转。

4. 监测部件

（1）温度传感器

温度传感器采用负温度系数热敏电阻，温度升高阻值变小，温度降低阻值变大。温度传感器在 25℃时对应的电阻值为标称阻值，双温冷柜温度传感器的标称阻值是 20kΩ。

双温冷柜有两个温度传感器：冷藏室温度传感器和冷冻室温度传感器。热敏电阻用于监测温度变化，引线连接到双温冷柜柜体外的接线柱上。

温度传感器监测的是冷藏室、冷冻室的空间温度，不是蒸发器管路的温度，安装时要注意安装位置，避免碰触到蒸发器管路。

冷冻室温度传感器用于监测冷冻室的温度，通过和冷冻室温控器设定的温度比较来控制冷冻室电磁阀通断电。

冷冻室温度传感器安装在冷冻室风机的风口位置，如图 5-26 所示。

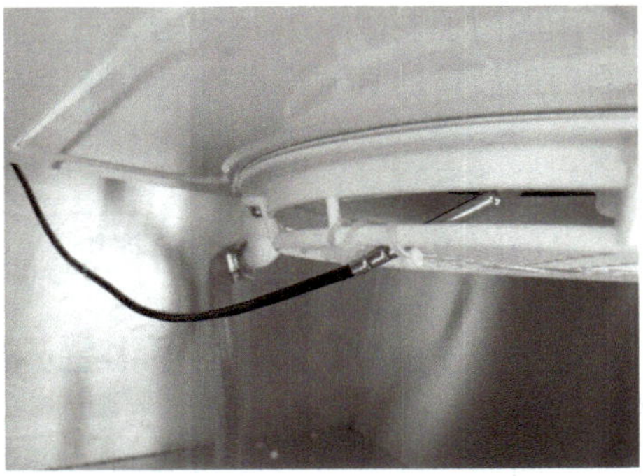

图 5-26　冷冻室温度传感器的安装位置

冷藏室温度传感器用于监测冷藏室的温度，通过和冷藏室温控器设定的温度比较来控制冷藏室电磁阀通断电。

冷藏室温度传感器安装在冷藏室后壁的木板上，如图 5-27 所示，木板上固定有冷藏室的蒸发器管路，温度传感器安装时要和管路保持一定的距离，避免触碰。

温度传感器监测温度高于温控器设定温度时，电磁阀得电；监测温度等于设定温度时，电磁阀断电。

电磁阀控制制冷剂的流动和截止。得电时，电磁阀开启，制冷剂流动，实现制冷；断电时，电磁阀关闭，制冷剂截止，制冷停止。

（2）压力控制器

压力控制器用于监测制冷系统高压压力、低压压力和冷凝压力，控制压缩机、冷凝器风机的运行和保护。

压力监测通过压力导管（6mm 铜管）将监测点和压力控制器连接，压力控制器配有压力表，指示监测点的压力大小。压力控制器与压力表如图 5-28 所示，可利用三通将压力控制器和压力表联通在一起。

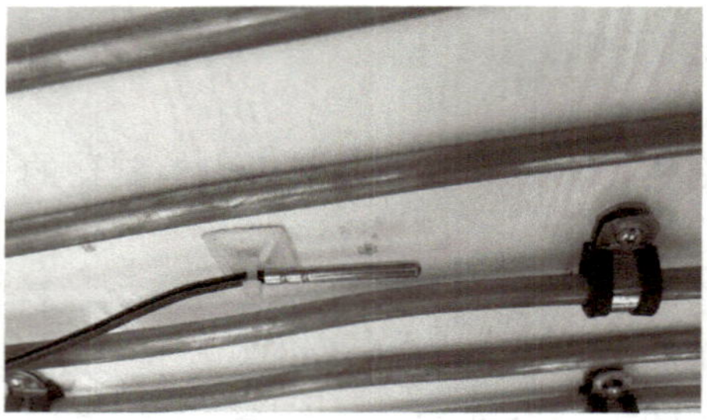

图 5-27　冷藏室温度传感器的安装位置

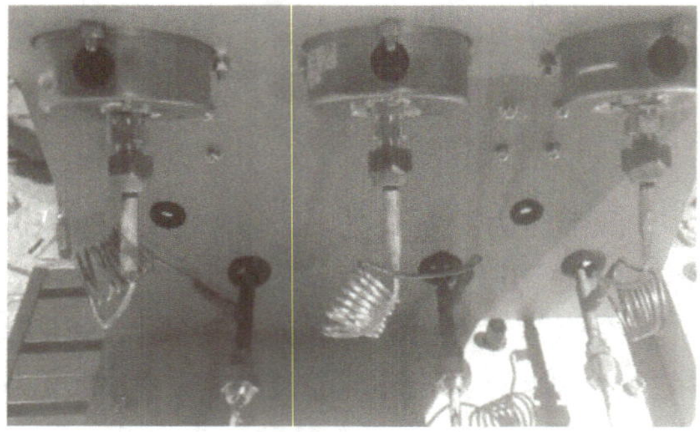

图 5-28　压力控制器与压力表

高压压力是指压缩机的排气压力，监测点位于压缩机排气管路上，在排气管路中连接三通，通过三通的旁通口进行高压压力导管连接。

低压压力是指压缩机的吸气压力，监测点位于压缩机回气管路上，利用制冷机组阀门吸气口的直通口进行低压压力导管连接。

冷凝压力是指冷凝储液器出液的高压压力，监测点位于储液器的出液管路上，储液器出液先进入机组阀门，再利用阀门控制出液到过滤器，压力监测利用制冷机组的阀门进液口的直通口进行压力导管连接。

5. 执行部件

（1）电磁阀

电磁阀用于控制制冷剂的通断，主要由电磁线圈和阀体组成，其实物如图 5-29 所示。

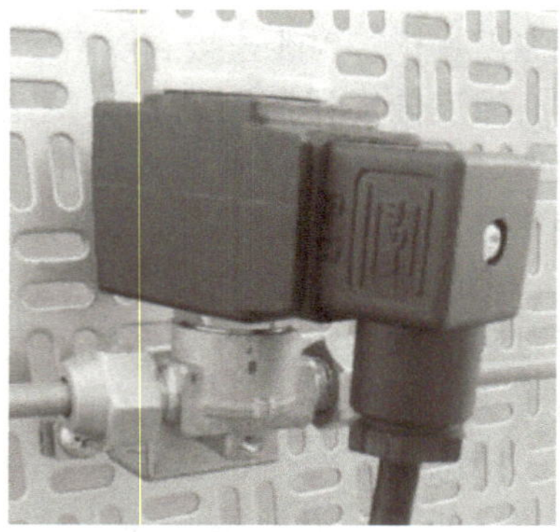

图 5-29　电磁阀

电磁阀连接控制的管路是 ϕ6mm 铜管，由于电磁阀的结构特点，在使用时具有方向性，故应注意阀体上箭头的方向要和制冷剂的流动方向一致，若方向装反，则不能关断制冷剂。

电磁阀线圈通入的是交流 220V 电源，由冷柜模块内的温控器控制电源通断。电磁阀控制电路如图 5-30 所示。

总电源接通，压缩机、冷凝器风机运转。再将冷藏室电源接通，冷藏室温控器工作，温控器控制继电器 KA1 接通，冷藏电磁阀得电接通。同理，冷冻室电源接通，冷冻室电磁阀由冷冻室温控器控制的继电器 KA2 接通电源。

与电磁阀线圈并联的灯是对应电磁阀工作的指示灯，在挂箱上就是冷藏室工作指示灯、冷冻室工作指示灯。

线圈电源为 AC220V 时，阀芯开启，制冷剂流通，电源接通时有明显的“啪”声（阀芯动作声）。线圈电源为 0 时，阀芯关闭，制冷剂截止，线圈断电时，阀芯的动作声音不明显。

电磁阀安装在膨胀阀的前方，为膨胀阀供液，实际使用时两者之间的连接管路越短越好。

电磁阀的安装位置通常由任务书的图纸给定。电磁阀线圈控制电路在训练中需要自行制作。

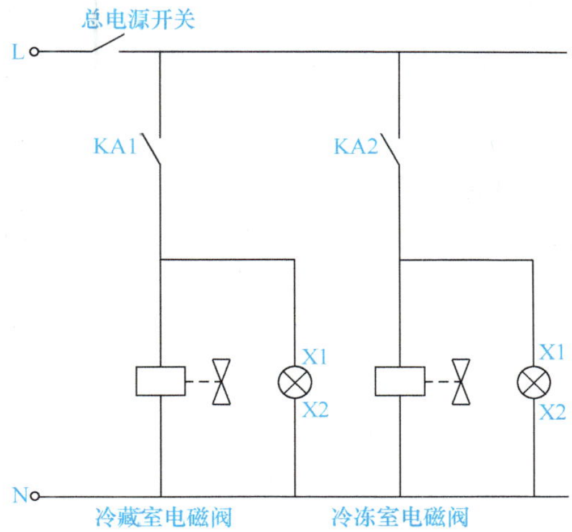

图 5-30 电磁阀控制电路

（2）照明灯与门开关

双温冷柜的双室都有各自的照明灯，照明电源亮灭由门的开和关控制，开门灯亮，关门灯灭。

门开关是门位置按钮开关，在门上装有压片。关门后压片将按钮按下，开关断开。开门后压片脱离按钮，按钮弹出，开关接通。

照明灯采用节能、低发热的 LED 组灯，工作电源采用交流 220V 电源。LED 组灯内有电源转变电路，所以使用万用表是无法判断照明灯通断的，这和传统白炽灯照明检测不同，在接线时要注意。

在设备的电气原理图中，照明电路中的照明灯符号仍采用白炽灯的电路符号，如图 5-31 所示。

照明灯与门开关的端子通过柜体内部连线连接到柜体的接线柱上，用于照明电路和冷柜控制模块连接。

在实际电路连接时，要注意测量分辨照明灯端子和门开关端子，不能装错。

（3）冷冻室风机与冷凝器风机

冷冻室风机和冷凝器风机控制电路如图 5-32 所示，采用交流 220V 工件电源。

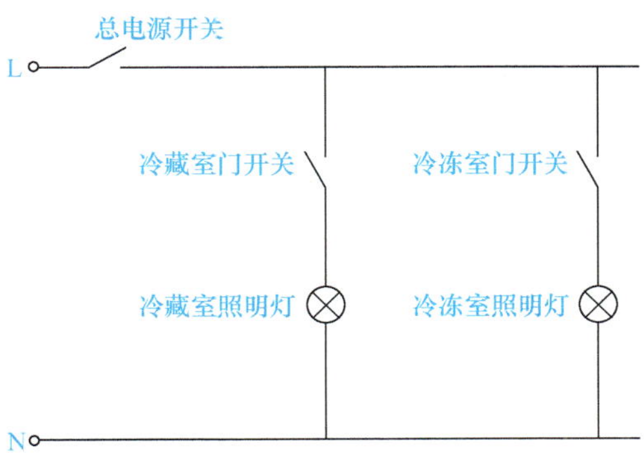

图 5-31 冷柜照明电路

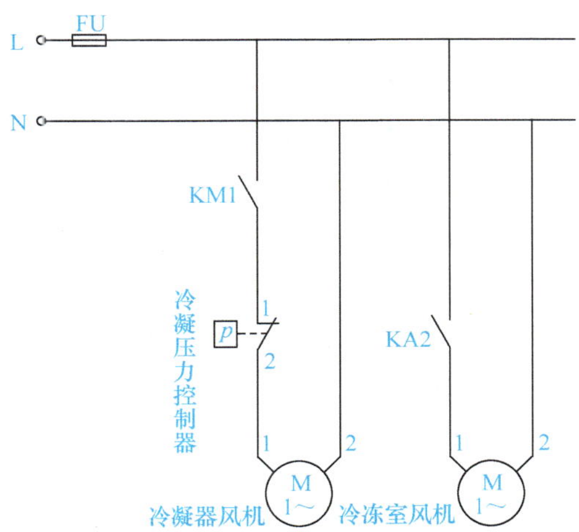

图 5-32 冷冻室风机和冷凝器风机控制电路

1）冷冻室风机。双温冷柜的冷冻室采用间冷式制冷方式，所以使用风机实现冷冻室的空气循环，将需冷冻物品的热量转移到蒸发器。

冷冻室风机由电动机和扇叶构成，如图 5-33 所示。冷冻室风机位于换热空间内，换热空间在风机循环下进、出循环空气，进行制冷。

冷冻室风机工作电源由冷冻室温控器控制，和冷冻室电磁阀一样，由继电器 KA2 控制冷冻室风机的通断电。

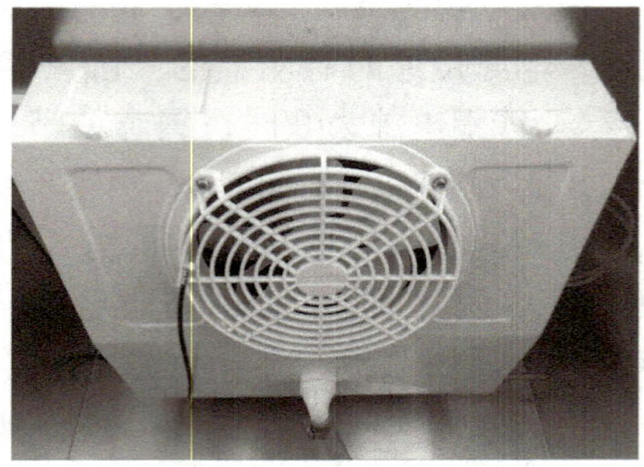

图 5-33　冷冻室风机

冷冻室温度达到设定温度后，冷冻室风机停转，冷冻室在电磁阀工作供液制冷时，冷冻室风机运转。

冷冻室风机的端子通过柜体内部连线连接到柜体的接线柱上，用于冷冻室风机和冷柜控制模块连接。

2）冷凝器风机。冷柜具有较大的制冷量，所以冷凝器采用风机强制对流散热，才能产生较好的制冷效果。

冷凝器风机和压缩机一起安装在制冷机组的底座上，如图 5-34 所示。冷凝器风机运转时，不仅对冷凝器具有散热作用，对压缩机也有一定的散热作用。

冷凝器风机和压缩机一起受控于交流接触器 KM1，同时在控制电路中串联了冷凝压力控制器。当冷凝压力过低时，压力控制器断开，风机停转减少散热量。

冷凝器风机自身带有一段电动机导线，在训练使用中需要加长时，连接到控制模块即可。

图 5-34　冷凝器风机

基本技能

1. 压缩机及其辅件检测

1）拆卸压缩机电器盒，识别起动电容、起动重锤继电器和过载保护器。

2）检测压缩机三个端子，分辨 C、M、S 端子。

3）检测起动电容、起动重锤继电器和过载保护器。

4）组装压缩机辅件，制作压缩机引线连接到压缩机。

2. 压力控制器的调节

1）高低压压力控制器 A、B、C、D 引线的制作与连接。

2）冷凝压力控制器引线的制作与连接。

3）调节高低压压力控制器和冷凝压力控制器。

高低压压力控制器高压侧保护设定为 14bar（表压力），低压侧保护设定：低压压力接通值设定为 1bar（表压力），回差设定为 0.7bar。

冷凝压力控制器接通值设定为7.5bar（表压力），回差设定为1.5bar。

通电运行冷柜，控制双室电磁阀通断，检测压力表指针，观察低压压力保护值（压缩机停机）以及低压压力回升接通值（压缩机运行），检验压力表是否达到调节的压力数值，对控制器进行微调。

冷柜运行过程中，观察冷凝器风机运转开始时的冷凝压力、停转时的对应压力，和调节的参数进行对比，看是否符合调节的接通值和回差值。

4）观察压力控制器压力监测取样管路，掌握压力监测点在制冷系统中的位置。

3. 电气部件引线的制作与连接

1）制作压缩机、冷凝器风机、电磁阀及压力开关等电气部件的引线。

2）制作连接箱体接线柱的引线。

3）引线制作基本要求如下。

①导线使用要求：传感器选用0.5mm^{2}导线，执行部件选用1mm^{2}导线，接地线选用1mm^{2}绿-黄双色导线。

②与端子排连接的导线接头须采用冷压端子。

③连接导线两端均应套号码管，号码管上的数字标识方向要一致。

④线槽内要布线平整美观，执行部件的连接导线沿线槽内侧布放，传感器的连接导线沿线槽外侧布放，并用扎带分别固定。

⑤对于不在线槽内的连接导线，合理使用扎带对连接导线进行绑扎。

⑥连接电源及考核模块、双温冷柜电气控制模块与机组平台上接线端子排的插接线，逐一按不同器件在上中下三个位置用扎带分开捆扎。

⑦引线制作并连接好后，电源及考核模块上的交流电流表显示双温冷柜压缩机的运行电流。

4. 冷柜运行试机

1）检查冷柜接线是否正确。

2）将冷柜通电，观察压缩机、冷凝器风机运转是否正常。

3）接通冷藏室、冷冻室电器开关，观察冷柜相关部件的工作的状态，填写表5-3。

表5-3　双温冷柜功能测试记录

系统部件	正常工作	
	是	否
压缩机		
冷凝器风机		
冷冻室风机		
冷冻室照明灯		
冷藏室照明灯		
冷冻室电磁阀		
冷藏室电磁阀		

任务4　双温冷柜控制模块与故障检修

基本知识

1. 双温冷柜电气控制原理图

双温冷柜电气控制系统以控制模块为核心，通过导线连接实现控制功能，冷柜控制模块安装在冷柜的控制挂箱中。

控制挂箱表面印有冷柜的电气控制原理图，如图5-35所示。

（1）温控器电路

温控器电路主要由冷藏室温控器电路和冷冻室温控器电路组成，如图5-36所示。温控器控制电路主要由温控器、继电器及其控制电路和温度传感器电路构成。

温控器端子11、12为温度传感器接线端子，温度传感器用于监测冷藏室和冷冻室的温度。

温控器端子8、9为温控器电源端子，当温控器电源开关接通时，温控器内部得电，开始工作。

温控器端子2、3为温控器内部继电器开关。内部继电器由芯片控制，通过监测双室的温度和设定的温度进行比较，输出继电器工作信号。当内部继电器开关闭合时，端子2外接继电器KA1、KA2线圈得电工作，当内部继电器开关断开时，端子2外接继电器KA1、KA2线圈断电停止工作。

继电器KA1控制冷藏室电磁阀通断电，继电器KA2控制冷冻室电磁阀、冷冻室风机（蒸发器风扇）通断电。

（2）压力控制器电路

压力控制器电路有高低压压力控制器和冷凝压力控制器电路，如图5-37所示。

1）高低压压力控制器电路。高低压压力控制器控制交流接触器KM1的线圈。接触器KM1控制压缩机和冷凝器风扇（冷凝器风机）的通断电。

闭合总电源开关，电源经过高低压压力控制器连接到KM1线圈上，接触器动作。在压力正常状态下，总电源接通，KM1得电工作，压缩机得电运转，冷凝器风扇得电运转。

2）冷凝压力控制器。冷凝压力控制器控制冷凝器风机运转。

冷凝压力控制器串联在冷凝器风机主电路中。冷凝压力正常状态下，冷凝器风机在KM1控制下运转；冷凝压力过低时，冷凝压力控制器断开，冷凝器风机断电。

（3）工作指示灯电路

工作指示灯电路有电源指示、冷藏室工作指示、冷冻室工作指示、压缩机运转指示和压力保护指示电路。

电源指示在总电源开关闭合时，指示灯得电点亮。

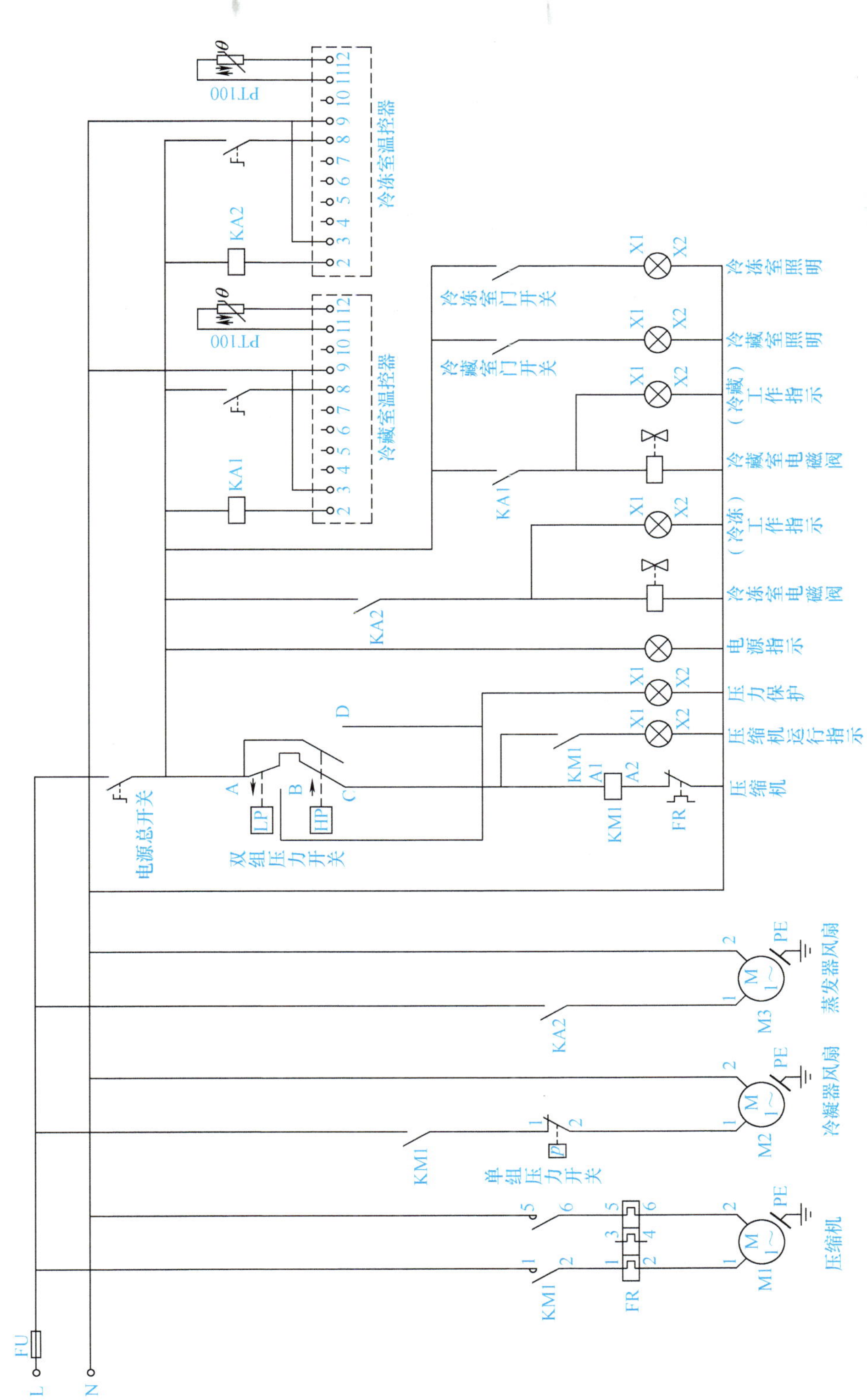

图 5-35　双温冷柜电气控制原理图

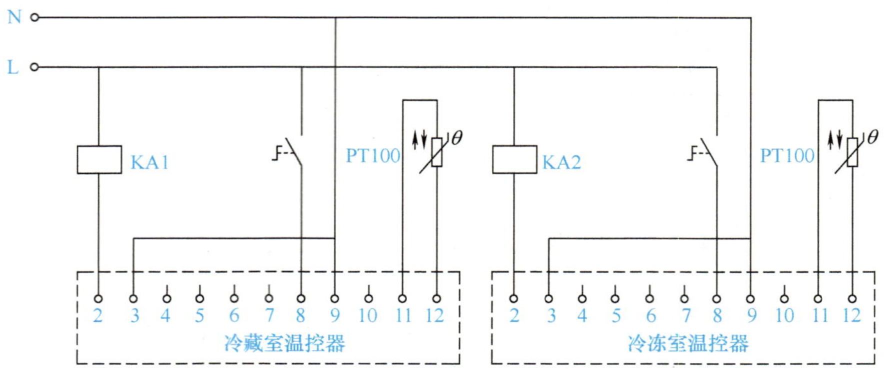

图 5-36　温控器电路

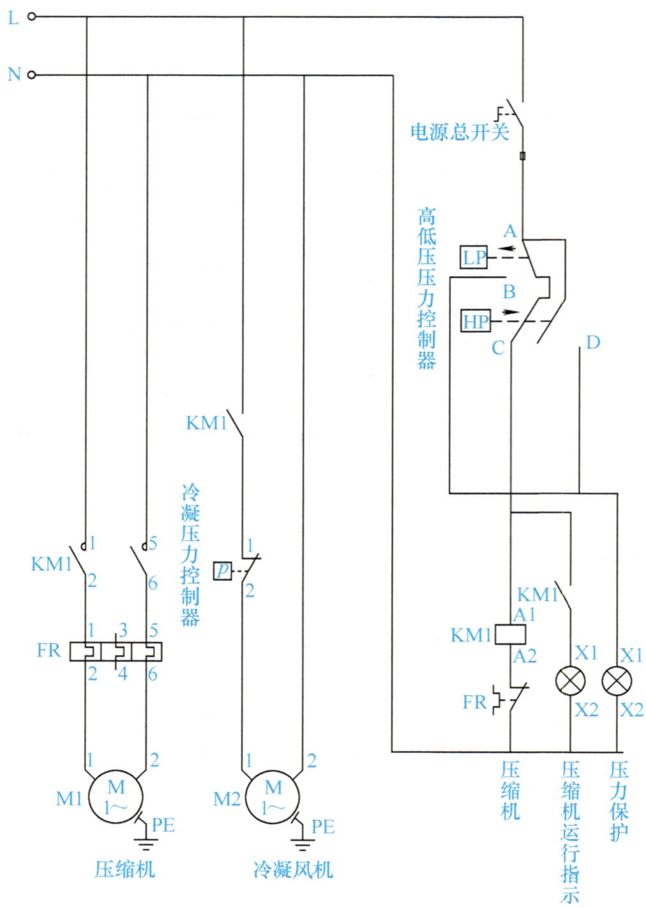

图 5-37　压力控制器电路

冷藏室工作指示和冷冻室工作指示通过与电磁阀线圈并联的指示灯指示，如图 5-38 所示。电磁阀得电，指示灯亮，说明制冷剂导通制冷。冷藏室电源接通，冷藏室温控器控制电磁阀导通，指示灯亮，到温度降低到设定温度，温控器控制电磁阀断电，指示灯熄灭。冷冻室指示工作原理与此相同。

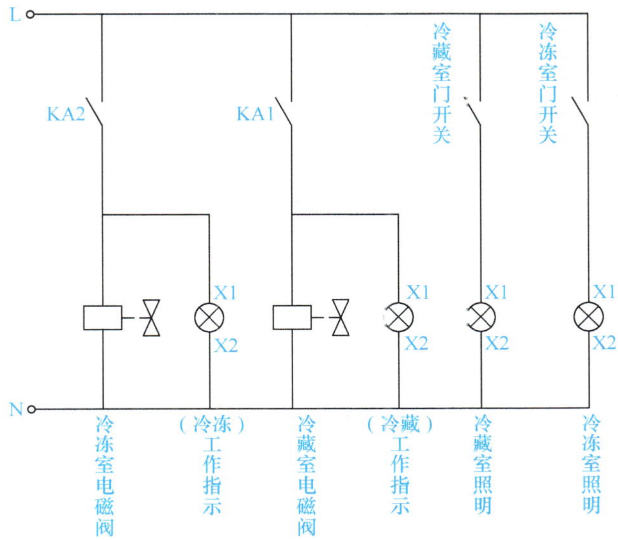

图 5-38　指示电路与照明电路

总电源接通，压缩机运转，电源指示灯、压缩机运转指示灯亮。压缩机运转指示灯和交流接触器 KM1 线圈并联，接触器线圈得电，表示压缩机运转，参见图 5-37。当高低压压力控制器保护时，KM1 线圈电路断电，压缩机运转指示灯不亮，但此时电源指示灯亮。

压力保护指示灯代表的是高压压力过高保护或低压压力过低保护时，高低压压力控制器断开 KM1 线圈电路，接通压力保护指示灯电路，参见图 5-37。所以当主电源接通时，压缩机运转指示灯不亮，多为高低压压力控制器断开，此时电源指示灯、压力保护指示灯亮。

通过以上工作指示灯的工作状态，结合它们的电路结构，基本可以判断冷柜电路是否有故障，以及故障的原因等，掌握指示灯电路对冷柜故障检修有极大的帮助。

（4）双室照明电路

双室照明电路使用门开关控制，参见图 5-38。

门关闭时，照明开关断开，照明灯灭；门打开时，照明开关接通，照明灯亮。

2. 双温冷柜控制模块电路

双温冷柜控制模块是指冷柜的控制电路以控制电路板为核心组成冷柜控制的电路总成，通过连接导线将冷柜的执行部件和模块连接，实现冷柜的控制功能。冷柜控制模块安装在控制挂箱中，放置在中央控制平台的抽屉中。

（1）冷柜模块电路结构

冷柜控制模块通过面板的插孔对冷柜控制电路进行连接。模块内部冷柜控制电路如图 5-39 所示，冷柜的相关电气部件通过插孔和控制模块连接。

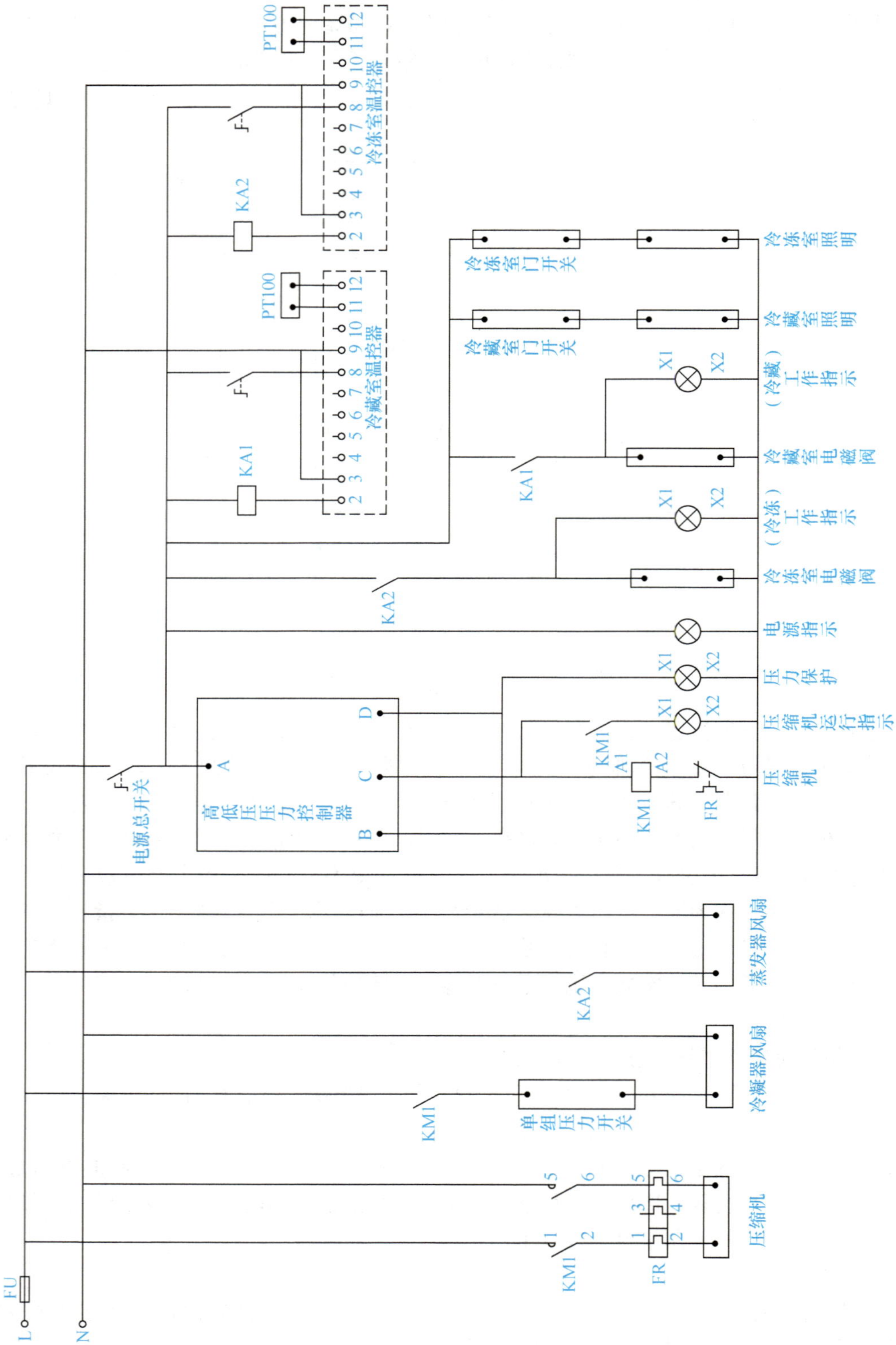
PT100
冷冻室温控器
KA2
PT100
冷藏室温控器
KA1
冷冻室门开关
冷冻室照明
冷藏室门开关
冷藏室照明
X1
X2
（冷藏）工作指示
冷藏室电磁阀
（冷冻）工作指示
冷冻室电磁阀
电源指示
压力保护
压缩机运行指示
高低压压力控制器
A
B
C
D
电源总开关
KM1
A1
A2
FR
压缩机
蒸发器风扇
冷凝器风扇
单组压力开关
FU
L
N

图 5-39 模块内部电路

（2）控制模块

冷柜控制模块面板如图 5-40 所示。它主要用于冷柜控制电路的连接、操作、指示、故障检修等，每个插孔都标注连接电气部件的名称，便于分辨。

1）电源及开关模块。冷柜模块电源接口 L、N 和电源连接，FU 是冷柜模块的熔断器，如图 5-41 所示。

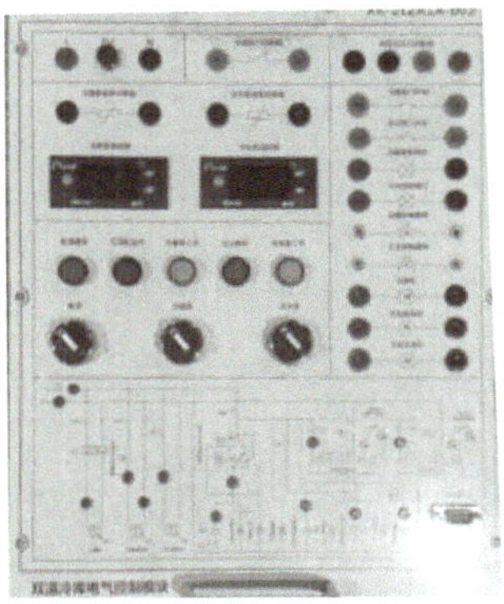

图 5-40　冷柜控制模块面板

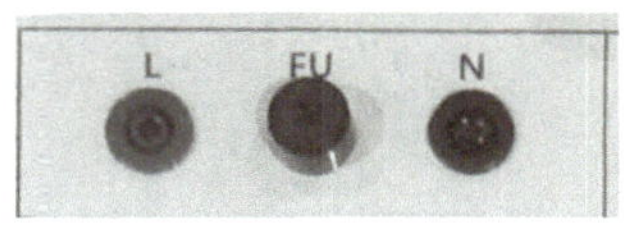

图 5-41　电源接口

面板上的开关及工作指示灯如图 5-42 所示。

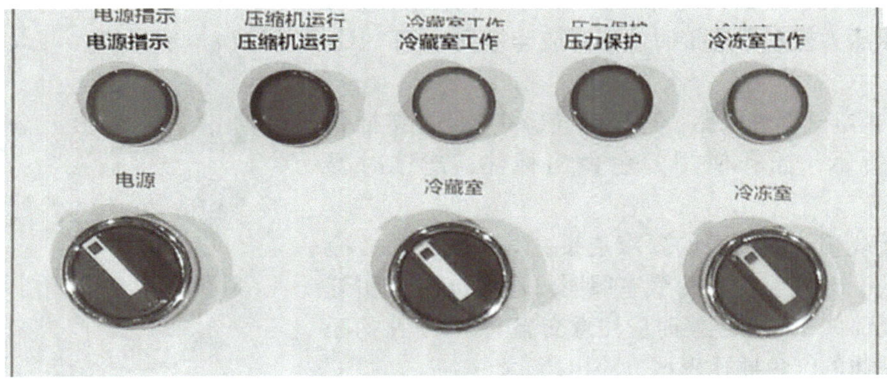

图 5-42　面板上的开关及工作指示灯

电源开关是冷柜总电源开关，电源接通，压缩机、冷凝器风机得电运转。

冷藏室开关控制冷藏室温控器电源，开关闭合，冷藏室电磁阀得电接通。

冷冻室开关控制冷冻室温控器电源，开关闭合，冷冻室电磁阀得电接通，冷冻室风机得电运转。

开关上方是冷柜控制功能工作指示灯，分别为电源指示、压缩机运行指示、冷藏室工作指示、压力保护指示和冷冻室工作指示。

2）温控电路。冷柜温控操作面板如图 5-43 所示，左边是冷藏室温控器和温度传感器插孔，右边是冷冻室温控器和温度传感器插孔。

3）压力控制器电路。压力控制器电路插孔如图 5-44 所示，主要用于连接冷凝压力控制

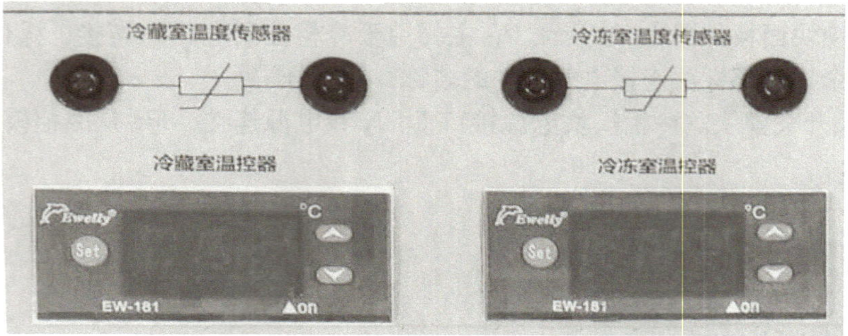

图 5-43　冷柜温控操作面板

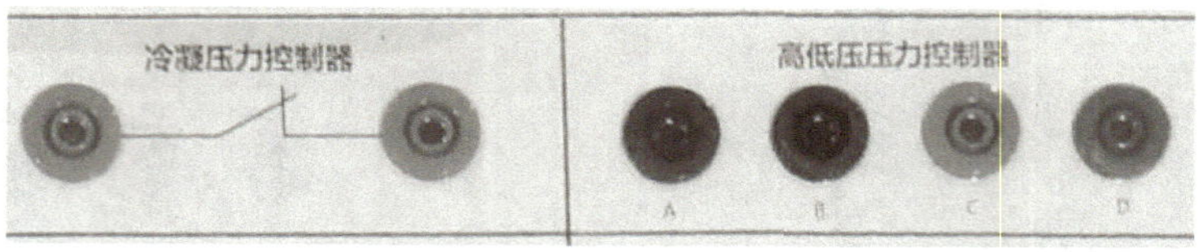

图 5-44　压力控制器面板插孔

器引线和高低压压力控制器引线。左面是冷凝压力控制器引线连接插孔，右面是高低压压力控制器引线连接插孔，高低压压力控制器连接时注意对应连接到 A、B、C、D 插孔。

4）冷柜电气部件电路。冷柜电气部件电路连接插孔如图 5-45 所示，插孔使用颜色做出标注，连接时要注意。

根据接线端子功能表的要求连接。其中压缩机、冷凝器风机、冷冻室风机、冷藏室照明灯和冷冻室照明灯这 5 个电气部件在电路连接时应注意交流电源 L、N 的区分，模块左边的红色插孔表示 L 输出。

5）冷柜模拟故障原理图。冷柜控制模块面板的下方是模拟故障原理图，在原理图上给出了故障点的测量插孔，用于检测时使用，共设置了 14 个故障，测量点使用数字 1～14 表示，如图 5-46 所示。

6）模拟故障考核接口。模块面板的右下角设置了模拟故障考核接口，如图 5-47 所示，电源和排故模块的通信端子连接至此，用于故障排除。

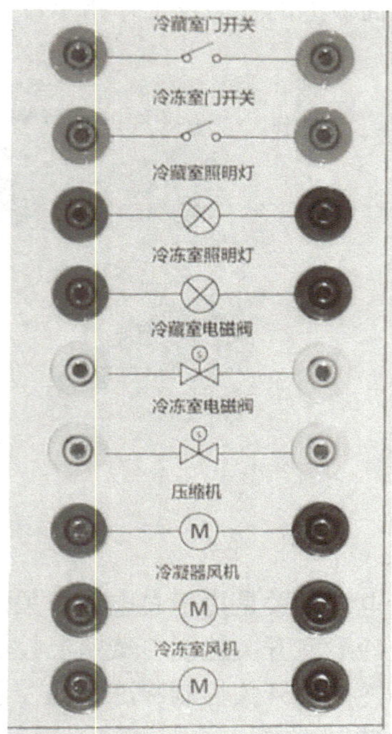

图 5-45　冷柜电气部件连接插孔

3. 双温冷柜模拟故障与检修

（1）冷柜故障码

冷柜设置有 14 个模拟故障，具体内容见表 5-4。

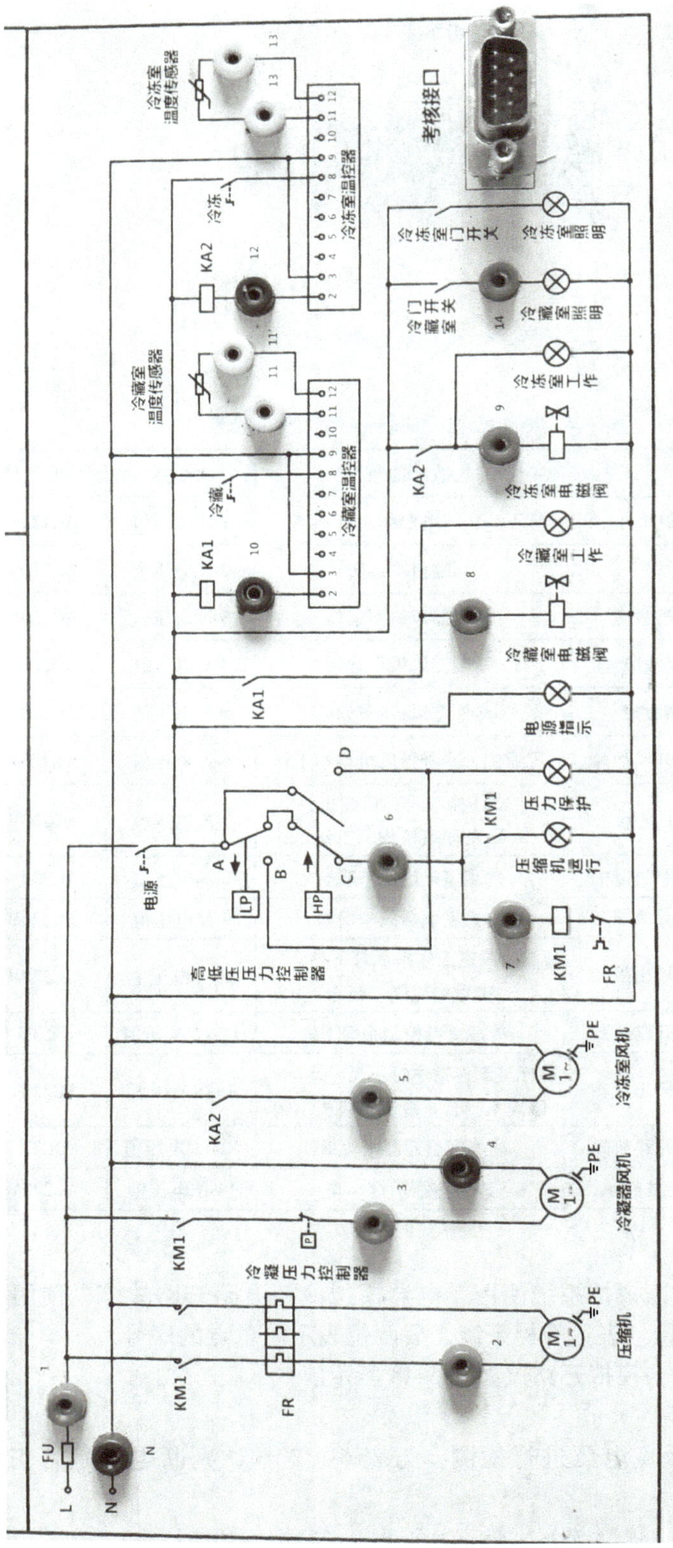

图 5-46　冷柜模拟故障电路

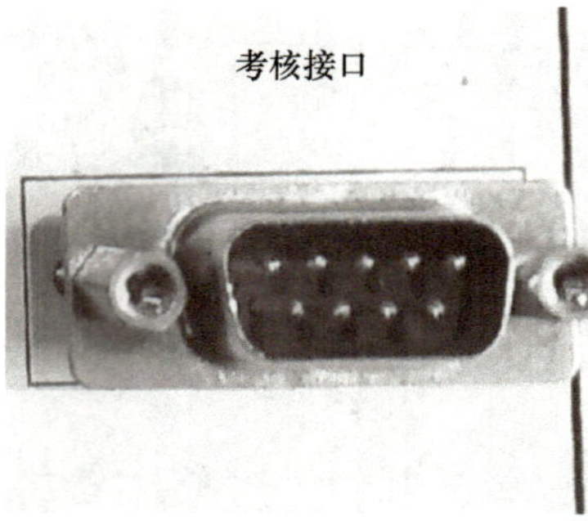

图 5-47　模拟故障考核接口

表 5-4　冷柜故障代码与故障内容对应表

故障码	故障内容	故障现象	测试点	正常数值	故障数值
201	AC220V 电源故障	不开机，电源指示灯不亮	1-N 电压值	AC220V	0V
202	压缩机电路故障	压缩机不运转	2-N 电压值	AC220V	0V
203	冷凝器压力控制器故障	冷凝器风机不运转	3-N 电压值	AC220V	0V
204	冷凝器风机电路故障	冷凝器风机不运转	4-L 电压值	AC220V	0V
205	冷冻室风机电路故障	冷冻室风机不运转	5-N 电压值	AC220V	0V
206	高低压压力控制器开路故障	压缩机、冷凝器风机均不工作	6-N 电压值	AC220V	0V
207	交流接触器 KM1 故障	KM1 未吸合，压缩机、冷凝器风机均不工作	7-N 电压值	AC220V	0V
208	冷藏室电磁阀电路故障	冷藏室电磁阀未吸合	8-N 电压值	AC220V	0V
209	冷冻室电磁阀电路故障	冷冻室电磁阀未吸合	9-N 电压值	AC220V	0V
210	冷藏室温控器控制输出故障	冷藏室工作指示灯不亮，冷藏电磁阀不吸合	10-1 电压值	AC220V	0V
211	冷藏室温度传感器开路故障	冷藏室温控器报警 E1	11-11′电压值	DC3V	0V
212	冷冻室温控器控制输出故障	冷冻室工作指示灯不亮，冷冻电磁阀不吸合，冷冻室风机不转	12-1 电压值	AC220V	0V
213	冷冻室温度传感器开路故障	冷冻室温控器报警 E1	13-13′电压值	DC3V	0V
214	冷藏室照明电路故障	冷藏室指示灯不亮	14-N 电压值	AC220V	0V

（2）故障模拟

冷柜控制模块通过故障模拟系统使用继电器模拟冷柜电路开路故障，使用 201～214 代码表示电路 14 个故障，“2” 表示冷柜系统，后两位表示测量点的序号。

冷柜电路故障测量点与模拟开路点如图 5-48 所示。

（3）故障检修

根据故障现象对测量点电压进行检测，与表 5-4 对照，判断电压是否正常，找出故障点。

201 模拟熔断器开路，测量点 1-N 交流电压为 0，冷柜不通电。

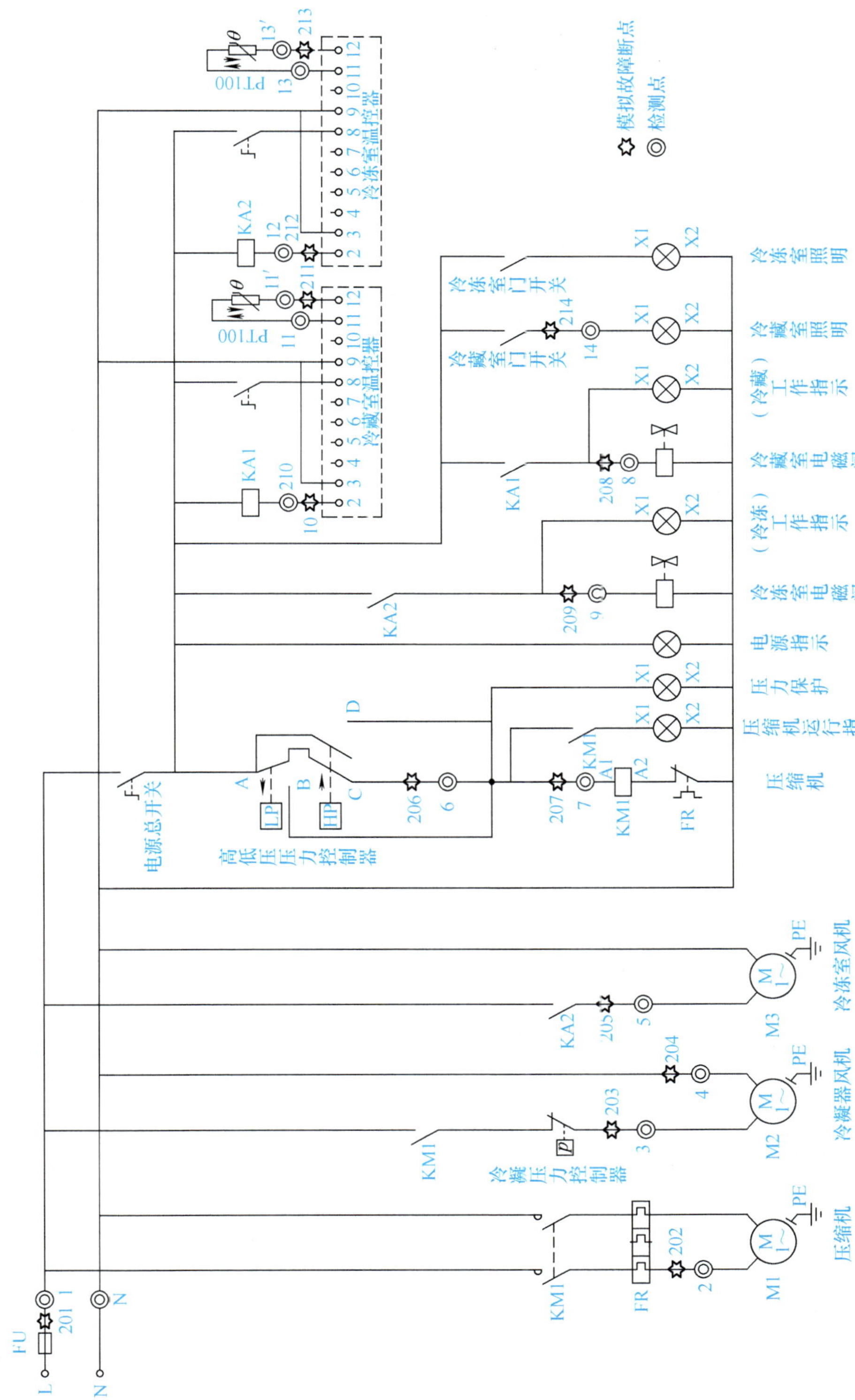

图 5-48　冷柜电路故障测量点与模拟开路点

202 模拟压缩机控制电路接触器 KM1 相线开路，测量点 2-N 交流电压为 0，总电源开关闭合，压缩机不转。

203 模拟冷凝器风机控制电路冷凝压力控制器开路，测量点 3-N 交流电压为 0，电源接通压缩机运行后，冷凝器风机不转。

204 模拟冷凝器风机控制电路 N 线开路，测量点 4-L 交流电压为 220V，电源接通压缩机运行后，冷凝器风机不转。

205 模拟冷冻室风机电路接触器 KA2 相线端开路，测量点 5-N 交流电压为 0，冷冻室风机不转，但冷冻指示灯亮。

206 模拟高低压压力控制器开路，测量点 6-N 交流电压为 0，总电源开关闭合，压缩机、冷凝器风机不转，电源指示灯亮，压缩机指示灯不亮，压力保护指示灯不亮。

207 模拟接触器 KM1 线圈开路，测量点 7-N 交流电压为 0，压缩机、冷凝器风机不转，电源指示灯亮，压缩机指示灯不亮，压力保护指示灯不亮。

208 模拟冷藏室电磁阀线圈电路开路，测量点 8-N 交流电压为 0，冷藏室电磁阀不动作，但冷藏室工作指示灯亮。

209 模拟冷冻室电磁阀线圈电路开路，测量点 9-N 交流电压为 0，冷冻室电磁阀不动作，但冷冻室工作指示灯亮。

210 模拟冷藏室温控器内部开关开路，测量点 10-1 交流电压为 220V，冷藏室电磁阀不动作，冷藏指示灯不亮。

211 模拟冷藏室温度传感器在温控器内开路，测量点 11-11′直流电压为 0，显示屏显示“E1”。

212 模拟冷冻室温控器内部开关开路，测量点 12-1 交流电压为 220V，冷冻室电磁阀不动作，冷冻指示灯不亮，冷冻室风机不转。

213 模拟冷藏室温度传感器在温控器内开路，测量点 13-13′直流电压为 0，显示屏显示“E1”。

214 模拟冷藏室照明电路门控开关开路，测量点 14-N 交流电压为 0，冷藏室开门灯不亮，但冷冻室开门灯亮。

基本技能

1. 熟悉冷柜控制原理图

1） 分析冷柜电气控制原理图。

2） 分析系统正常与故障时测量点参数的变化。

3） 分析模块内部电路结构。

①冷柜控制与故障模拟电路结构。

②认识模块内部继电器 KA1、KA2、接触器 KM1、热继电器 FR 等，熟悉模块内部电路接线。

③调节热继电器 FR 的保护电流值到 3.5A（冬季可调节到 2.5A）。

2. 模拟故障点检测

1） 熟悉故障代码和含义，以及测量点的测量操作。

2） 依次记录每个测量点的电压或电阻参数。

3）依次模拟冷柜模块的每个故障，进行测量点检测，与正常数据进行对比分析。

3. 冷柜模块排故训练

1）每次设置5个故障点，进行排故训练。

2）填写排故记录至表5-5中。

表5-5　双温冷柜电气排故检测记录

序号	1	2	3	4	5
测试点标号					
测试数据					
故障代码					

说明：测试点标号是指在PCB上的测量点标注的数字、字母或铝面板上的文字；测试数据是指故障电压值、电阻值及电容值等；故障代码是指备选故障的编号。

项目6

双温冷柜电气线路装接与调试

任务1　双温冷柜电气控制系统的连接

基本知识

1. 电气布线标准

1）手工布线时，应符合走线平直、整齐、紧贴敷设面、走线合理、接点不松动、便于检修等要求。走线通道应尽可能少，同一通道中的沉底导线，按主、控电路分类集中，单层平行密排或成束，应紧贴敷设面。

2）同一平面的导线应高低一致或前后一致，不能交叉。当必须交叉时，可水平架空跨越，但必须走线合理。

3）布线应横平竖直，当线路需改变走向时，应弯曲 90°。

4）上下触点若不在同一垂直线下，不应采用斜线连接。

5）导线与接线端子连接时，应不压绝缘层、不反圈及露铜长度不超过 1mm。并做到同一元件、同一方向不同接点的导线间距离保持一致。

6）一个接线端子上的连接导线不得超过两根。

7）布线时，严禁损伤线芯和导线绝缘。

8）导线截面积不同时，应将截面积大的放在下层。

9）如果线路简单，可不套编码套管。

10）导线的规格和数量应符合设计规定；当无设计规定时，包括绝缘层在内的导线总截面积不应大于线槽截面积的 60%。

11）线槽应平整、无扭曲变形，内壁应光滑、无毛刺。

12）强、弱电端子应分开布置。

2. 电气导线接线标准

1）导线接头包缠绝缘强度不能低于原导线绝缘强度，连接要牢固、紧密，包扎要良好。

2）导线表皮无烫伤、夹破现象，不得有铜丝散开。露出焊点外的铜丝必须上锡，露铜长度不超过 1mm，导线表皮不允许浸入焊锡。

3）剥除导线绝缘层应采用专用剥线工具，不得损伤线芯，也不得损伤未剥除的绝缘层，切口应平整。线芯和绝缘层端面应整齐并尽可能垂直于线芯轴心线。线芯上不得有油污、残渣等。

4）导线与电气元件间采用螺栓联接、插接、焊接或压接等，均应牢固可靠。

5）紧固件应有镀锌或其他可靠金属的防蚀层。

6）导线接头要紧密、牢固，不能增加导线的电阻值。

7）导线接头受力时的机械强度不能低于原导线的机械强度。

8）导线接头包缠绝缘强度不能低于原导线绝缘强度，连接要牢固、紧密、包扎要良好。紧固接线用力要适中，防止用力过大将螺栓螺母滑扣，发现已滑扣的螺栓螺母应及时更换，严禁将就作业。

9）用螺钉旋具紧固或松动螺钉时，必须用力使螺钉旋具顶紧螺钉，然后再进行紧固或松动，防止螺钉旋具与螺钉接触点打滑，造成螺钉损伤而不易拆装，尤其是拆装挂箱内的断路器。

10）发现难于拆卸的螺栓螺母，应给予适当敲打，或涂抹螺钉松动剂、稀盐酸等稍后再进行拆卸防止造成变形更难于拆卸。

11）不要用老虎钳紧固或松动螺栓螺母，以防造成损坏，用活扳手时要调整好开口，防止将螺栓螺母损坏变形，造成拆装困难。

12）同一接线端子最多允许接两根相同类型及规格的导线。

13）导线接头或接线端子互相连接时，中间严禁加装非铜制或导电性能不好的垫片。

14）导线接头连接时，要求接触面光滑且无氧化现象，接线端子或铜排相接时，可将接触表面清理干净后涂抹导电膏，然后再进行紧固。

15）使用绝缘胶带缠绕电缆或其他需要保护绝缘的设备时，绝缘胶带要以压置1/2胶带宽度（称为半迭包）从一端缠绕到另一端，且至少往返一次。

3. 常用电气控制线路制作工具

常用电气控制线路制作工具、材料清单见表6-1。

表6-1 常用电气控制线路制作工具、材料清单

序号	名称	图示	规格	序号	名称	图示	规格
1	剥线钳		可选	3	螺钉旋具	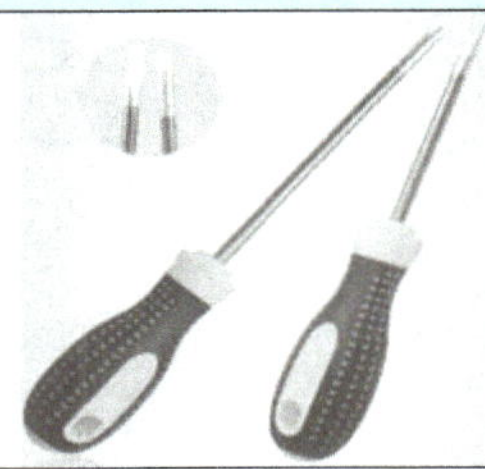	中号
2	电烙铁	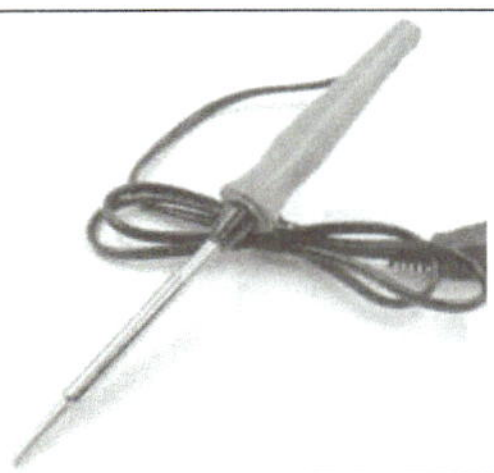	50W 可选	4	电工剪刀		可选

（续）

序号	名称	图示	规格	序号	名称	图示	规格
5	管状端子压线钳		可选	8	U 形冷压接线端子	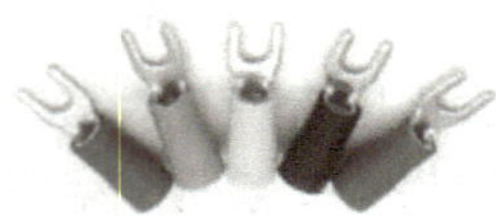	可选
6	插簧压线钳		可选	9	焊锡丝		可选
7	压线帽（管型端子）	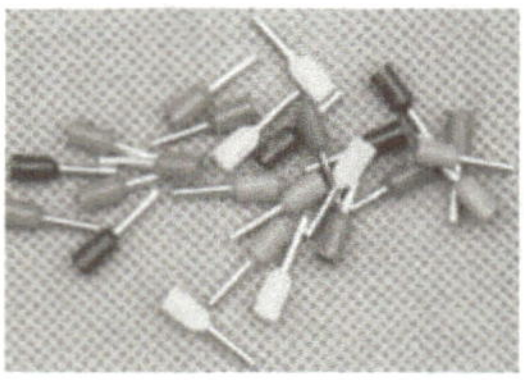	可选	10	号码管		可选

4. 基本操作方法

（1）标准插针压接方法

插针压接标准如图 6-1 所示，导线表皮应穿过压接处靠近后喇叭口，线芯穿过前喇叭口 1mm 左右进行压接。线芯剥皮太长会导致导线表皮没压到插针里而导致线芯易断，或者穿出前喇叭口的线芯太长导致线芯分散而接触不良；线芯过短则导致喇叭口压住导线表皮或喇叭口与线芯接触面积少而接触不良。

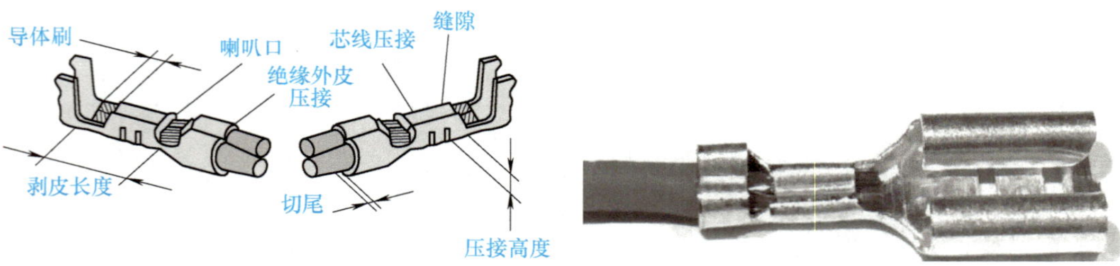

图 6-1　插针压接标准图

在插针压接时若不按标准操作将导致压接不良的情况发生，可能压上线时看上去挺结实，但通电之后就会出现接触不良的现象。接在设备上之后常常要花上很多工夫去查错误的原因，给工程进度带来一定影响。常见的错误压接如图 6-2 所示。

（2）管状冷压端子压接方法

1）将单股线剥除绝缘层 8mm 左右，与图 6-3a 中的 A 部分长度相当。将线芯拧成一股，如图 6-3b 所示。

图 6-2 常见错误压接

注意：在剥线过程中如果将线芯剪断几股，如图 6-3c 所示，则需要将此部分剪掉重新剥线，并且线芯的每股线最好平齐，不要有长有短，导致剥出来的线芯为锥形。

a) b) c)

图 6-3 管状冷压端子压接

2）不同型号线对应不同型号的管状冷压端子，不允许任意匹配型号。

3）绝缘层插至管状冷压端子的管状部分一端，如图 6-3a 中 B 部分。不允许连绝缘层直接插入管状部分。

4）将线芯拧紧后的线头部分插入图 6-3a 的 A 部分，不允许有部分线芯未插入现象，也不允许有线芯短于图 6-3a 的 A 部分。

5）使用工具清单中的管状端子压线钳压接。

6）压接完成后用手拉导线，不允许出现将导线拉离管状冷压端子的现象。如果线芯长于管状端子头，要求将长出部分剪掉。图 6-3a 中的 B 部分与单股线交界处不允许露线芯。

7）冷压端子安装如图 6-4 所示，压片必须完全压在管状冷压端子金属头上。

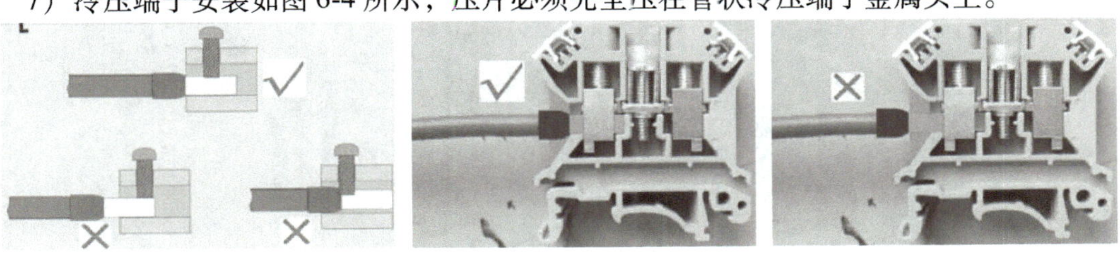

图 6-4 冷压端子安装

（3）电烙铁的使用及焊接类型

1）拿电烙铁的方法如图 6-5 所示，有反握法、正握法和握笔法三种。

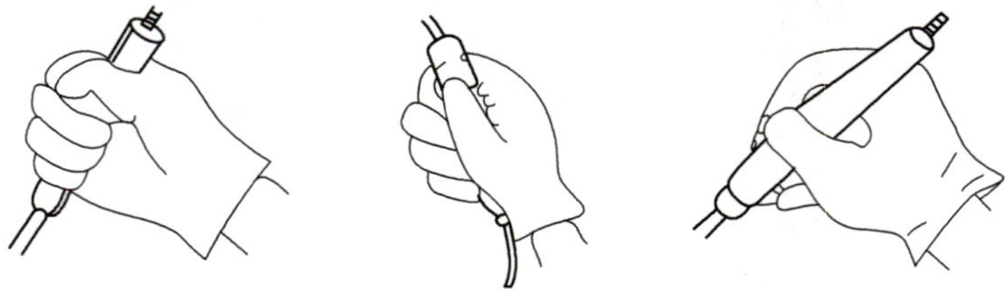

a) 反握法　　b) 正握法　　c) 握笔法

图 6-5　电烙铁的握法

2）焊接时，应使电烙铁温度达到 300℃左右，温度太低锡丝不易熔化，温度太高容易将元器件烫坏，并且对电烙铁也有很大的损害。焊接步骤如图 6-6 所示。

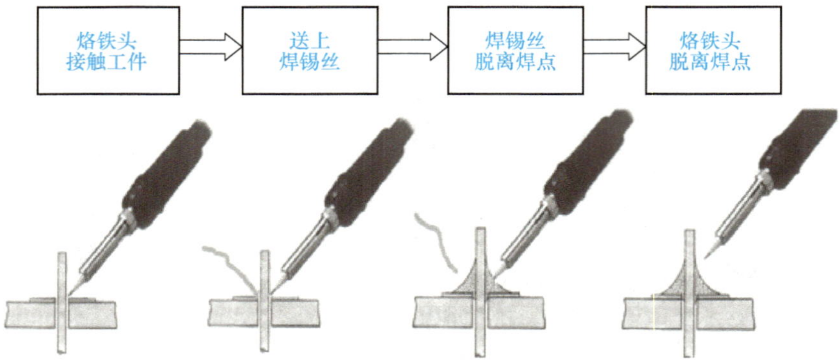

图 6-6　焊接步骤

将电烙铁头抵在元器件焊接面一侧，1～2s 在另一侧插入焊锡丝，待焊锡丝浸润良好后将焊锡丝撤离，然后将电烙铁头撤离，整个过程不应超过 5s。

焊接处理不良的情况如图 6-7 所示。

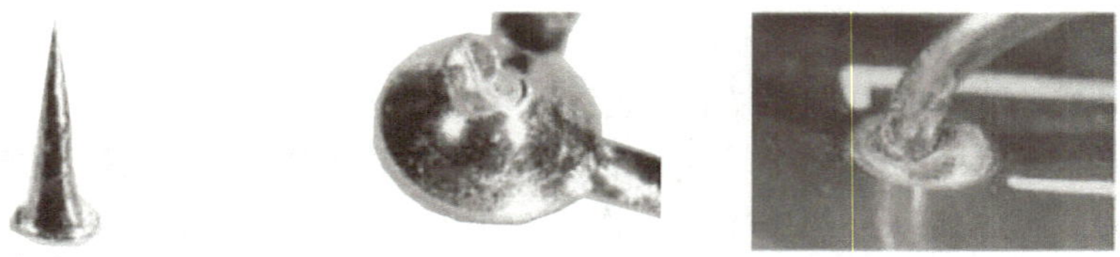

锡尖　　裂锡　　少锡

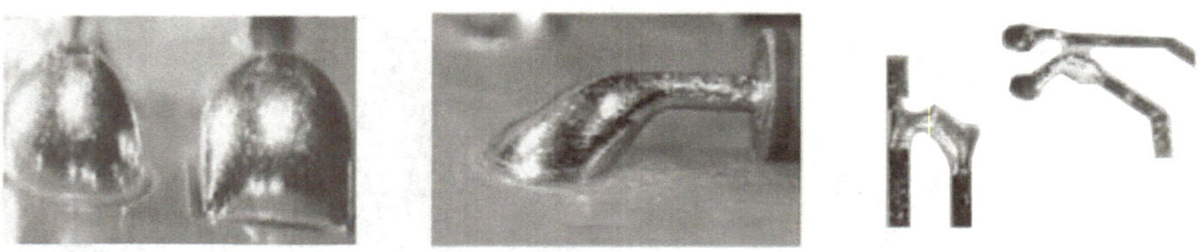

包焊　　锡多　　短路

图 6-7　锡焊不良情况

3）焊接类型。

图 6-8　剥线

①导线与元器件的焊接。首先，将导线剥除 3~5mm 绝缘层，如图 6-8 所示，将线芯拧紧后镀上锡，然后在元器件上镀锡（焊锡应该均匀分布在焊接点上），电烙铁与元器件接触 1~2s，将处理好的导线头放在元器件焊接点上，待线与元器件完全被焊锡浸润移开电烙铁。完成整个过程不应超过 5s。焊好之后套上相应的热缩管以防止焊接点碰到其他带电设备而发生短路。

图 6-9 所示为 U 形冷压接线端子锡焊处理方法。在线与 U 形叉接触的圈内镀满锡，将剥出的线芯完全放入圈内，然后移开电烙铁，如图 6-9 所示。

图 6-9　U 形冷压接线端子锡焊处理方法

②线与线的焊接。

基本步骤：剖削绝缘层→缠绕线头→包锡→保护。

将需对接的两个线头都剥除绝缘层 10~15mm，要求剥除后的两段线芯长度相当；将散乱的铜丝拉直后相互缠绕，如图 6-10 所示，保证缠绕紧密无缝隙。

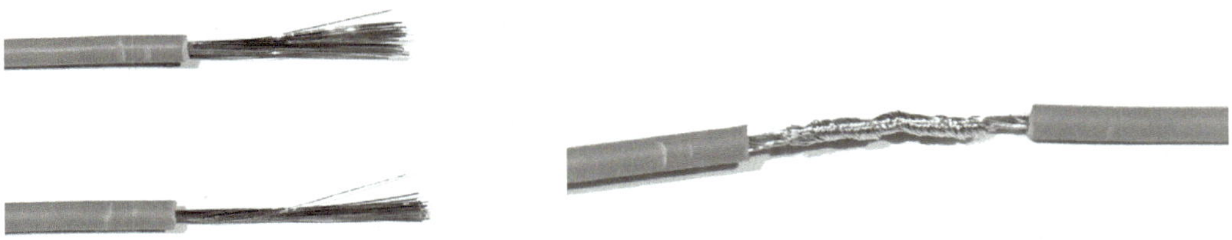

图 6-10　导线连接

用电烙铁加热铜丝缠绕处，将焊锡融入其中，保证连接牢固，如图 6-11 所示。

图 6-11　上锡

在铜丝裸露处套上热缩管进行保护，如图 6-12 所示。

图 6-12　套热缩管

接线合格标准：导线表皮无烫伤、夹破现象。不得有铜丝散开。露出焊点外的铜丝必须上过锡、露铜长度不应超过 1mm，导线表皮不允许浸入焊锡。

基本技能

1. 双温冷柜电气控制线路的连接

根据任务要求选用合适的导线及器件，完成双温冷柜电气控制线路的连接。

技术要求：

①导线使用要求：传感器选用 0.5mm^2 导线，执行部件选用 1mm^2 导线，接地线选用 1mm^2 绿-黄双色导线。

②与端子排连接的导线接头须采用冷压端子连接。

③连接导线两端均应套号码管，号码管上的数字标识方向要一致。

④线槽内布线要平整美观，执行部件的连接导线沿线槽内侧布放，传感器的连接导线沿线槽外侧布放，并用扎带分别固定。

⑤对于不在线槽内布线的连接导线，应合理使用缠绕管对连接导线进行绑扎。

⑥连接电源及考核模块、双温冷柜电气控制模块与操作台上接线端子排的插接线，逐一按不同器件分开捆扎，间距为 80~100mm。

⑦电源及考核模块上的交流电流表显示双温冷柜的压缩机电流。

⑧完成制冷剂充注及参数设置后，通电测试各执行部件的功能是否正常。

双温冷柜电气接线端子排分配见表 6-2。

表 6-2　双温冷柜电气接线端子排分配表

端子排号	设备或器件	端子排号	设备或器件
4	接地线	19	冷冻室风机 L
5	压缩机 L	20	冷冻室风机 N
6	压缩机 N	21	冷冻室照明灯 L
7	冷凝器风机 N	22	冷冻室照明灯 N
8	冷凝器风机 L	23	冷藏室照明灯 L
9	冷冻室电磁阀线圈	24	冷藏室照明灯 N
10	冷冻室电磁阀线圈	25	冷冻室门开关
11	冷藏室电磁阀线圈	26	冷冻室门开关
12	冷藏室电磁阀线圈	27	冷藏室门开关
13	冷凝压力控制器	28	冷藏室门开关
14	冷凝压力控制器	29	冷藏室传感器
15	高低压压力控制器 A	30	冷藏室传感器
16	高低压压力控制器 B	31	冷冻室传感器
17	高低压压力控制器 C	32	冷冻室传感器
18	高低压压力控制器 D	33	

材料清单见表 6-3。

表 6-3 材料清单

序号	名称	规格	数量	备注
1	导线（黄色、绿色、绿-黄色）	0.4mm^2	若干	
2	导线（红色、黑色）	0.75mm^2	若干	
3	RV 线（传感器线）	1.0mm^2	若干	
4	RV 线（执行部件线）	1.0mm^2	若干	
5	RV 线（地线）	0.75mm^2	若干	
6	管型冷压接线端子	0.75mm^2	若干	
7	U 形冷压接线端子	0.75mm^2	若干	
8	号码管	1~64	2 根	

工具清单见表 6-4。

表 6-4 工具清单

序号	名称	规格	数量	备注
1	压线钳	可选	2	
2	剥线钳	可选	1	
3	剪刀	可选	1	
4	十字螺钉旋具	中号	1	

操作步骤：

1）准备阶段，如图 6-13 所示，依据实际接线图分拣号码管。

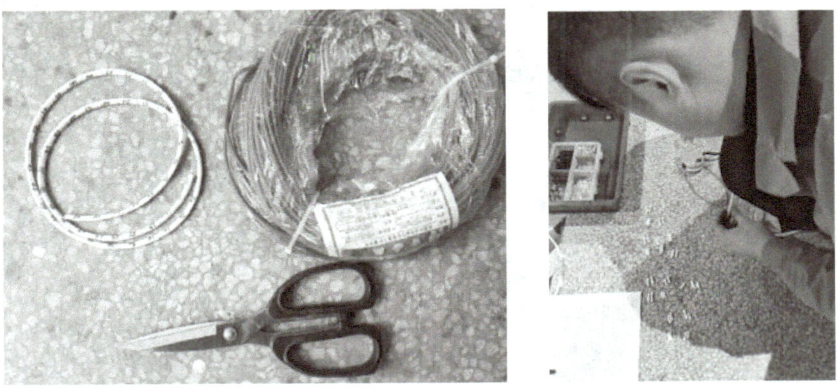

图 6-13 准备工作

2）依据实际接线图零部件的分布及任务要求截取相应规格及长度的导线，如图 6-14 所示。

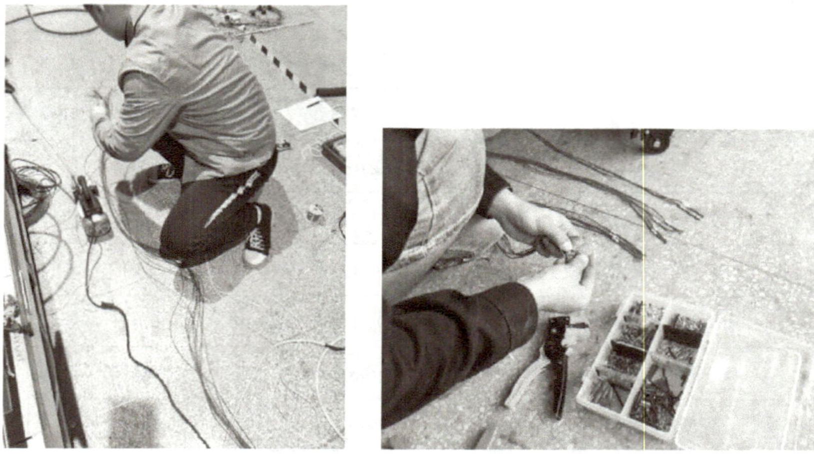

图 6-14　分割及整理导线

3）对截取的线缆依次进行双头套号码管、剥线、管状冷压端子加工、接入端子排、线缆对接、冷压端子、接入设备、制作电源线、连接设备导线等操作，详见表 6-5。

表 6-5　接线端子排制作及连接

步骤	图　示	
套号码管		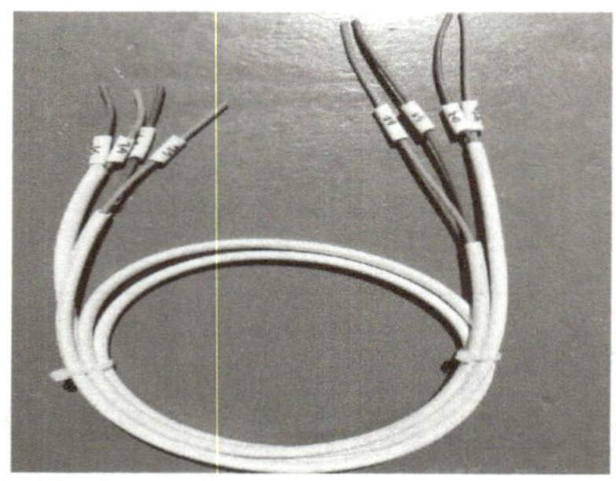
	双头套号码管，便于线路连接和检修时查找	
剥线	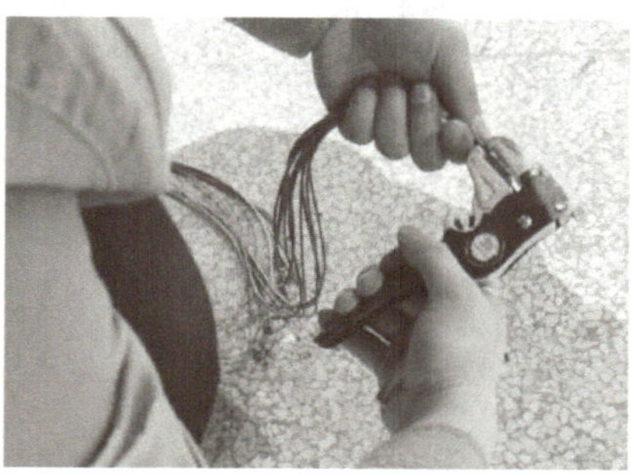	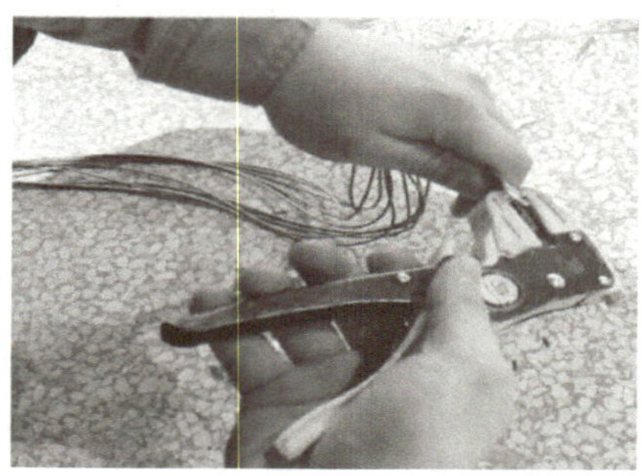
	剥线长度：用于压线帽约 8mm，用于导线连接约 15mm	

（续）

步骤	图　　示	
制作压线帽	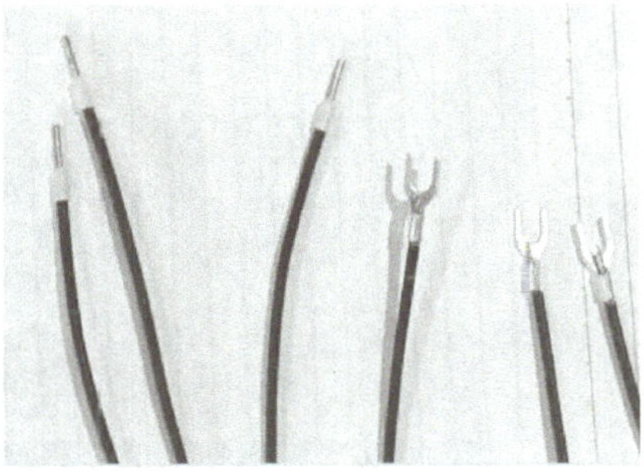	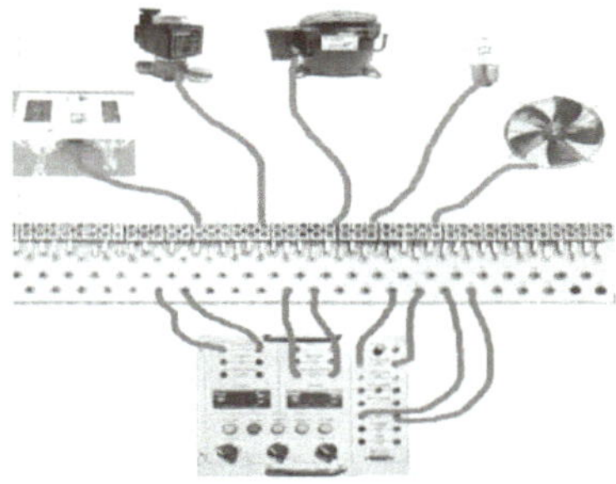
	依据冷压端子制作规范制作并检查端子质量，并依据图例进行连接	
接入端子排	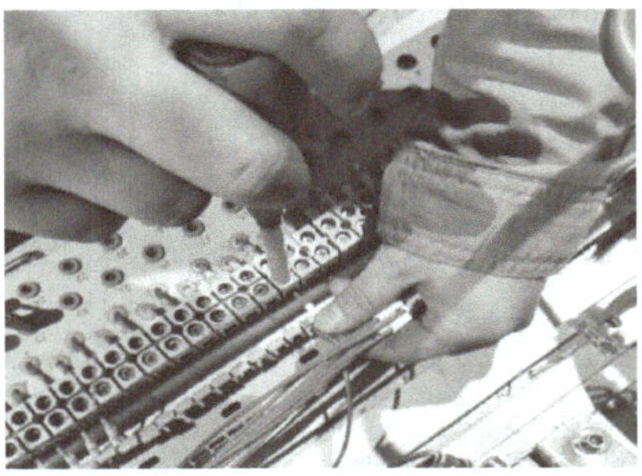	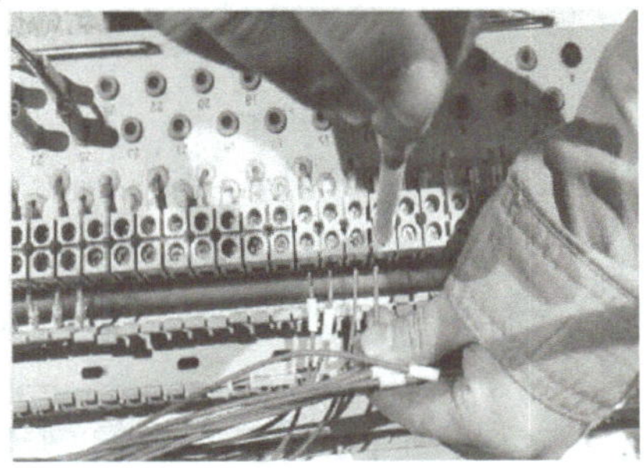
	依据接线图将导线接入端子排	
接入设备	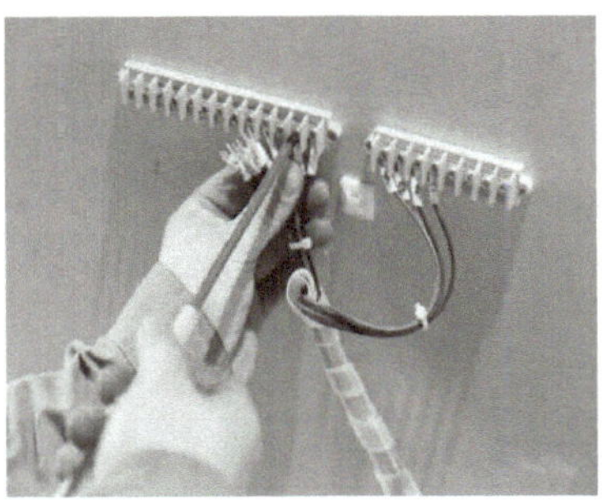	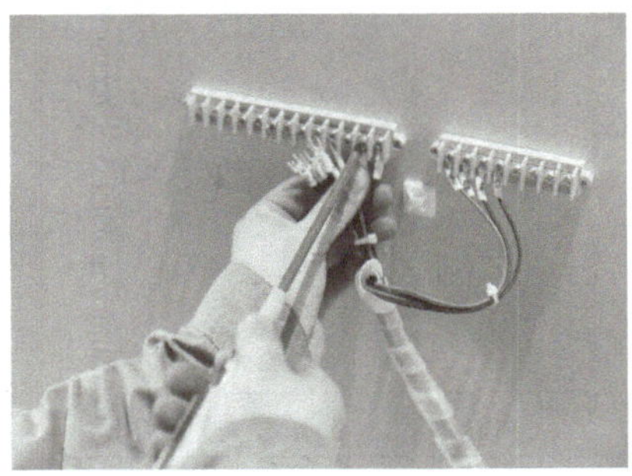
	依据接线图依次接入双温冷柜柜本端子排	
连接设备导线	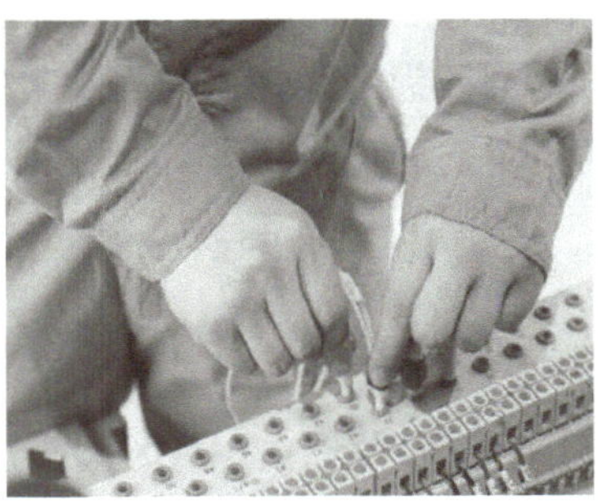	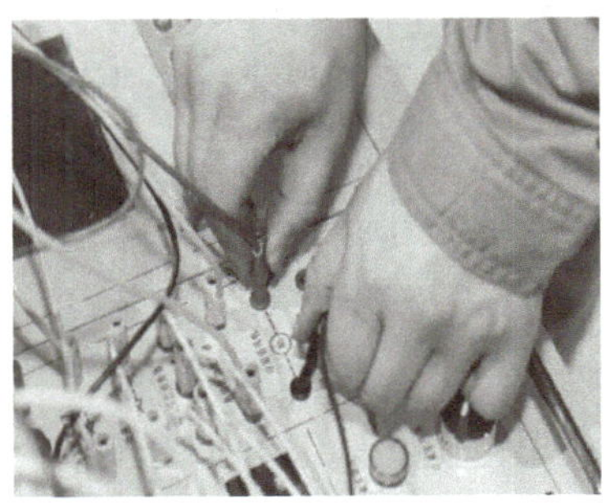
	依据接线图连接强电部分（用红、黑色导线），弱电部分（用黄色导线）接入控制挂箱	

（续）

步骤	图示	
接线规范	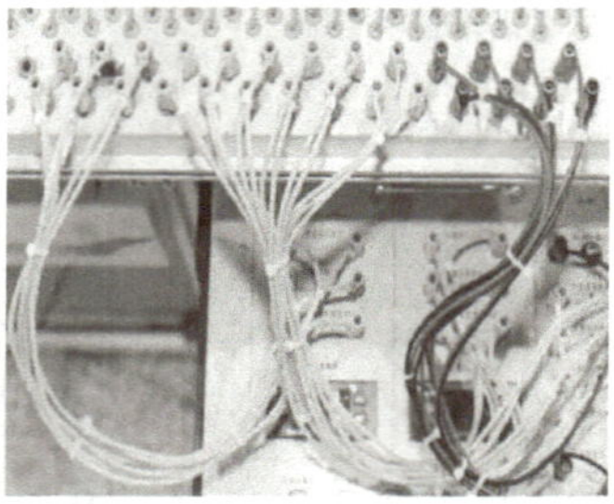 	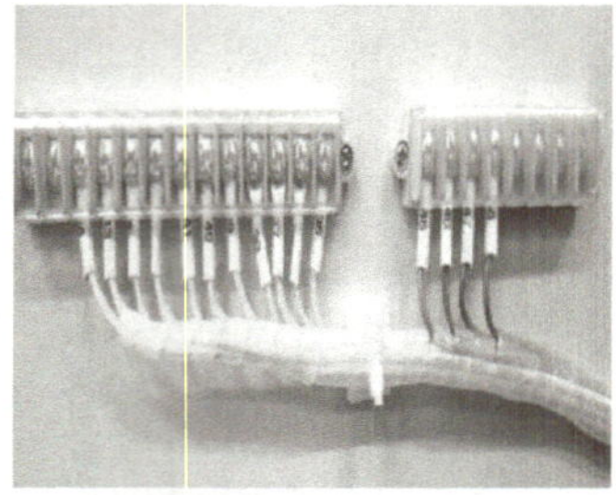 
	强、弱电分开布设，号码管前后一一对应，号码管数字正面朝上	
整理	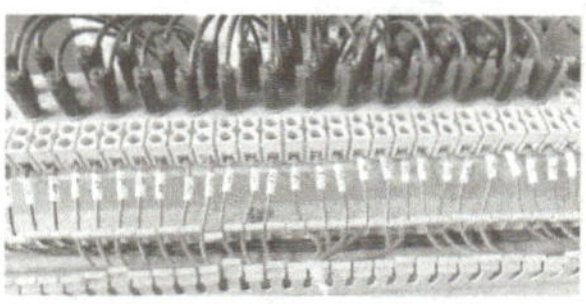 	
	余线用缠绕管包裹，盖上线槽盖	

2. 8 路温度巡检仪的安装与连接

8 路温度巡检仪是同时连接 8 路温度传感器，测量 8 个点温度的一种仪器。它是一种采用计算机技术的智能仪表，采用双排数码管分别同时显示温度测量值与当前通道，当前通道同时有指示灯显示，可用手动或自动巡回检测，可与计算机 RS485 串口通信或定时打印。

仪表主要技术指标：

①精度：0.5%F S 1.0 个字。

②输入信号：热电偶 K。

③测温范围：k(0.0~200.0℃；0~600℃；0.0~1300.0℃；0.0~100.0℃）可自定义任一量程温度。

④报警继电器触点容量：220V、3A（阻性）。

⑤工作电源：交流 220V(±10%)、50Hz，功耗小于 5W。

⑥正常工作环境：温度 0~50℃、相对湿度 35%~85%的无腐蚀性气体场合。根据图 6-15 完成 8 路温度巡检仪的连接与安装。

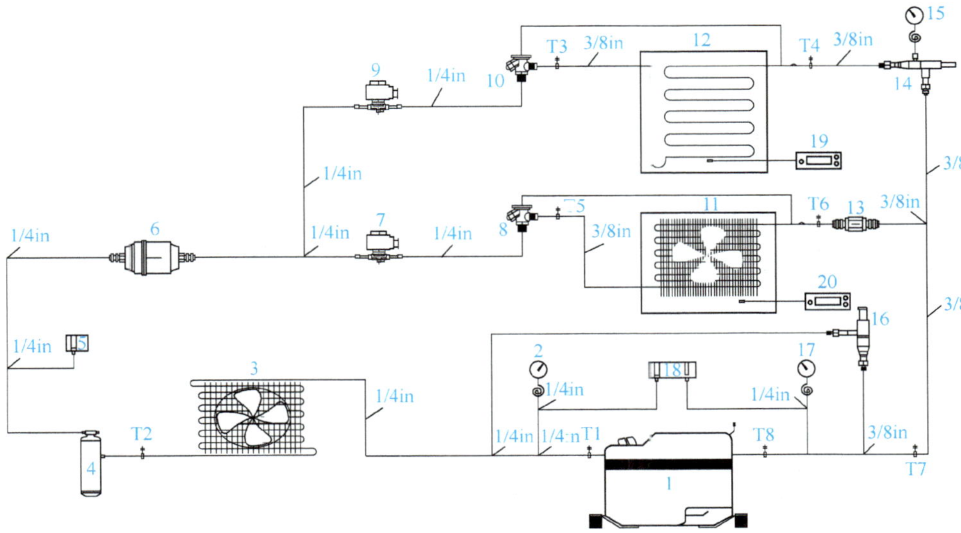

序号	名称	序号	名称	序号	名称	序号	名称
T1	压缩机排气温度	T3	冷藏蒸发器进口温度	T5	冷冻蒸发器进口	T7	混合点温度
T2	冷凝器出口温度	T4	冷藏蒸发器出口温度	T6	冷冻蒸发器出口	T8	压缩机吸气温度

图 6-15 8 路温度巡检仪的安装位置图

8 路温度巡检仪的连接详见表 6-6。

表 6-6 8 路温度巡检仪的连接

步骤	图示	
8 路巡检仪		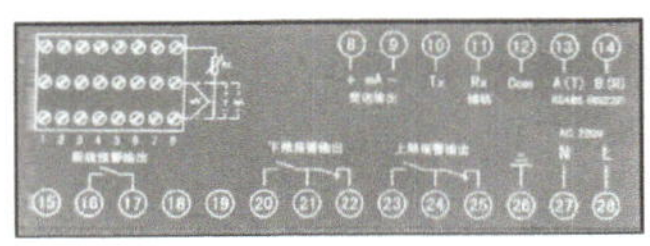
感温头与巡检仪连接	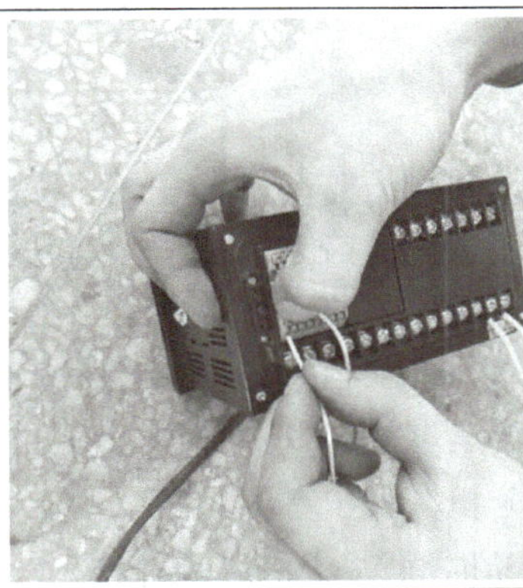	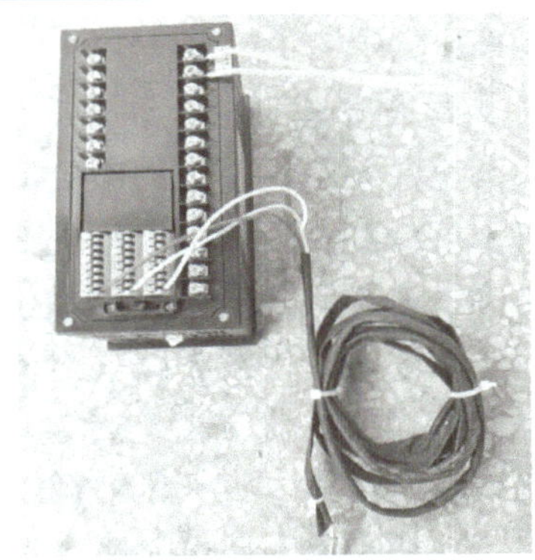

（续）

步骤	图示	
接入系统	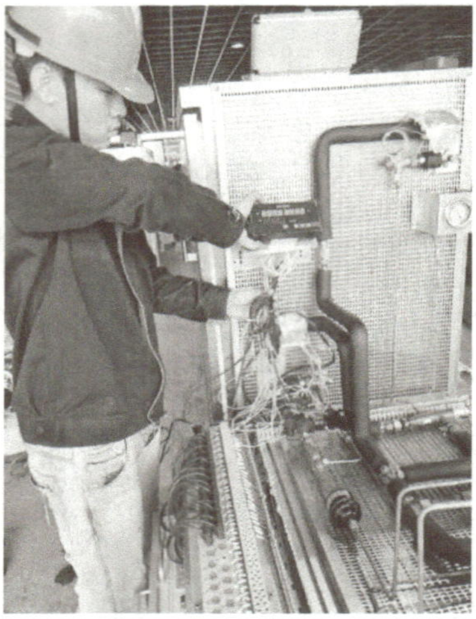	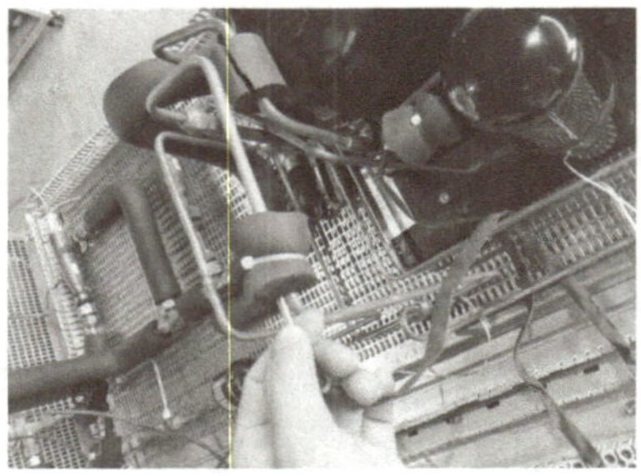
依据 T1 ~ T8 位置将感温头接入系统		

任务 2　双温冷柜的运行与调试

基本知识

连接完双温冷柜电气控制系统后，通常还要对其运行调试，在运行调试双温冷柜时可能会出现制冷异常的情况。这时，就需要我们来确定这些异常是由于热力膨胀阀、蒸发压力调节阀等部件偏离最佳工作点引起的，还是因为制冷剂不足，干燥过滤器堵塞滤网、风机等其他原因所引起的。

1. 制冷剂充注量

由于冷柜总是工作在不同的环境中，因此制冷系统在不同的环境温度下所要求的制冷剂的量也不同。

（1）制冷剂充注不足

制冷剂充注不足反映出的参数特征是：蒸发器结霜或结露不满；压缩机吸、排气压力下降；吸气温度偏高；压缩机电动机工作电流下降；压缩机运行声音变低。直接结果是机组制冷效率下降，达不到预期制冷效果。

值得注意的是，供液管路（过滤网、毛细管等）堵塞时也会出现上述现象。膨胀阀调节太小也会造成蒸发器结霜或结露不满，机组制冷效果下降，这时即使制冷剂过量，蒸发器仍然结霜或结露不满，吸气压力低。这就需要综合分析，找出不同特征。

冰堵：冰堵现象为断续制冷（制冷时间小于中断时间），压缩机不停机。开机一段时间停机查看过滤器及毛细管的温度变化，如果过滤器和毛细管发冷甚至结露，就说明过滤器存在半堵（微堵）现象。

脏堵：冷柜制冷系统全堵时听不到管路里制冷剂循环（流动）的声音，节流装置也无制冷剂通过的振动感。压缩机运转后不制冷、不停机、运转温度逐渐升高，冷凝器和蒸发器的温度与常温几乎一样；半堵（微堵）时虽然照样能听到管路里制冷剂循环的声音，但声音感觉不强劲，制冷温度下降缓慢，蒸发器结霜不结实，后续甚至不结霜，温控器不动作，压缩机不停机，干燥过滤器和毛细管发冷甚至结露，与系统缺氟现象基本相同。

区分冰堵与脏堵的方法：只要停机一段时间（让蒸发器恢复至常温）再开机是否会制冷就能分辨是冰堵还是脏堵了。脏堵一般不能自行恢复系统循环。

（2）制冷剂充注过量

制冷剂充注过量在蒸发器和冷凝器上都有特征表现，如果节流器（毛细管、膨胀阀）不能完全自动调节，那么供液过量后蒸发不完的液体会回到压缩机中，使压缩机外壳结霜或结露，图 6-16 所示为压缩机外壳结霜。

图 6-16　压缩机外壳结霜

如果节流器能完全自动调节，或者人为调小膨胀阀的供液量，那么压缩机回气管结霜或结露正常，多余的制冷剂液体会存储在高压部分。对于没有高压储液器的系统，多余的液体制冷剂就储存在冷凝器中。这时表现的特征是冷凝压力升高，蒸发压力和蒸发温度也升高，制冷效率下降，降温速度慢，机组工作电流升高，机组工作声音变得沉闷。

如果制冷系统内有大量空气，也会出现这种特征，但它们还有其他的特征，那就是制冷剂过量时，对于风冷冷凝器，散热翅片上部发热，下部因存储液体发凉；对于水冷冷凝器（卧式壳管式），壳管高度方向上部发热面积小，而下部因存储过多液体制冷剂而使发凉面积变大。系统有空气但制冷剂量正常时没有这一特征。

（3）常见制冷剂的充注方法

双温冷柜制冷系统经过检漏、抽真空后，就可以加注制冷剂了，制冷剂加注量的多少直接影响双温冷柜的制冷效果。所以，加注时必须严格控制制冷剂的加注量，实际操作中，加注制冷剂可采用下述几种方法。

1）定量加液法。定量加液法是用专门的定量加液器充注。图 6-17 所示是利用三通检修阀抽真空和定量加液器进行充注的管路连接图。充注时，先从加液器中放出微量制冷剂，使连接管路中的空气排出，然后拧紧阀门。

首先，起动真空泵，抽真空 30min。然后开启定量加液器截止阀，起动压缩机，制冷剂即进入制冷系统中。充注过程中应密切注视定量加液器的液位变化，到达充注量时关闭阀门。再用热毛巾将充液管路加热，以便使管内残留的制冷剂减少到最低限度。

2）称量加液法。采用称量加液法进行充注如图 6-18 所示。事先准备一个电子秤，将制冷剂钢瓶放在电子秤上，瓶口朝下，使制冷剂液面高于瓶口，保证充入制冷系统的是液态制冷剂，以减少不凝性气体进入制冷系统。

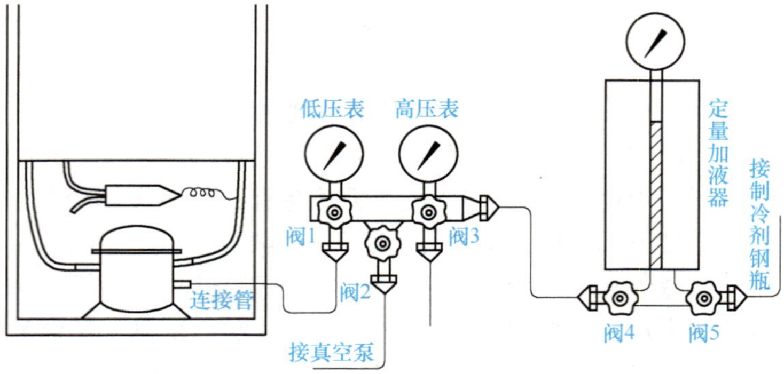

图 6-17　定量加液法充注的管路连接

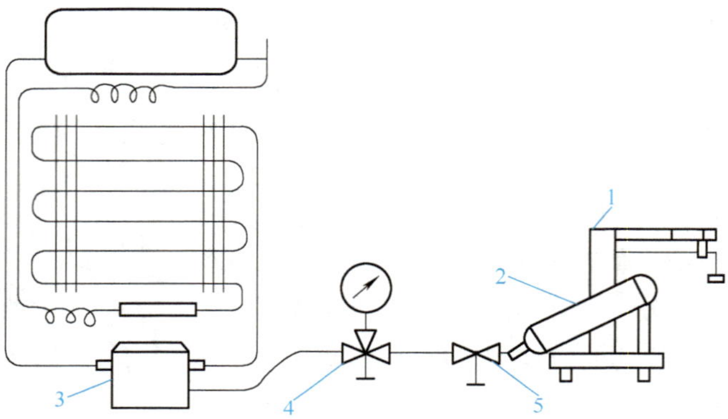

图 6-18　称量加液法

1—磅秤　2—制冷剂钢瓶　3—压缩机　4—三通检修阀 V1　5—加液阀 V2

如图 6-18 所示，正式充注制冷剂之前，先使连接管与三通检修阀 V1 的连接松动，连接螺母不要拧紧，并稍微打开加液阀 V2，放出一些制冷剂，以便将连接管内的空气完全排除。当听到“嘶嘶”声时，说明排出的已经是制冷剂，这时可以旋紧连接管与 V1 的连接螺母，并关闭制冷剂钢瓶上的加液阀 V2。称出这时候制冷剂瓶的质量，然后减去制冷剂的充注量，调节好电子秤模式。

开始充注制冷剂时，先旋转三通检修阀的针阀杆，打开 V1 的通道，再缓慢地打开加液阀 V2，将制冷剂缓慢地注入制冷系统内。在充注过程中，要注意电子秤的读数，当数值达到要求的充注量时，说明制冷剂的充注量已经够了，要立即关闭制冷剂钢瓶上的加液阀 V2 和三通检修阀 V1，连接设备电源，通过系统吸力将软管里的制冷剂吸入制冷系统。

3）控制低压压力法。低压压力的高低是由充注制冷剂的多少决定的。充注制冷剂多，低压压力就高，蒸发温度也高；充注制冷剂少，低压压力就低，蒸发温度也低。低压压力的高低还易受环境温度变化的影响，在不同的季节充注制冷剂时，应把低压压力控制在不同的数值上。冬天气温低，低压压力应稍低些，为 0.05~0.07MPa；夏天气温高，低压压力一般可控制在 0.08~0.1MPa。

此种注液方法可参照称量加液法，不同的是可以不用电子秤，但其操作步骤基本相同。

控制低压压力虽然能判别制冷系统制冷剂的充注量，但由于影响制冷系统低压压力的因素较多，制冷剂充注量的误差也较大，因而还应通过观察制冷系统主要部件的温度及其变化，才能确定制冷剂充注量的准确性。

观察双温冷柜上、下蒸发器的结霜情况。制冷剂充注量合适时，上、下蒸发器表面结霜均匀，霜薄而光滑，用湿手接触蒸发器表面有黏手感。当制冷剂充注量不足时，则蒸发器上结霜不匀，甚至只有部分结霜。对于制冷剂先进入下蒸发器然后到上蒸发器循环的电冰箱，会出现冷藏室温度低，而冷冻室温度降不下来的现象。当制冷剂充注量过多时，则蒸发器上结浮霜，冷冻室内的温度达不到设计的温度要求。

通过摸冷凝器上的温度判断制冷剂充注量：制冷剂充注量准确时，冷凝器上部管路发热烫手，整个冷凝器从上到下散热均匀。若充注量过多，则冷凝器上的大部分管路发烫。若充注量不足，则冷凝器管路上部只有温热，而下部管路不发热。

通过摸干燥过滤器和毛细管上的温度判断制冷剂充注量：制冷剂充注量准确，干燥过滤器有热感。若干燥过滤器上温度较高，则说明制冷剂充注量过多。若干燥过滤器上不热，说明充注量不足。毛细管进口处管路上的温度应高于干燥过滤器上的温度。

通过摸低压回气管上的温度判断制冷剂充注量：制冷剂经毛细管节流，在蒸发器内进行蒸发，吸收汽化潜热变为饱和蒸气。饱和蒸气流经回气管继续向回气管吸热，变为过热蒸气回到压缩机。制冷剂充注量准确时，回气管上有凉感；若回气管上没有凉感，则说明制冷剂充注不足；若回气管上结霜，则说明制冷剂充注过量。

制冷剂充注结束后，应在压缩机工作状态下封闭工艺管。方法如下：在距离压缩机工艺管口 20cm 处用封口钳夹扁工艺管。为了保险起见，可以同时夹扁两处，然后在外端切断工艺管，切断处用砂布打磨干净，用铜焊、银焊或锡焊封口，然后把封口浸在水中，检查有无气泡，再在管壁被压瘪处焊上焊料，以加强压封处的刚性。

2. 双温冷柜系统组件调试

（1）热力膨胀阀

1）热力膨胀阀开启度 。

①开启度太小。热力膨胀阀开启度太小，会造成供液不足，导致没有足够的制冷剂在蒸发器内蒸发，制冷剂在蒸发管内流动的途中就已经蒸发完了。在这之后的一段蒸发管中没有液体制冷剂可供蒸发，使制冷蒸气过热，热力膨胀阀出口压力过低，相应的蒸发压力和温度也过低。造成蒸发速度减慢，单位容积（时间）制冷量下降，制冷效率降低。

相当一部分蒸发器未能充分发挥其效能，造成制冷量不足，降低了冷柜的制冷效果。一些空调器的压缩机采用蒸发器回来的蒸气来冷却压缩机，如果热力膨胀阀开启度不够，将造成蒸气过热，对压缩机冷却作用减小，压缩机的排气温度增高，润滑油变稀，润滑质量降低，压缩机的工作环境恶化，将严重影响压缩机的工作寿命。

②开启度太大。热力膨胀阀开启度过大，制冷剂通过的流量就多，即热力膨胀阀向蒸发器的供液量大于蒸发器负荷，使液体制冷剂蒸发过剩，将造成部分液体制冷剂来不及在蒸发器内蒸发，同气态制冷剂一起被吸入压缩机，引起压缩机的湿冲程（液击），使压缩机不能正常工作，造成一系列工况恶劣，甚至发生冲缸损坏压缩机的事故。同时，热力膨胀阀开启度过大，使进入蒸发器的制冷剂的蒸发压力和温度也过高，制冷量下降，压缩机功耗增加，因而增加了耗电量。

2）热力膨胀阀的调节方法。热力膨胀阀的调节必须在制冷装置正常运行的状态下进行。由于蒸发器表面无法放置测温计，可以利用压缩机的吸气压力作为蒸发器内的饱和压力，查表 6-7 得到近似蒸发温度。用测温计测出回气管的温度，与蒸发温度对比来校核过热度。

表 6-7 R134a 制冷剂温度压力对照表

温度/℃	绝对压力/kPa	温度/℃	绝对压力/kPa	温度/℃	绝对压力/kPa
-50	29.89	-16	157.48	18	537.08
-49	31.65	-15	164.13	19	554.14
-48	33.5	-14	170.99	20	571.6
-47	35.43	-13	178.08	21	589.48
-46	37.45	-12	185.4	22	607.78
-45	39.56	-11	192.95	23	626.5
-44	41.77	-10	200.73	24	645.66
-43	44.08	-9	208.76	25	665.26
-42	46.49	-8	217.04	26	685.3
-41	49.01	-7	225.57	27	705.8
-40	51.64	-6	234.36	28	726.75
-39	54.38	-5	243.41	29	748.17
-38	57.23	-4	252.73	30	770.06
-37	60.21	-3	262.33	31	792.43
-36	63.31	-2	272.21	32	815.28
-35	66.54	-1	282.37	33	838.63
-34	69.9	0	292.82	34	862.47
-33	73.4	1	303.57	35	886.82
-32	77.03	2	314.62	36	911.68
-31	80.81	3	325.98	37	937.07
-30	84.73	4	337.65	38	962.98
-29	88.81	5	349.63	39	989.42
-28	93.04	6	361.95	40	1016.4
-27	97.43	7	374.59	41	1043.9
-26	101.99	8	387.56	42	1072
-25	106.71	9	400.88	43	1100.7
-24	111.6	10	414.55	44	1129.9
-23	116.67	11	428.57	45	1159.7
-22	121.92	12	442.94	46	1190.1
-21	127.36	13	457.68	47	1221.1
-20	132.99	14	472.8	48	1252.6
-19	138.81	15	488.29	49	1284.8
-18	144.83	16	504.16		
-17	151.05	17	520.42		

注：绝对压力=表压力+大气压力

表中绝对压力(kPa)/100=绝对压力(MPa)-0.1MPa(大气压力)=表压力(MPa)

$1kg/cm^2=98.0665kPa\approx0.1MPa$

①热力膨胀阀过热度的测量。

a）过热度（superheat）：热力膨胀阀是指低压侧和感温包内蒸气之间的温度差。

b）过热度设定：通常设定为5～8℃。

过热度测量如图6-19所示，方法如下：

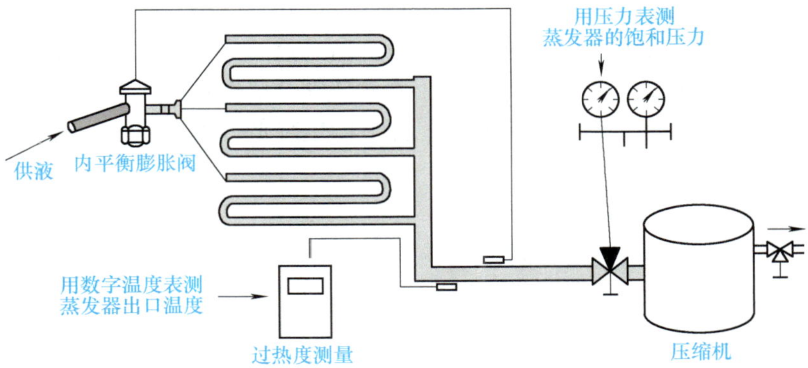

图6-19　过热度测量

过热度$=T_1-T_2$

其中T_1为数字温度表所测蒸发器出口温度，T_2为压力表测得压力所对应的温度。

注意，必须同时读出这两个读数。热力膨胀阀过热度应在5～8℃，如果不在这一范围，则应进行适当的调整。

②热力膨胀阀的调节。过热度太小，按顺时针方向转动热力膨胀阀（即增大弹簧力，减小热力膨胀阀开启度），使流量减小；过热度太大，即供液不足，则可把热力膨胀阀的调节螺杆朝相反方向（逆时针）转动，使流量增大。

③具体调整步骤。

a）拆下热力膨胀阀的防护盖。

b）转动调节螺杆2～4圈（压杆式可调圈数比较少，每次调1/4圈）。

c）等系统运行稳定后重新读数，计算过热度是否在正常范围。否则，重复b）、c）操作，直至符合要求。调节过程必须小心仔细。

在实际中采用上述仪表检查热力膨胀阀的工作情况往往要浪费大量的时间。因此，可采用目检与仪表检查相结合的方法，即先用眼睛观察压缩机回气管的结露情况，发现异常后，再用仪表检查。这样可以节约大量的时间，而且完全可以达到检查目的。

（2）蒸发压力调节阀

在制冷系统中，为了使被冷却对象温度维持在指定值，就需要有较恒定的蒸发温度。蒸发温度调节是通过对蒸发压力的调节实现的。

当负荷变动时，膨胀阀供液量改变，会引起蒸发压力波动。对于只有一种蒸发温度的系统，蒸发压力波动过大不仅影响被冷却对象和温度控制精确度，而且使制冷系统运行稳定性变差。此外，当蒸发压力过低时，其蒸发器表面温度就过低，蒸发器除湿（结霜）作用增强，会加剧冷藏食品的干耗，产生经济损失。对于冷水机组中的蒸发器，当蒸发温度过低时，会造成冷水结冰。可见，蒸发压力的调节是十分必要的。在一些冷柜系统中，几乎都是由一台制冷机组同时向几个不同库温的冷柜供应冷量，此时几个蒸发器的蒸发温度有高有低。由于压缩机只可能以一种吸气压力回气，因此必须在那些需要保持较高库温的蒸发器出口管中装设一个回气压力调节阀，通过蒸发压力调节使阀前的压力保持在给定的范围内，通过它节流后又与阀后回气管压力较低的管路相连。这样就保证了系统中各个不同蒸发温度的蒸发器在各自不同的工况下正常工作。

蒸发压力调节阀开启度过小，蒸发器中制冷剂出气量减小，蒸发器内部压力升高，蒸发温度升高，库温升高，储藏物易变质；蒸发压力调节阀开启度过大，蒸发器中制冷剂出气量增大，蒸发器内部压力减小，蒸发压力减小，蒸发温度降低，库温降低，蒸发器除湿作用增强，储藏物易冻坏、干耗。

蒸发压力调节阀的调节方法如下。

1）在压力表接口处用软管接上低压压力表。

2）根据要求推算冷藏室蒸发温度。

如要求冷藏室库温 $T_{库}=5℃$，则根据：$T_{库}=T_{蒸发}+\Delta t$（Δt 取值 8～10℃）推算出冷藏室蒸发温度 $T_{蒸发}\approx-3℃$。

3）查表 6-7。

T 蒸发 ≈ −3℃时，其对应的绝对蒸发压力为 262.33kPa，转换为表压力为 162.33kPa ≈ 1.6bar。

4）调节蒸发压力调节阀顶部调节杆，将冷藏室蒸发压力控制在 1.6bar（低压压力表数值）。

（3）能量调节阀（热气旁通阀）

制冷系统的能量调节一般由以下几种方式构成：①压缩机并联——多级控制；②变转速压缩机——变频等；③带有卸载装置的压缩机；④热气旁通：对于没有能量调节装置的单压缩机制冷系统，使用热气旁通来进行系统能量调节是非常经济的。

热气旁通阀是一种利用制冷剂压力和弹簧力的平衡原理来控制阀入口/出口压力的机械装置。通过旁通高压制冷剂至系统的低压侧来保持系统在给定的最低吸气压力下正常工作，如图 6-20 所示。

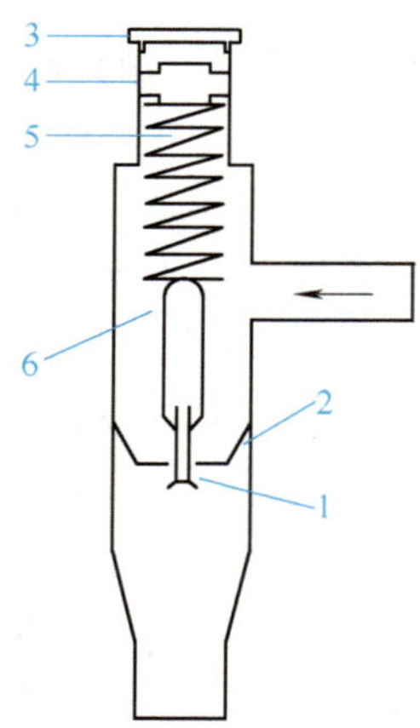

图 6-20　能量调节阀结构
1—快门阀　2—座阀
3—保护盖　4—调节螺钉
5—弹簧　6—减振器

热气旁通阀的主要作用：①提供一个虚拟的负荷；②盘管化霜；③把蒸发器作为一个混合腔。

热气旁通阀的主要优点：①防止压缩机短路循环；②防止压缩机在非常低的吸气压力下工作；③防止低负荷时蒸发器结冰；④使得系统部件最小化；⑤非常好的回油性能。

热气旁通阀工作时，内部作用力平衡，平衡力方程为

$$P_2 \times A_d + F_3 = F_1$$

其中，F_1 为可调节弹簧力；

F_3 为底部不可调节弹簧力；

P_2 为压缩机吸气压力；

A_d 为 P_2 在阀内的作用面积。

F_3 和 A_d 为定值，只需调节 F_1 就能控制 P_2。

热气旁通阀的重要作用是用来防止吸气压力低于设定值，由此来平衡系统的冷量。所以在热气旁通阀安装后的第一步工作就是确定所有工况下的最低吸气压力，以此作为热气旁通阀的设定点，具体操作步骤如下。

1）起动系统并确定系统是否运行正常，待系统运行稳定后，测量系统吸气压力，为了确定此时热气没有旁通，倾听阀内是否有气流流过的声音或者触摸阀的出口管路，如果出口管路的温度较高，说明已有热气旁通。

2）调整调节杆使热气旁通阀处于完全关闭状态。

3）降低蒸发器的负荷直至吸气压力降低到需要热气旁通的设定点（可以通过减小空气流量的方式降低蒸发器负荷）。

4）调节热气旁通阀的调节杆，使热气旁通阀开始旁通热气直到吸气压力不再下降并维持在预设值。

顺时针方向调整调节杆将增加压力设定值；逆时针方向调整调节杆将减小压力设定值，标准的压力调节范围在 0～0.55MPa（0～80psig，1psig=6894.75729Pa），每调整一圈的压力变化值大约为 27.5kPa（4psig），应缓慢并小幅调节，以便让系统在每一圈调整后稳定运行。

5）改变蒸发器的负荷，测试不同工况下的吸气压力是否会低于设定值。

6）盖上调节杆上的密封帽。

基本技能

1. 双温冷柜制冷剂充注操作

双温冷柜充注制冷剂的具体操作步骤如图 6-21 所示。

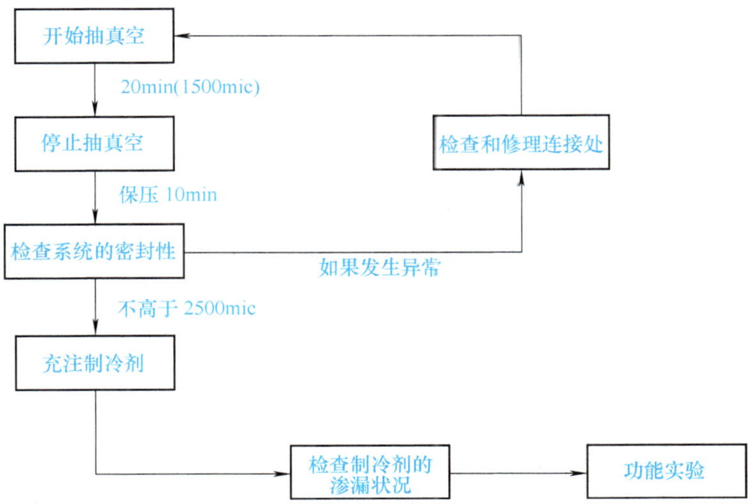

图 6-21 充注制冷剂的具体操作步骤

系统真空保压完成后，拆除真空泵，接入制冷剂罐，如图 6-22 所示。

（1）操作步骤

如图 6-23 所示，在正式充注制冷剂之前排空软管。首先，顶开连接制冷剂罐子的软管

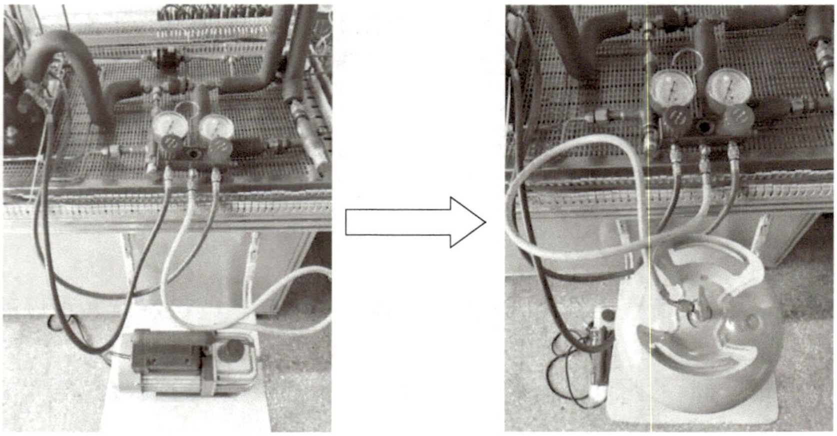

图 6-22　接入制冷剂罐

顶针阀，稍微打开加液阀放出一些制冷剂，以便将连接管内的空气完全排除。当听到“嘶嘶”声时，说明排出的已经是制冷剂，这时可以旋紧管子与维修表阀的连接螺母，并关闭制冷剂钢瓶上的加液阀。称出这时候制冷剂钢瓶的质量，读取电子秤质量数值。

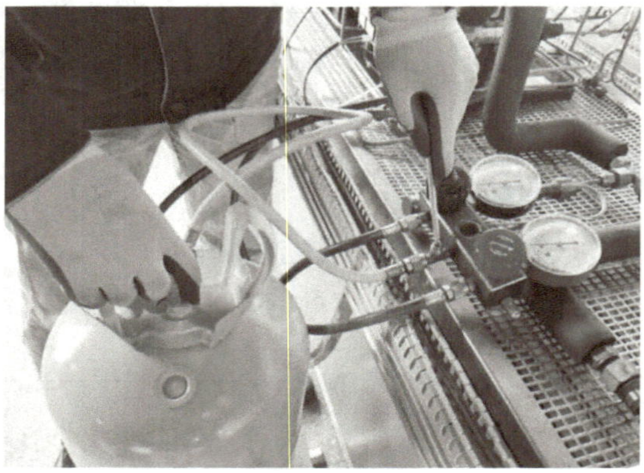

图 6-23　排空软管

将制冷剂钢瓶放在电子秤上，瓶口朝下，使制冷剂液面高于瓶口，保证充入制冷系统的是液态制冷剂，以减少不凝性气体进入制冷系统，制冷剂钢瓶与双温冷柜的连接如图 6-24 所示。

（2）充注制冷剂

首先，确认 XK—ZLZR1A 型空调制冷综合实训装置的制冷剂加液量约为 650g，先旋开三通检修阀高压端的旋钮，打开检修阀的通道，再缓慢地打开加液阀，将制冷剂从系统高压端缓慢地注入制冷系统内。在充注过程中，要注意电子秤的读数，当电子秤数值接近 650g 时，要立即关闭制冷剂钢瓶上的加液阀和三通检修阀，并将压缩机组合阀高压侧手柄旋至最外侧，如图 6-25 所示。

（3）拆除维修表

接通双温冷柜电源，压缩机起动，从压缩机组合阀低压端将维修表软管中残留的气态制冷剂吸入系统，观察电子秤，达到定量 650g 后关闭检修阀手柄，如图 6-26 所示。调节压缩机组合阀（手阀逆时针旋转，阀芯旋至最外侧，除工艺口外其他三个接口互通），拆除回气组合阀上的软管及制冷剂钢瓶。

2. 双温冷柜制冷系统运行调试

完成双温冷柜系统制冷剂充注后，仔细检查所接电路无误后，并通电调试，记录运行开始时间及温度，并签字确认。

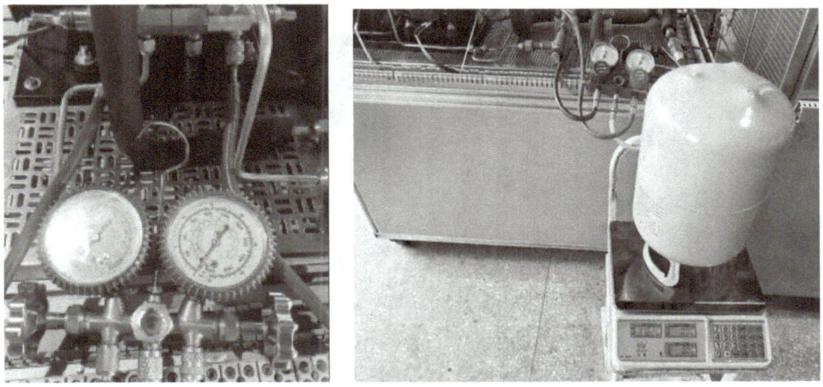

a) 双表维修阀与压缩机组合阀的连接　　b) 定量充注制冷剂

图 6-24　制冷剂钢瓶与双温冷柜的连接

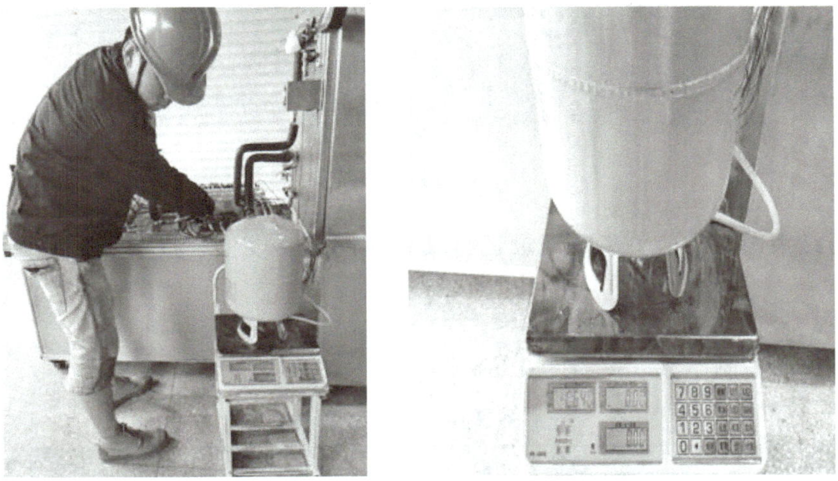

图 6-25　制冷剂定量灌注

（1）任务要求

1）温度参数设置。

①冷冻室温控器设定值设置为-10℃。

②冷藏室温控器设定值设置为 5℃。

2）在追加制冷剂完成之前，不需要对高低压压力控制器和冷凝压力控制器进行设定，制冷剂追加完成后，方可对高低压压力控制器和冷凝压力控制器进行设置。

3）安全参数设置。高低压压力控制器高压侧保护设定为：14bar（表压力），低压侧保护设定：低压压力接通值设定为 1bar（表压力），回差设定为 0. 7bar。

冷凝器压力控制器接通值设定为 7. 5bar（表压力），回差设定为 1. 5bar。

4）调节蒸发压力为 1. 43bar。

5）完成以上任务要求后，在表 6-9 中记录相关参数。

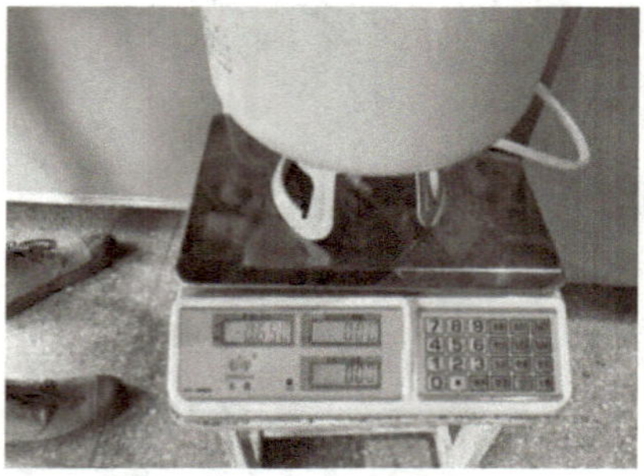

灌注量 650g

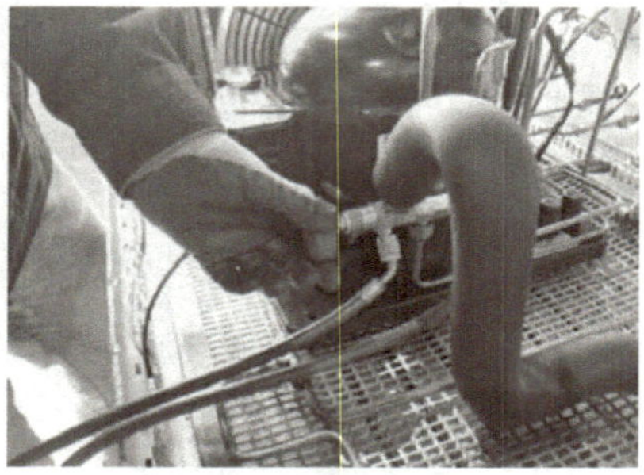

压缩机组合阀旋至最外侧

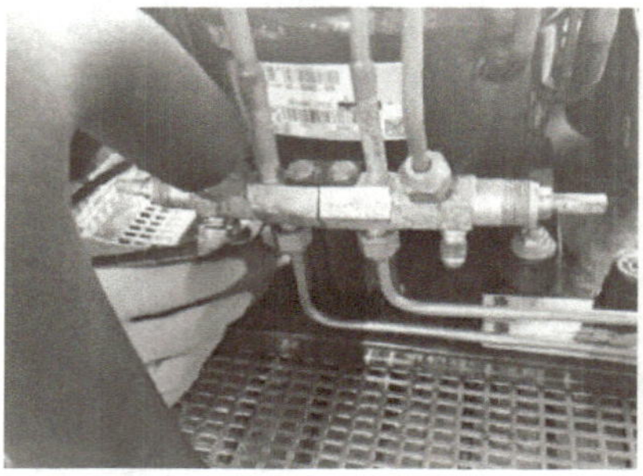

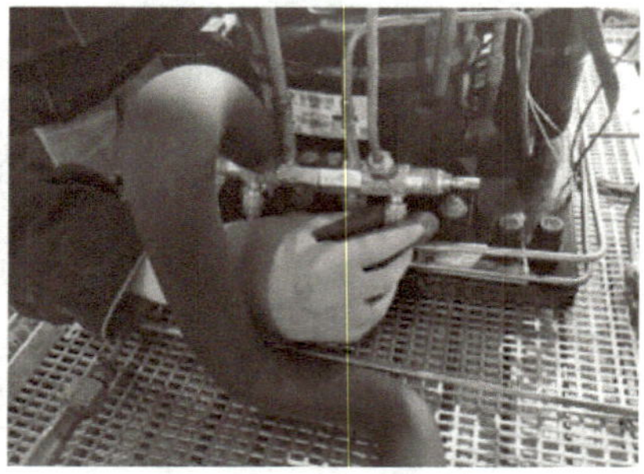

图 6-26 拆除维修表

6）运行结束时，在表 6-9 中记录运行结束时间及温度值，报请现场老师验证并签字确认。

（2）调试步骤

1）设定压力控制器参数，详见表 6-8。

表 6-8 设定压力控制器参数

<table>
<tr><th>项目</th><th>调 节 图 示</th><th>设定值</th></tr>
<tr><td>高低压压力控制器高压侧</td><td>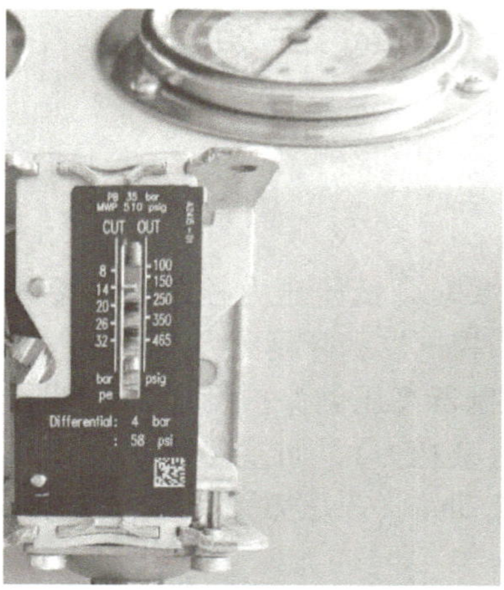
</td><td>14bar（表压力）</td></tr>
</table>

（续）

项目	调　节　图　示	设定值
高低压压力控制器低压侧	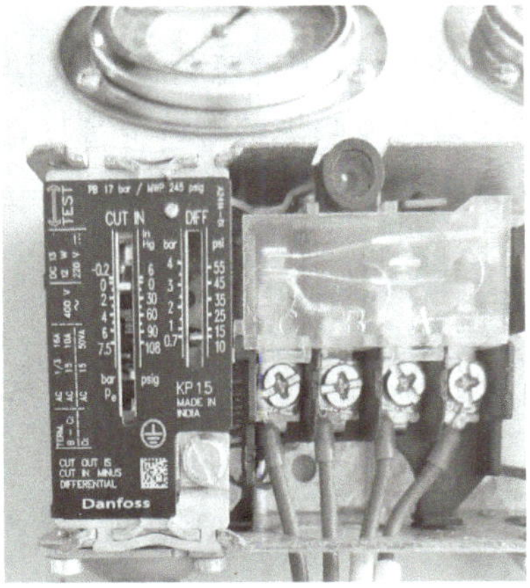	低压压力接通值设定为 1bar（表压力），回差设定为 0.7bar
冷凝压力控制器设置值	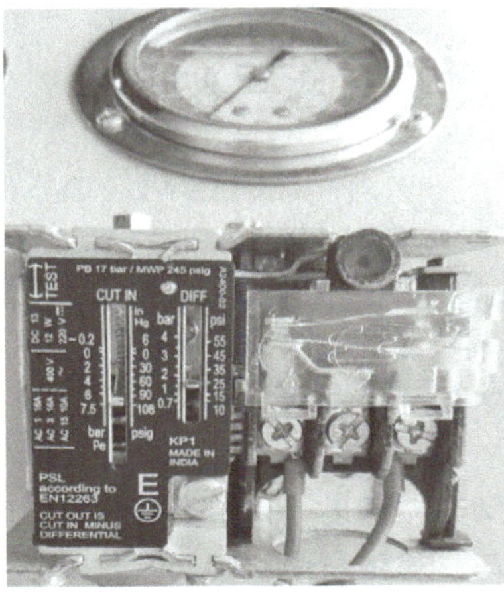	接通值设定为 7.5bar（表压力），回差设定为 1.5bar

2）通电运行双温冷柜制冷系统。

充注制冷剂时，将设备中蒸发压力调节阀、冷冻/冷藏热力膨胀阀均开大，保证制冷剂流通顺畅。

要求冷藏室温度设定为 5℃，冷冻室温度设定为-10℃，根据：$T_{库}=T_{蒸发}+\Delta t$（Δt 取值 10℃）推算出冷藏室蒸发温度 $T_{蒸发_1}=-5$℃；查表 6-7 得冷藏室对应蒸发绝对压力 $P_{蒸发_1}=243.41$kPa，换算为对应表压力为 1.43bar。

冷冻室蒸发温度 $T_{蒸发_2}=-20$℃；冷藏室对应蒸发绝对压力 $P_{蒸发_1}=132.9$kPa，换算对应表压力为 0.132bar。

将冷藏室电磁阀关闭，此时关闭系统冷藏室制冷功能，让冷冻室单独工作，调节冷冻室热力膨胀阀，如图 6-27 所示，观察设备低压压力表，将低压压力控制在 0.06bar，此时设备低压压力为压缩机回气压力，即冷冻室蒸发压力，注意热力膨胀阀一次调节量不宜过大。待压缩运行 0~4min 后再次观察压力值是否有变化，若压力值变小，则适当调大热力膨胀阀开启度，若压力值变大，则适当调小热力膨胀阀开启度。反复数次，使低压压力稳定在调节数值内。

开启冷藏室电磁阀恢复冷藏室制冷功能，在蒸发压力调节阀接口处接上一块低压表（注意排空操作），用六角扳手调节蒸发压力调节阀顶部的调节螺栓，如图 6-28 所示，用所接低压压力表监测冷藏室蒸发压力，将冷藏室蒸发压力调节到冷藏室蒸发温度所对应的蒸发压力，即 1. 43bar。

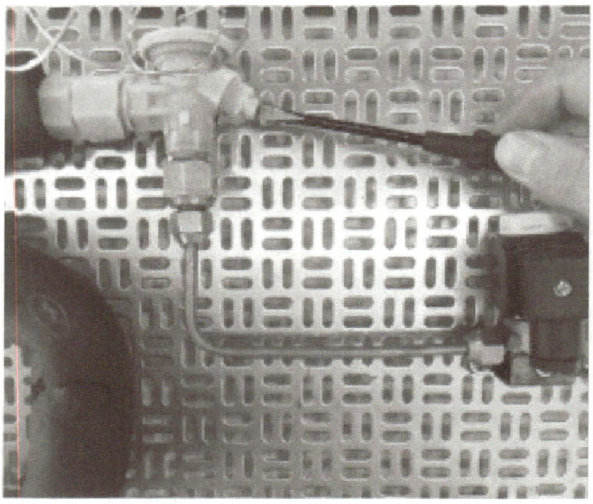

图 6-27　调节热力膨胀阀

图 6-28　调节蒸发压力调节阀

观察设备低压压力表，对比冷藏室工作后压缩机回气压力变化情况，若压缩机回气压力升高，则说明冷藏室进液量偏大。适当调节冷藏室热力膨胀阀开启度，同时调节冷藏室蒸发压力调节阀，保证冷藏室蒸发压力及冷冻室蒸发压力不发生偏移。该步骤需要反复多次操作。

注意：在调节热力膨胀阀及蒸发压力调节阀时，因制冷系统稳定运行需要一段时间，一般 0~4min 后再次对比压力变化，通过压力变化指导膨胀阀及蒸发压力调节阀的调节方向，切不可大幅度调节。

各阀调整好后，还可以根据制冷系统各部件的结霜情况判定制冷系统的运行情况，如冷藏室蒸发器表面均匀结霜或结露（视冷藏室蒸发温度），膨胀阀结霜程度、冷冻室蒸发器两截止阀结霜程度等。

3. 双温冷柜制冷系统运行数据收集

开机运行 XK—ZLZR1A 型空调制冷综合实训装置，依据任务要求设定参数，并在表 6-9 中记录运行开始结束时间等数据。10min 后在表 6-8 中记录 $T_1 \sim T_8$ 数据，并分析数据。

表 6-9　双温冷柜运行数据记录

运行时间			
运行开始时间		确认签字	
测试记录时间		确认签字	

（续）

运行温度			
序号	巡检项目	项目内容	温度
1	T_1	压缩机排气温度	
2	T_2	冷凝器出口温度	
3	T_3	冷藏室蒸发器进口温度	
4	T_4	冷藏室蒸发器出口温度	
5	T_5	冷冻室蒸发器进口温度	
6	T_6	冷冻室出口温度	
7	T_7	混合点温度	
8	T_8	压缩机吸气温度	
运行参数			
序号	项目	参数值	确认签字
1	压缩机电流/A		
2	低压压力/bar		
3	高压压力/bar		
4	冷藏室蒸发压力/bar		

项目7

空调电气控制系统

任务1　空调电气控制系统的基本构成

基本知识

1. 空调器的组成及工作原理

（1）空调器的基本组成

XK—ZLZR1A 型空调制冷综合实训装置的空调装置是热泵型空调器，采用“海尔”KFR—23GW 系列作为主体，内、外机安装在特制型材机架上，其特点是已将内、外机的控制线路进行处理，方便进行技能训练。

1）空调器电气控制模块与挂箱。综合实训装置设计将空调器控制电路板移出内机，将控制电路板和遥控显示电路板进行处理后做成空调器电气控制模块，安装在独立的空调器控制挂箱内，控制挂箱放置在中央控制平台的抽屉里。

电气控制模块通过插接口连接到空调器的内、外机电路上，实现空调器的控制功能。

2）空调器内、外机线路

空调器室内机主要电气部件有室内风机、摆风步进电机、环境温度传感器和管路温度传感器。

空调器室外机主要电气部件有压缩机、室外风机和四通阀。

综合实训装置设计将内、外机的所有电气部件通过引线连接到机体外安装在型材机架的训练接线柱上，用于训练使用，如图 7-1 所示。这样，进行电路检测、连接时不用拆机，避免了空调器因多次重复拆装而引起的损坏。

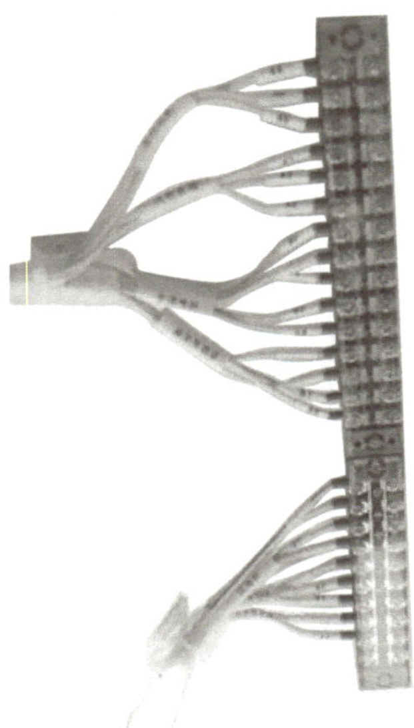

图 7-1　型材机架训练接线柱

3）室内机接线柱。空调器室内风机电动机是 PG 电机，有 6 根引线。其中，3 根是电动机绕组引线，对应电动机的控制公共端 C、运行端 M 和起动端 S。另外 3 根是检测电动机转速的霍尔元件引线，对应电源端+5V（霍尔元件 IN）、转速信号端（霍尔元件 OUT）和电源公共端负极（霍尔元件 GND）。

空调器摆风电动机是步进电动机，有 5 根引线，分别对应电动机的公共端（+5V）、A+、A−、B+和 B−。

环境温度传感器和管路温度传感器分别有两根引线，共 4 根引线。

综上所述，室内机各电气部件总计有 15 根引线连接到训练接线柱上。

4）室外机接线柱。空调器压缩机有 3 根引线，对应电动机的控制公共端子 C、运行端子 R 和起动端子 S。

空调器室外风机有 3 根引线，对应电动机的控制公共端子 C、运行端子 M 和起动端子 S。

空调器四通阀有两根引线，对应四通阀线圈的两端。

综合实训装置在空调器室外机特设保护地线 1 根，通过接线柱连接到电源接地保护端。

综上所述，室外机各电气部件总计有 9 根引线连接到训练接线柱上。

空调器电气控制电路和接线柱连接的端子总计用 24 个，使用两个接线柱。训练接线柱上部是室内机接线柱，下部是室外机接线柱。

在训练和考核过程中，为了便于检测，要求电气控制线路的接线端子套装号码管，综合实训装置的空调装置出厂电气接线端子排号见表 7-1。

表 7-1　空调装置电气接线端子排号

端子排号	设备或器件	端子排号	设备或器件
35	接地线	47	霍尔元件 IN
36	压缩机起动端	48	霍尔元件 OUT
37	压缩机运行端	49	霍尔元件 GND
38	压缩机公共端	50	步进电动机公共端
39	室外风机起动端	51	步进电动机 A+
40	室外风机运行端	52	步进电动机 A−
41	室外风机公共端	53	步进电动机 B+
42	四通换向阀线圈	54	步进电动机 B−
43	四通换向阀线圈	55	室内环境温度传感器
44	室内风机起动端	56	室内环境温度传感器
45	室内风机运行端	57	室内管路温度传感器
46	室内风机公共端	58	室内管路温度传感器

（2）空调器的工作原理

1）遥控与显示。综合实训装置的空调器主要使用遥控器进行遥控操作，空调器的工作状态由显示屏显示，遥控接收位于显示屏右侧，如图 7-2 所示。

空调器通电时，显示屏亮 2s，随后熄灭待机。用遥控器开机后，显示屏显示设定温度。

2）工作模式。空调器具有制冷、制热、抽湿和风扇 4 种工作模式。

空调器室内风机具有高、中、低三挡风速。

空调器室内机出风具有方向可变化的摆风功能。空调器通电时，摆风电机使摆风叶片开启，随后摆风叶片停止，处于待机状态。用遥控器开机后，摆风叶片再次开启，可设定摆风叶片上下或左右摆风。

3）制冷、制热转换。综合实训装置空调器是热泵型空调器，在冬季制热时是通过制冷剂循环吸取外界（低温环境）的热量送入室内（高温环境）。自然状态下，热量的转移只能从高温转向低温。热泵的含义是指制冷系统消耗电能通过制冷剂循环将低温热源的热量转移到高温热源，使热量能逆向转移，就像使用水泵将低位的水打到高位一样，但制冷系统内是没有热泵这个部件的。

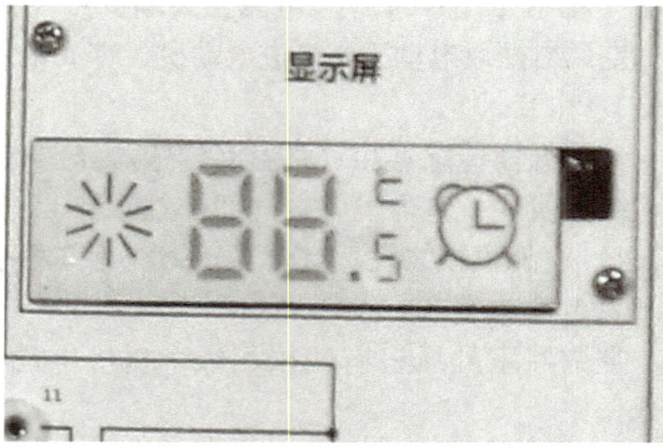

图 7-2　空调器显示屏与遥控接收

空调器制冷、制热的转换实际是将内、外机的热交换器进行了功能转换。

制冷时，室内机热交换器是蒸发器，吸热制冷，室外机热交换器是冷凝器，放热；制热时，将室内机热交换器转换为冷凝器，放热制热，室外机热交换器转换为蒸发器，吸热。制冷与制热的转换如图 7-3 所示。

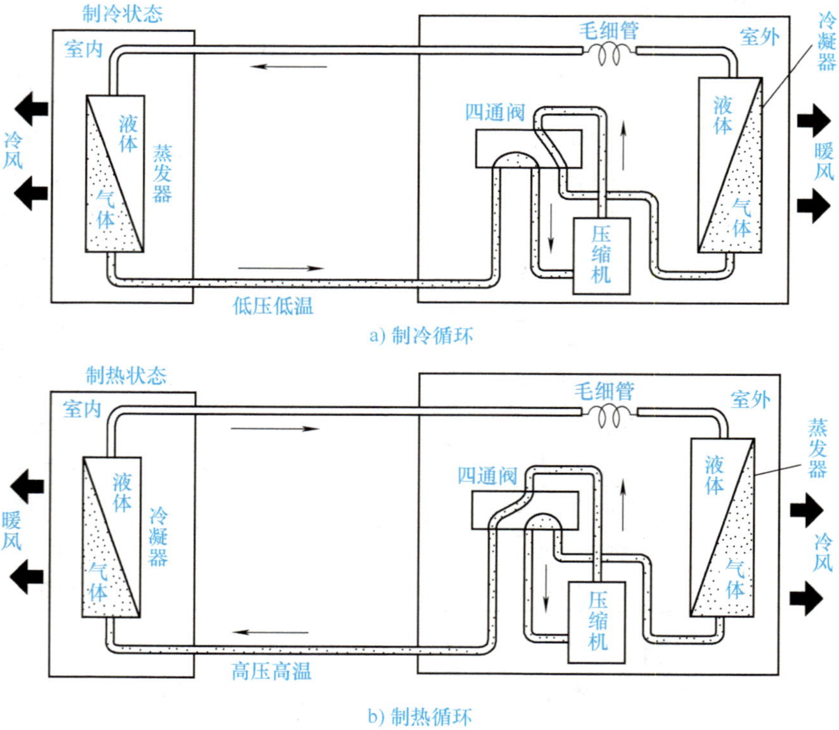

图 7-3　制冷与制热的转换

将制冷系统中的制冷剂在压缩机排气后通过四通阀换向，即可实现制冷剂循环方向反向，改变内、外机热交换器的功能，从而完成制冷、制热的转换。

四通阀是电磁换向阀，电磁线圈采用的电源是交流 220V。

综合实训装置设计了制冷状态下四通阀处于复位原始状态，线圈无电；制热状态下，四通阀得电，处于换向状态。

4）温度控制。综合实训装置的空调器有两个温度传感器：室内环境温度传感器和室内热交换器温度传感器（简称室内管路温度传感器）。

室内环境温度传感器用于控制压缩机的运转与停机。

（3）温度传感器

温度传感器采用负温度系数热敏电阻（简称 NTC）。温度升高，阻值减少；温度降低，阻值增大。温度为 25℃时对应的阻值为标称阻值。

1）室内环境温度传感器。室内环境温度传感器用于检测室内机进风温度，与遥控设定的温度进行比较，控制压缩机的通、断电。

空调控制室内环境温度为：设定温度 T_s±1℃。

例如，遥控设定制冷，温度为 26℃，压缩机停机温度是 26℃－1℃＝25℃，压缩机断电停转，温度回升；温度回升到 26℃＋1℃＝27℃，压缩机通电运转，制冷。

遥控设定制热，温度为 26℃，压缩机停机温度是 26℃＋1℃＝27℃，压缩机断电停转，温度降低；温度降低到 26℃－1℃＝25℃，压缩机通电运转，制冷。

即设定温度 26℃时，空调控制室内温度在 25～27℃范围内。

当室内环境温度传感器出现短路、开路故障时，显示屏出现故障代码“E1”，空调器处于保护状态，不能工作。

2）室内管路温度传感器。室内管路温度传感器用于检测室内机热交换器温度，判断空调器工作是否正常。

制冷模式时，室内管路温度传感器检测管路温度，主要有两个方面的作用：一是室内机管路温度低于凝霜点时，进行过冷保护（通常设定为 1℃），防止室内机热交换器结霜结冰，影响热交换效果；二是管路温度在一定时间内若不低于系统设定的温度值（通常设定为 15℃），则判断制冷效果差或无制冷效果，说明制冷系统有故障。

制热模式时，室内管路温度传感器检测管路温度，主要有两个方面的作用：一是室内机防止冷风吹出保护，管路温度升高到系统设定的温度值（通常设定为 28℃）时，室内风机运行吹风，低于这个温度值时，室内风机不运行，防止在冬季制热时直接吹出冷风影响人体的感受；二是制热过热卸荷与过热保护，在室内机管路温度达到系统设定值（通常设定为 52℃）时，室外风机停转卸荷，减少外界热量的吸收，降低室内机管路的温度，当室内机管路温度持续升高，达到系统设定值（通常设定为 56℃）时，空调器停机，进行过热保护。

当空调器进行保护时，通常显示故障代码。

当室内管路温度传感器出现短路、开路故障时，显示屏出现故障代码“E2”，空调器处于保护状态而不能工作。

2. 空调器电气控制线路解析

空调器控制系统采用双路温度传感器，由微计算机遥控。其电气控制系统构成以 CPU 芯片为核心，由芯片检测双路温度传感器、接收遥控信号或手动操纵信号，输出控制信号、显示信号和蜂鸣信号等。

空调器电气控制系统芯片外围电路主要由电源电路、驱动电路、温度检测电路、遥控接收电路、室内风机电路、蜂鸣器电路等组成。

(1) 电源电路

电源电路是由交流电源电路和直流电源电路两部分组成，如图 7-4 所示。交流电源主要是给压缩机、室外风机、室内风机、四通阀和变压器供电。交流电源经过熔断器、压敏电阻，经变压器变压、整流电路整流和电容滤波后变为 12V 的直流电源。该电源主要为继电器、步进电动机、驱动电路和蜂鸣器提供电源。12V 电源经过三端稳压电路后输出稳定的 5V 的直流电源，5V 电源主要给 CPU 控制电路、遥控接收电路、工作指示电路和温度检测电路等供电。

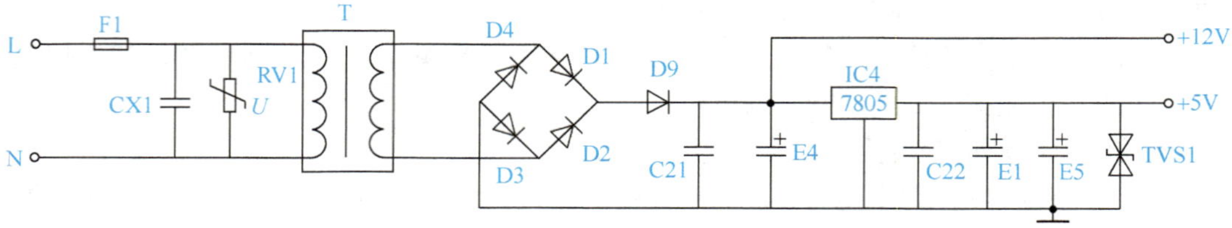

图 7-4　电源电路

RV_1 为压敏电阻，并联在电源变压器一次绕组两端，同熔断器组成串联电路，用于抑制浪涌电压。电压正常情况下，压敏电阻阻值很大，可以达到兆欧级（流过它的电流只有微安级，可以忽略），处于开路状态，对电路工作无影响。当遇到电源电压超过其设计击穿电压时，其阻值突然减小到几欧甚至零点几欧，瞬间通过的电流可达数千安，压敏电阻立即由截止变为导通，由于它和电源并联，所以熔断器熔体很快熔断，避免主电路板被烧毁。

TVS1 是瞬态二极管，是一种二极管形式的高效能保护器件。当 TVS1 的两极受到反向瞬态高能量冲击时，它就会以极快的速度将其两极间的高阻抗变为低阻抗，吸收高达数千瓦的浪涌功率，使两极间的电压箝位于一个预定值，有效地保护电路中的元器件免受各种浪涌脉冲的损坏。

(2) 驱动电路

驱动电路采用集成芯片 IC3(CD2003)。它对 CPU 输出的控制信号进行驱动，完成 CPU 发出的控制指令。如图 7-5 所示，当空调器开机正常运转时，驱动电路接收 CPU 的信号使继电器触点 K1、K4、K5 吸合或断开，控制压缩机、室外风机和四通换向阀的工作状态。同时，步进电动机也受驱动电路的控制。

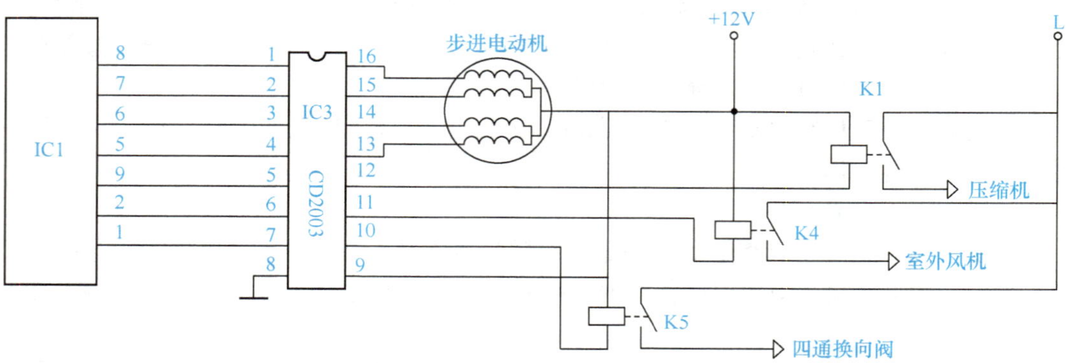

图 7-5　驱动电路

CD2003 共有 7 路驱动，分别对应的输入/输出端子是 1-16、2-15、3-14、4-13、5-12、6-11 和7-10。端子 9 和 8 是集成电路的工作电源端和接地端，工作电压是+12V。

CD2003 输入电压为 0V 时，输出电压为+12V，输入电压为+5V 时，输出电压为 0V，即输入高电压，输出低电压，输入低电压，输出高电压，所以称为反相驱动或反相器。每一路驱动内部就是一个电子开关。

驱动电路工作在开关状态而不是放大状态，驱动电路的工作信号应该是高低变化的矩形波，而不能是连续变化的模拟信号。

CD2003 的工作电压是 12V，当输入电压为 0V 时，输出电压为 12V，但这个 12V 并不是集成电路内部输出的，而是继电器线圈工作电压 12V 在集成电路内部截止呈现出来的。

（3）温度检测电路

温度检测电路是由温度传感器和电阻等组成，如图 7-6 所示。系统共有两个温度传感器，分别用来检测室内环境温度和室内管路温度，并给 CPU 芯片 IC1 提供一个模拟信号，让其根据所收到的温度信号进行温度调节。

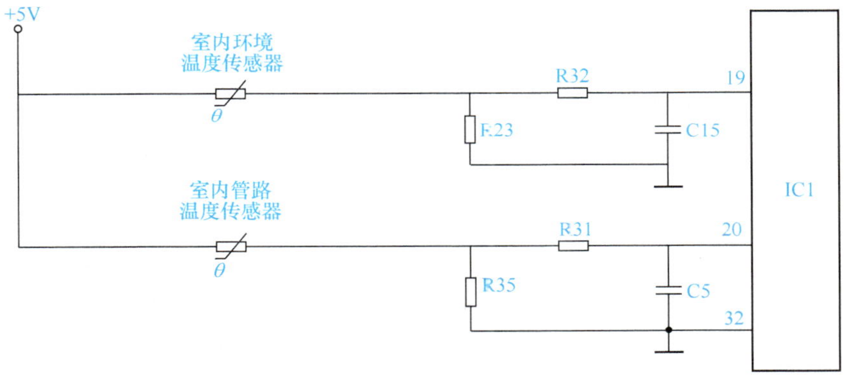

图 7-6　温度检测电路

温度传感器因具有热敏电阻的特性，电阻值能够随着温度的变化而变化。在电路中，温度传感器与电阻串联使用，组成分压电路，取电阻上的压降，将电压信号输送到 CPU 控制器，然后控制器根据采集到的信号进行处理，控制空调器的运行状态。电路中经电阻 R_{23} 和 R_{32}（R_{31} 和 R_{35}）分压取样，为 CPU 提供一随温度变化的平均值，供芯片检测用，CPU 芯片根据电压值判断出此时的温度。

（4）遥控接收电路

红外遥控接收管接收遥控器所发出的指令信号，并转换成电压信号传输到 CPU 控制器中，CPU 通过分析处理，发出指令并作出相应的执行动作。

红外遥控接收管位于显示面板附近，有 3 个端子，分别为：电源+5V、信号输出端、公共接地端。信号输出到 CPU 端子 15，如图 7-7 所示。

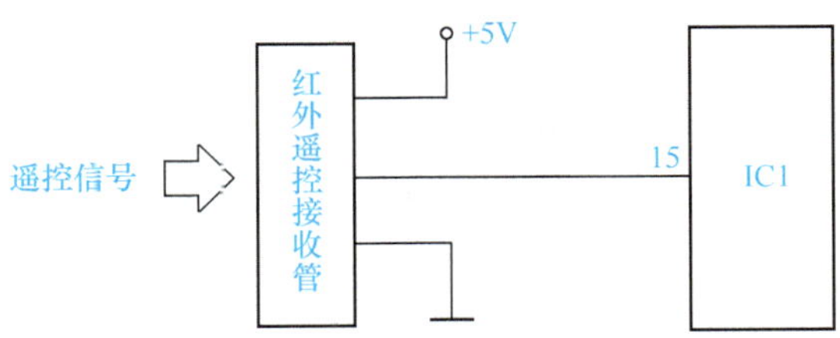

图 7-7　遥控接收电路

（5）室内风机电路

室内风机电路用来控制室内风机的风速。室内风速通过光耦晶闸管 IC5 进行平滑调速，有高、中、低三挡速度，如图 7-8 所示。

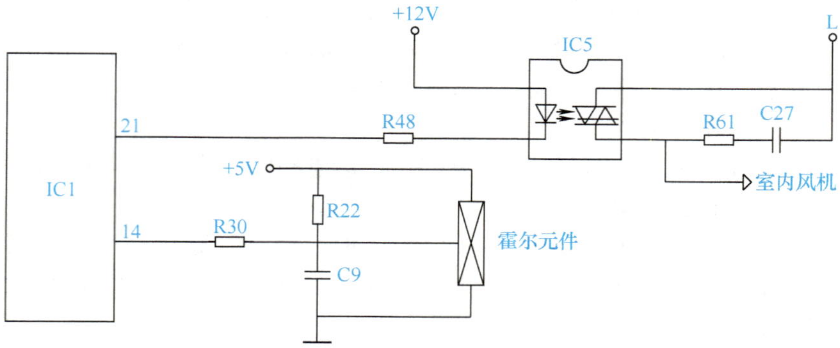

图 7-8　室内风机电路

室内风机工作时，IC1 输出风机驱动信号（此驱动信号为低电平），该信号通过 R48 加到 IC5，使晶闸管导通，通过控制导通角改变施加在风机上的电源电压，就可以对室内风机进行调速。

由 R22、R30、C9 和霍尔元件组成风机反馈电路，风机运转时，反馈信号经 IC1 处理后，可与内部设定的速度参数进行比较，通过改变晶闸管的导通角改变电动机电压，从而改变转速。

（6）蜂鸣器电路

蜂鸣器内部装有压电陶瓷片，它用锆、钛、铅氧化物配制后烧结而成，若在蜂鸣器上加入信号，就能产生机械振动并发出响声。蜂鸣器电路在空调器中主要用来提示遥控信号接收有效，如图 7-9 所示。蜂鸣器工作时，主芯片 CPU（IC1）输出一脉冲信号，晶体管 N3 导通，12V 电源经过蜂鸣器驱动其发出声音。

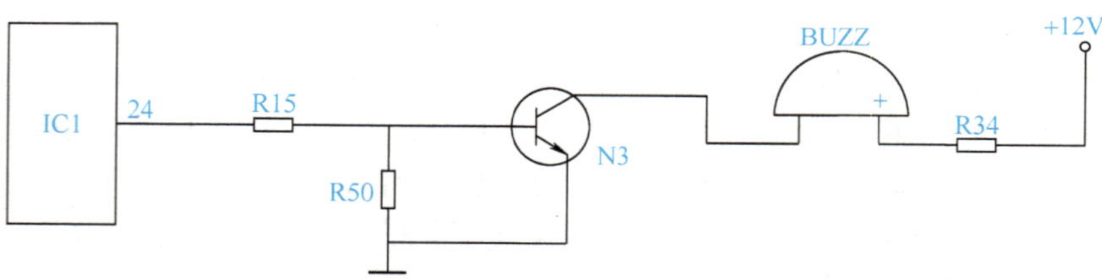

图 7-9　蜂鸣器电路

（7）其他电路

此外，空调器电气控制系统还有 CPU 工作电路、显示电路和存储电路等。

基本技能

1. 认识空调器电气控制系统

将空调器电气控制系统所有接线连接好，形成完整的控制系统电路，认识空调器电气控制系统所有部件和电路。

空调器电气控制系统结构框图如图 7-10 所示。

（1）认识空调器实物

1）认识挂壁式空调器室内机和室外机。

2）室内机电气部件主要有室内风机、步进电动机和温度传感器。室外机电气部件主要有压缩机、室外风机和四通阀。

（2）熟悉接线柱

1）空调器内、外机电气部件通过引线连接到接线柱，室外机有一根专用接地保护线。

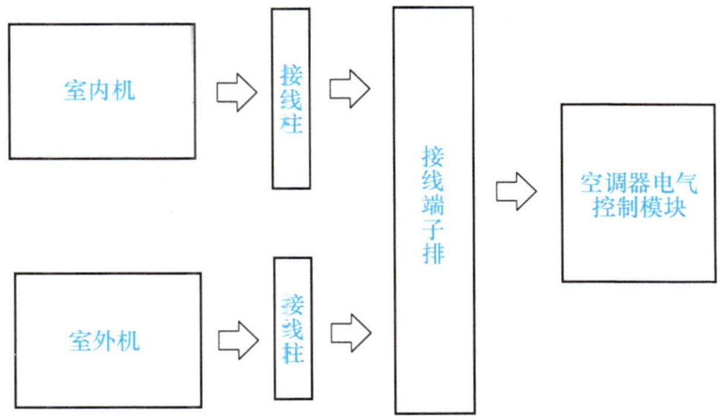

图 7-10　空调器电气控制系统结构框图

2）识别接线柱位置，识别室内机接线柱（有 15 根接线）和室外机接线柱（有 9 根接线）。

3）识别接线柱（有 24 根线）连接的电气部件的端子功能。

（3）熟悉接线端子排

1）理顺空调器连接线路：识别中央控制台接线端子排，和空调器接线柱功能端子一一对应，和空调电气控制模块插接线功能一一对应。

2）端子排端子 35 专用于空调器室外机保护地线的连接。

3）检查端子排接线端的号码管序号是否正确、方向是否一致。

（4）空调器试运行

1）检查空调器接线是否正确。

2）为空调器通电，同时观察控制模块上的显示屏是否显示，室内机的摆风叶片是否打开，是否能听到蜂鸣声。

3）用遥控器开机，观察空调器运行状态是否正常，填写表 7-2。

表 7-2　空调系统功能测试记录

系统部件	正常工作	
	是	否
压缩机		
室外风机		
室内风机		
步进电动机		

2. 空调器电气部件的测量分辨

断开空调器电源，将其接线柱右侧接线拆掉，在接线柱左侧练习测量空调器电气部件。

（1）室内风机

1）测量室内风机电机端子电阻，分辨电机的起动端、运行端和公共端。

2）测量室内风机霍尔元件端子电阻，分辨霍尔元件 IN、OUT 和 GND 端。

（2）步进电动机

测量步进电动机端子电阻，分辨步进电动机公共端。

（3）温度传感器

1）测量温度传感器电阻值，观察温度变化时阻值的变化。

2）环境温度传感器和管路温度传感器阻值不同，通过测量分辨两个温度传感器。

（4）压缩机

测量压缩机接线端子，分辨电动机的起动端、运行端和公共端。

（5）室外风机

测量室外风机接线端子，分辨电动机的起动端、运行端和公共端。

（6）四通阀

测量四通阀线圈阻值。

3. 接线柱的连接

断开空调器电源，将空调器接线柱左侧接线拆掉，练习接线柱左侧电路的连接。

（1）接线柱端子功能分配

按照室内机、室外机的顺序，参见表7-1，定义空调器电气部件的端子序号，列出表格。

（2）电气部件端子分辨

将步进电动机接线端子使用号码管进行标记，定义好步进电动机的端子。步进电动机端子A+、A-、B+、B-无法通过测电阻分辨，其他端子可通过电阻测量分辨，按照端子功能表套装号码管。

（3）接线柱接线

测量分辨出各电气部件端子后，将电气部件按照端子功能表连接到接线柱上。

4. 识读空调器电路原理图

（1）看电气控制模块面板原理图

通过电气控制模块上的原理图，配合前述的单元电路原理图掌握控制电路结构。

（2）绘制单元电路图

通过绘制单元电路图巩固电路结构的学习。

（3）分析电路工作原理

分析各单元电路的工作原理，掌握关键点的工作电压。

任务2　空调器电气控制模块及其故障检修

基本知识

1. 空调器电气控制模块

XK—ZLZR1A型空调制冷综合实训装置电气控制系统将控制线路进行组合优化，形成3个控制模块：电源与排故模块、冷柜电气控制模块和空调器电气控制模块。

空调器电气控制模块安装在控制挂箱中，通过面板的插孔和外部元器件进行连接，其面板如图7-11所示。

空调器电气控制模块内部主要是空调器电气控制电路板、故障模拟控制电路板、遥控与

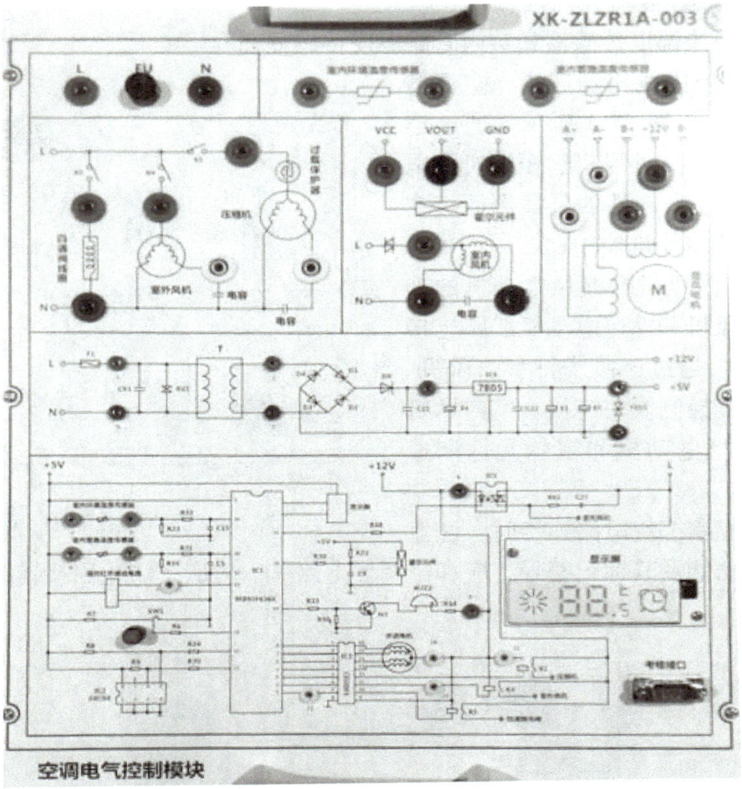

图 7-11 空调器电气控制模块面板

显示电路板、压缩机起动电容、室外风机起动电容（室内风机起动电容在电路板上）及电源变压器等。

电气控制模块面板主要可分为上、下两大部分。上面部分主要用于空调器电气电路的连接，下面部分为空调器电气控制原理图，图中留出关键点的测量孔，主要用于空调器排故检测。

（1）空调器电气控制电路的连接

空调器电气控制模块面板上部是用于空调器线路连接的主要电气部件接线图，在电气元件连接点留出连接插孔。

1）电源与温度传感器的连接。电气控制模块最上方的插孔用于连接交流电源和双路温度传感器，如图 7-12 所示。

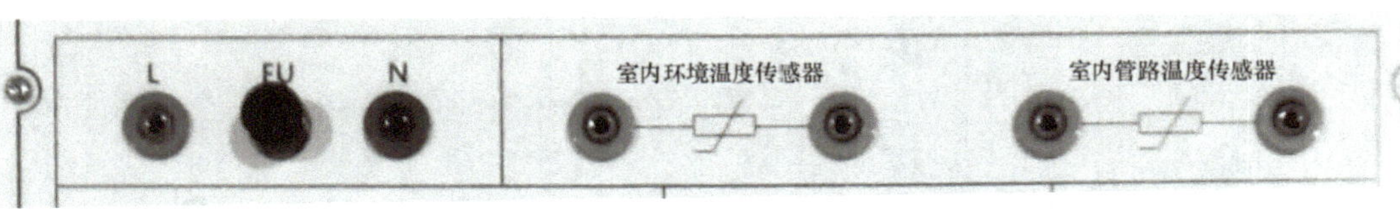

图 7-12 电源与温度传感器连接孔

左侧交流电源插孔 L、N 用于连接电源模块，为空调电气控制模块接通电源；中间的

FU 是电源电路的熔断器。

右侧是室内环境温度传感器和室内管路温度传感器插孔。

2）空调器室外机线路的连接。空调器室外机线路连接孔如图 7-13 所示。通过连接线将四通阀线圈、室外风机、压缩机和电气控制模块连接，3 个部件的公共端插接在一起，实现空调器室外机控制。

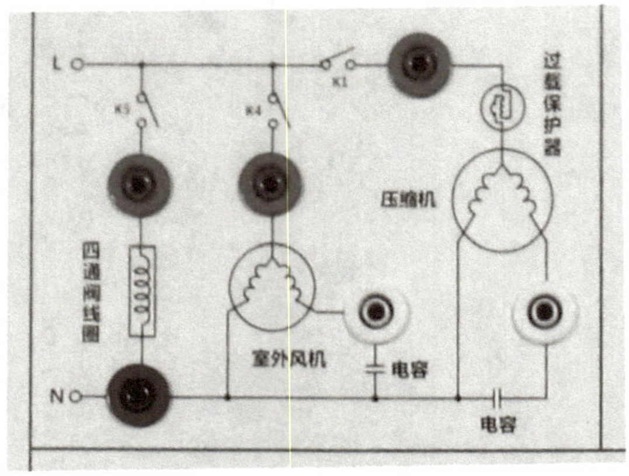

图 7-13　空调器室外机电路连接孔

3）空调器室内风机和摆风电动机的连接。空调器室内风机和摆风电动机线路连接孔如图 7-14 所示。通过连接线将室内风机、摆风电动机和电气控制模块连接。室内风机电路包含室内风机电动机和霍尔元件测速电路。

在进行电气控制模块电路连接时，注意分辨模块插孔的功能及其标记符号，应和空调器电路一一对应，防止因接错线而损坏电路。

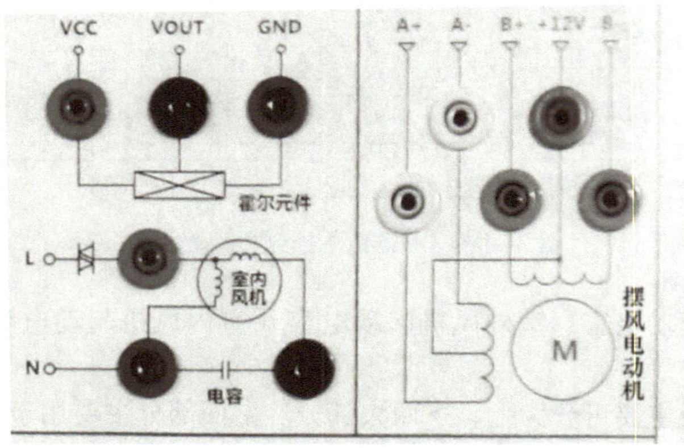

图 7-14　空调器室内风机和摆风电动机电路连接孔

（2）空调器电气控制原理图与测量点

空调器电气控制模块面板下部是空调器电气控制原理图，图中留出了关键点的测量孔，并使用数字编号，用于排故时的检测判断。

1）空调器电源电路。空调器电源电路面板如图 7-15 所示。

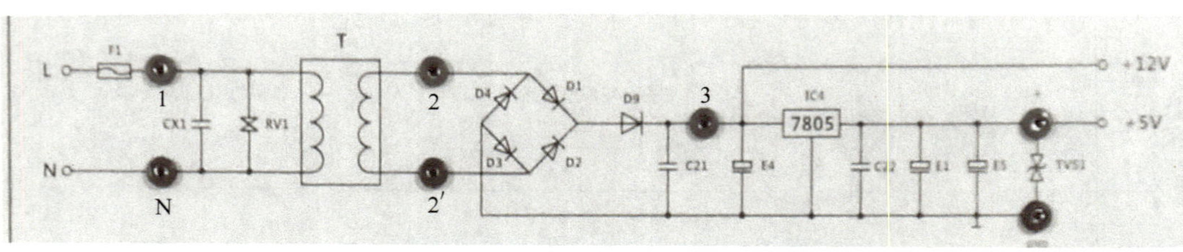

图 7-15　空调器电源电路面板

变压器一、二次线圈测量点可用于测量线圈的阻值与线圈通断，也可以测量输入、输出电压，判断熔断器、变压器是否正常，以及变压器是一次侧还是二次侧的故障。

整流滤波电路输出直流电压+12V，留有测量点用于检测电压是否正常，从而判断整流滤波电路是否故障。

稳压电路输出+5V，留有测量点用于检测电压，从而判断稳压电路是否故障。

2）空调器输入信号电路。空调器输入信号电路面板如图 7-16 所示。

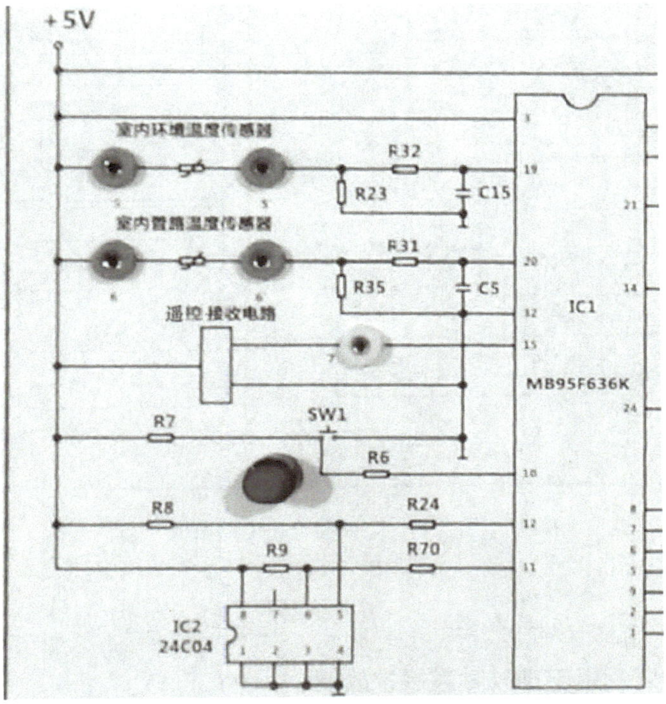

图 7-16　空调器输入信号电路面板

空调器双路温度传感器测量点用于检测温度检测电路工作是否正常。

空调器遥控接收电路测量点用于检测遥控接收后产生的信号是否正常。

3）空调器输出电路。空调器输出电路面板如图 7-17 所示。

空调器输出电路的功能主要有：室内风机控制、蜂鸣器控制、步进电动机控制、室外机压缩机控制、室外风机控制和四通阀控制。

室内风机电路测量点用于检测室内风机控制光耦晶闸管驱动电源（+12V）是否正常。

蜂鸣器电路测量点用于检测蜂鸣器驱动电路电源（+12V）是否正常。

步进电动机电路测量点用于检测步进电动机线圈电源电压（+12V）是否正常。

压缩机控制继电器驱动电路测量点用于检测继电器线圈电源电压（+12V）是否正常。

室外风机控制继电器驱动电路测量点用于检测驱动电路反相输出电压是否正常，从而判断输出电路是否出现开路故障。

四通阀控制继电器驱动电路测量点用于检测驱动电路输入信号是否正常，CPU 输出信号是否正常，判断是否出现信号开路故障。

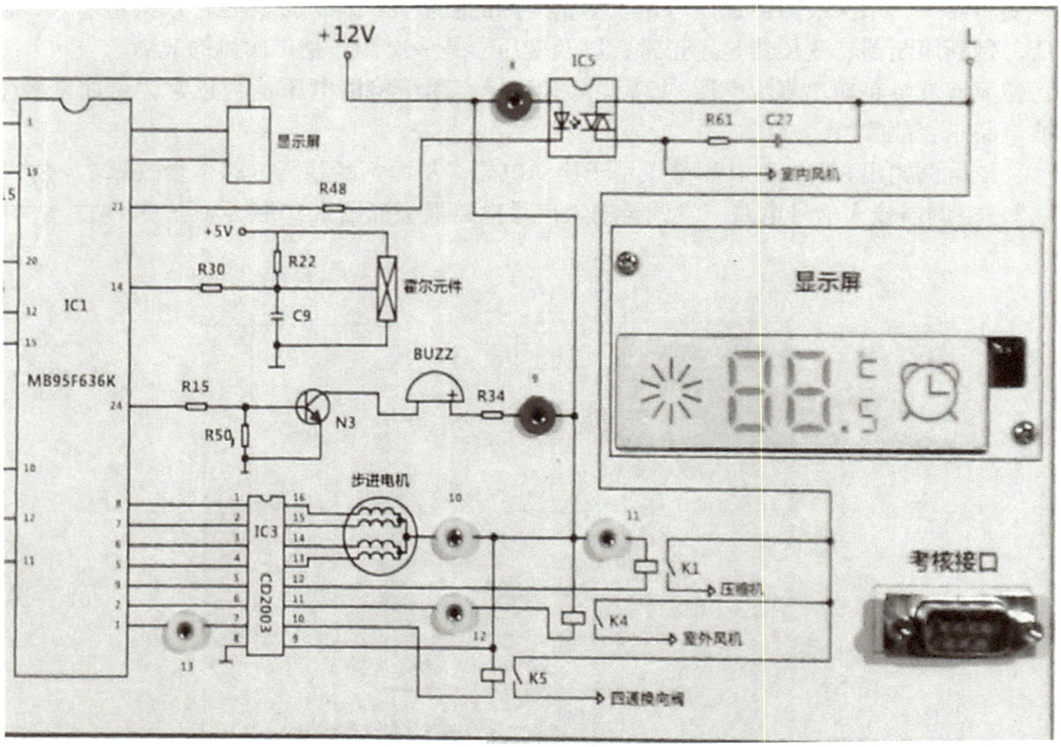

图 7-17　空调器输出电路面板

（3）其他

空调器电气控制模块面板右下方是显示屏、遥控接收器，以及用于排故时连接排故模块的考核接口，如图 7-18 所示。

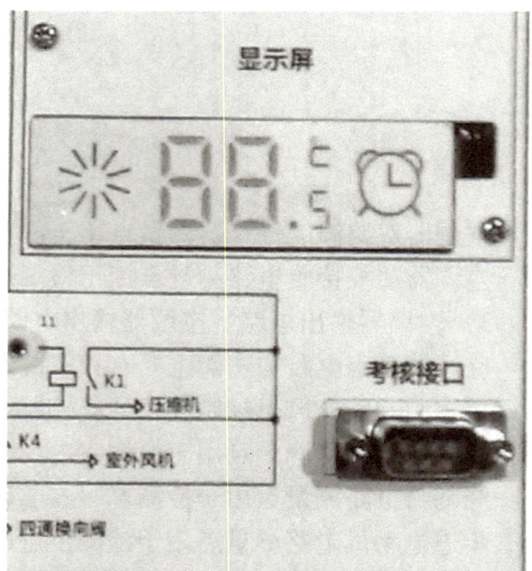

图 7-18　其他电路

2. 空调器电气控制模块故障模拟

（1）故障代码

空调器电气控制模块电路原理图上预留测量点涉及的故障代码与故障内容对应见表 7-3。故障代码使用 3 位数表示，第一位“1”代表空调器，后两位是故障序号。

（2）故障模拟

空调器电气控制模块电路故障是采用继电器开关模拟故障点的断路故障。原理图上“◎”表示模块预留的测量点，“☆”表示故障模拟的开路点。故障检修时，可根据测量点的电压值，依据表 7-3 判断具体故障点。

1）电源电路故障模拟。电源电路故障模拟如图 7-19 所示，共有 101、102、103 和 104 这 4 个故障。

表 7-3　空调器故障代码与故障内容对应表

故障代码	故障内容	故障现象	测试点	正常数值	故障数值
101	AC220 电源熔断器断路故障	不开机	1-N 电压值	AC220V	0V
102	变压器二次侧开路故障	不开机	2-2′电压值	AC13V	0V
103	+12V 供电电路故障	不开机	3-GND 电压值	DC12V	0V
104	+5V 供电电路故障	不开机	4-GND 电压值	DC5V	0V
105	室内环境温度传感器故障	显示屏 E1 报警	5-5′电压值	DC3V	0V
106	室内管路温度传感器故障	显示屏 E2 报警	6-6′电压值	DC3V	0V
107	遥控接收器电路故障	遥控器失灵	7-GND 电压值	DC5V	0V
108	室内风机电路故障	室内风机不运转	8-GND 电压值	DC12V	0V
109	蜂鸣器电路故障	遥控器可以工作但蜂鸣器不响	9-GND 电压值	DC12V	0V
110	步进电动机供电电路故障	室内风机风向无法调整	10-GND 电压值	DC12V	0. 5V
111	压缩机电路故障	压缩机不工作	11-GND 电压值	DC12V	0. 6V
112	室外风机电路故障	室外风机电路不工作	12-GND 电压值	DC0V	12V
113	四通换向阀电路故障	四通换向阀不工作	13-GND 电压值	DC5V	0V

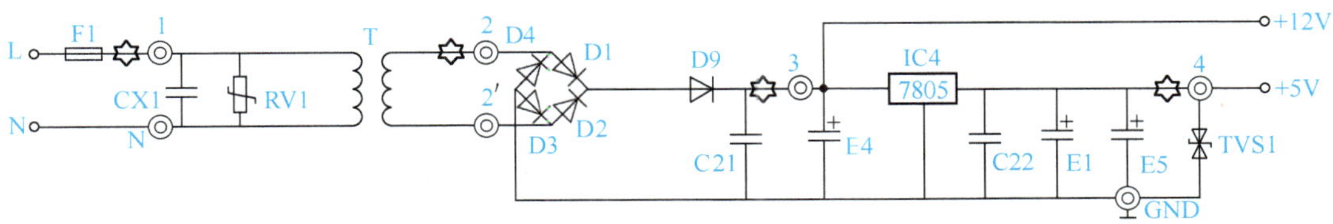

图 7-19　电源电路故障模拟

101 模拟电源电路熔断器 F1 开路故障，检测 1-N 交流电压为 0V。

102 模拟变压器二次线圈开路故障，检测 2-2′交流电压为 0V。

103 模拟+12V 电源开路，检测 3-GND 直流电压为 0V。

104 模拟+5V 电源开路，检测 7-GND 直流电压为 0V。

排故时，空调器通电显示屏没有亮一下，说明电源电路故障，可从 101～104 顺序检测判断。

2）温度传感器电路故障模拟。空调器双路温度传感器电路故障模拟如图 7-20 所示，共有 105、106 这两个故障。温度传感器电路故障没有模拟传感器自身开路故障，而是模拟传感器的供电电路开路故障。

105 模拟室内环境温度传感器电路开路故障，检测 5-5′直流电压为 0V。排故时，显示屏出现“E1”故障代码，说明是室内环境温度传感器故障。

106 模拟室内管路温度传感器电路开路故障，检测 6-6′直流电压为 0V。排故时，显示屏

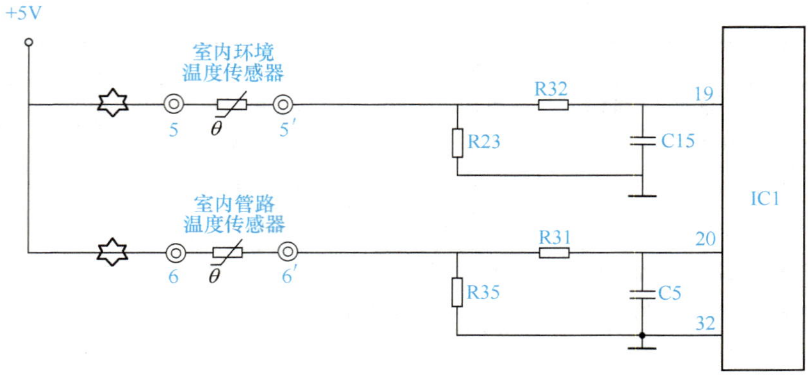

图 7-20　温度传感器电路故障模拟

出现“E2”故障代码，说明是室内管路温度传感器故障。

3）遥控接收电路故障模拟。遥控接收电路故障模拟如图 7-21 所示，故障代码为 107。

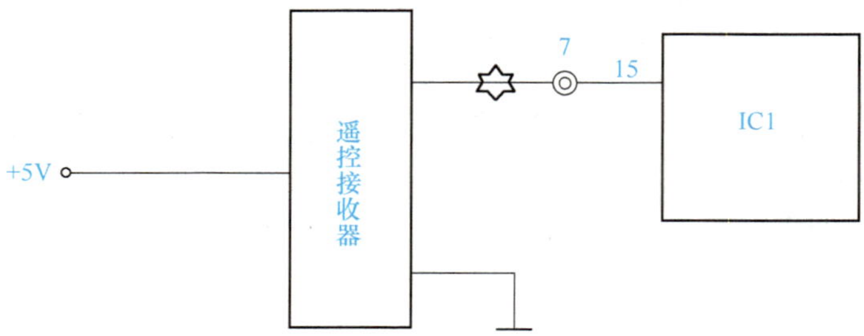

图 7-21　遥控接收电路故障模拟

107 模拟遥控接收器和 IC1 之间开路故障，检测 7-GND 直流电压为 0V。排故时，若空调器通电显示屏亮一下，同时可听到“嘀”的一声，继续操作遥控器，若没有“嘀”声，说明遥控接收器电路故障。

4）室内风机电路故障模拟。室内风机电路故障模拟如图 7-22 所示，故障代码为 108。

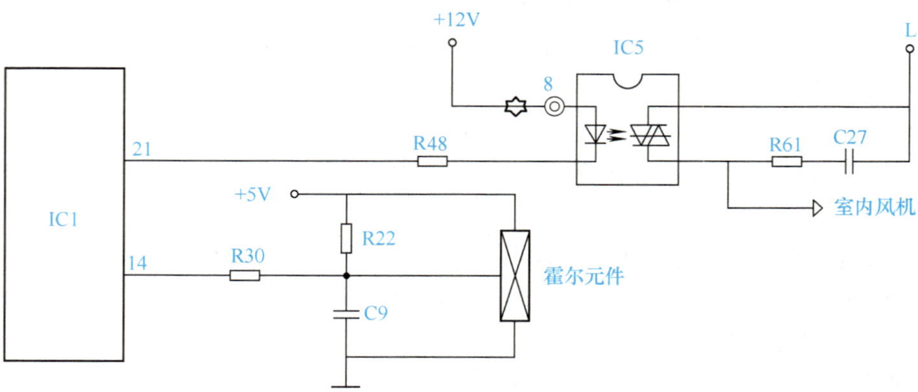

图 7-22　室内风机电路故障模拟

108 模拟室内风机调速光耦晶闸管驱动电源+12V 开路故障，检测 8-GND 直流电压为 0V。排故时，开启室内风机，感受是否有风吹出，无风则说明有故障。

5）蜂鸣器电路故障模拟。蜂鸣器电路故障模拟如图 7-23 所示，故障代码为 109。

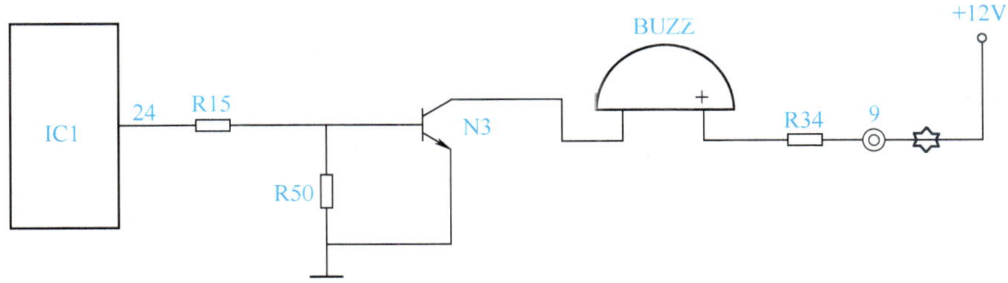

图 7-23　蜂鸣器电路故障模拟

109 模拟蜂鸣器电路电源+12V 开路故障，检测 9-GND 直流电压为 0V。排故时，空调器通电显示屏亮一下，但没有蜂鸣声，这时操作遥控器，观察遥控接收器是否正常，听蜂鸣器是否发出“嘀”声，没有则说明有故障。

6）反相驱动器电路故障模拟。反相驱动器电路故障模拟如图 7-24 所示，共有 110、111、112 和 113 这 4 个故障。

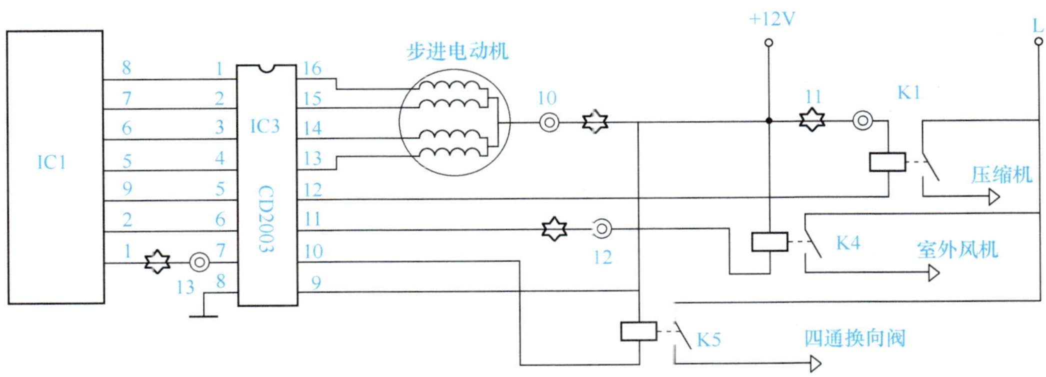

图 7-24　反相驱动器电路故障模拟

110 模拟步进电动机供电电路（+12V）开路，检测 10-GND 直流电压为 0V。排故时，观察空调器通电时摆风叶片是否打开又关闭，或开机后摆风叶片是否打开并摆动，若摆风叶片未打开或未摆动，说明有故障。

111 模拟压缩机电路（+12V）开路，检测 11-GND 直流电压为 0V。排故时，空调器通电开机起动，3min 后压缩机没有运转，说明有故障。

112 模拟室外风机电路的反相驱动器输出信号开路故障，检测 12-GND 直流电压为 0V。排故时，空调器通电开机起动，3min 后室外风机没有运转，说明有故障。

113 模拟 CPU 输出四通阀控制信号到反相驱动器电路开路故障，检测 13-GND 直流电压为 0V。排故时，空调器通电开启制热模式，听室外机是否有“咔”的四通阀换向声，或压缩机运行后用手感受室外机气阀气管是否发热。若未听到“咔”声或室外机气阀气管未发热，则说明有故障。

基本技能

1. 空调器电气控制模块的连接

1）连接模块插线时要分清各个插孔功能，应与端子功能对应。

2）特别注意各个电动机的端子、霍尔元件的端子不能接错。

3）技术要求：

①导线使用要求：传感器选用 0.5mm² 导线，执行部件选用 1mm² 导线，接地线选用 1mm² 绿-黄双色导线。

②与端子排连接的导线接头须采用冷压端子连接。

③连接导线两端均应套号码管，号码管上的数字标识方向要一致。

④线槽内布线要平整美观，执行部件的连接导线沿线槽内侧布放，传感器的连接导线沿线槽外侧布放，并用扎带分别固定。

⑤对于不在线槽内布线的连接导线，合理使用缠绕管对连接导线进行绑扎。

⑥连接空调电气控制模块与机组平台上接线端子排的插接线，应逐一按不同器件在上、中、下 3 个位置用扎带分开捆扎。

2. 空调器电气控制模块测量点的电压检测

1）空调器通电正常运行后，对模块测量点进行电压测量、记录。

测量电压时，分清交流、直流电压；分清工作与停止时不同的电压值；对正确的电压值进行理解、记忆，便于检测判断故障点及排故。

2）对空调器电气控制模块设置故障，对故障点参数进行测量、记录。

3）分析理解电路正常与故障时参数的变化。

3. 空调器电气控制模块故障检修

通过故障现象分析判断可能的故障点。对故障点进行电压测量，若电压不是正常工作值，则可判断为故障。

1）每次设置 3~5 故障点进行排故训练。

2）做好排故记录，填写表 7-4。

表 7-4 空调器电气控制模块排故记录

序号	1	2	3	4	5
测试点标号					
测试数据					
故障代码					

说明：测试点标号是指在 PCB 上的测量点标注的数字、字母或铝面板上的文字；测试数据是指故障电压值、电阻值及电容值等；故障代码是指备选故障的编号。

附　　录

附录 A　中职组"制冷与空调设备组装与调试"赛卷

ChinaSkills

2018 年全国职业院校技能大赛

中职组

"制冷与空调设备组装与调试"

赛

卷

2018 年

“制冷与空调设备组装与调试”赛卷

工位号______________ 交卷时间______________ 裁判______________

模块	一	二	三	四	五	六	七	合计
得分								

一、说明

1. 总分为100分，总时间为240min。

2. 记录表中所有数据要求用黑色字迹的圆珠笔或签字笔如实填写，表格应保持整洁，表格中所记录的时间以赛场挂钟时间为准，所有数据记录填写前，必须报请裁判核实并签字确认，数据涂改必须经裁判确认，否则该项不得分。

3. 违规操作扣分

（1）申领3/8in铜管或1/4in铜管扣1分/m。

（2）在工作过程中，因操作不当导致触电扣10分。

（3）在工作过程中，因操作不当导致大量制冷剂泄漏扣10分。

（4）因违规操作而损坏赛场设备及部件的扣分：风冷冷凝机组扣10分/套，电磁阀、热力膨胀阀、能量调节阀、蒸发压力调节阀、真空计、真空泵、双表修理阀、电子计价秤等扣5分/个，其他设施及系统零部件（除螺钉、螺母、平垫、弹垫外）扣2分/个。

（5）扰乱赛场秩序，干扰评委的正常工作扣10分，情节严重者，经执委会批准，由裁判长宣布，取消参赛资格。

二、工作任务

任务一 制冷管件制作（5%）

任务要求：

根据附件1图纸要求，合理选用工具，利用赛场提供的3/8in铜管完成双温冷柜冷藏室蒸发器盘管的制作。

技术要求：

1. 形状与图纸要求相符合。

2. 实际尺寸与标注尺寸相符，误差不超过±3mm。

3. 管件无压扁、无变形、无皱褶等情况。

4. 根据要求将管件接入双温冷柜制冷系统中，适当固定。

任务二 双温冷柜制冷系统组装（30%）

任务要求：

根据附件2、附件3图纸要求，完成双温冷柜制冷系统设计和零部件安装、固定及管路连接等操作。

技术要求：

1. 双温冷柜柜体与机组平台间距净尺寸为100mm。

2. 零部件必须安装可靠、牢固。对于有尺寸要求的零部件，安装尺寸误差不超过±5mm，没有尺寸要求的零部件选手可自行固定。

3. 热力膨胀阀竖直安装。感温包安装在蒸发器出口的水平管路上，用原装铜管卡进行固定，外部使用赛场提供的专用自粘保温管进行保温，毛细管使用扎带进行适当固定。

4. 电磁阀水平安装，制冷剂流向与标注方向一致。

5. 蒸发压力调节阀和能量调节阀牢固安装在网孔板上，调节端口方向一致。蒸发压力调节阀的压力表接口与单组压力表之间采用毛细管连接，如果毛细管过长，在单组压力表侧做环形盘绕，并用扎带分3处扎紧，环形内径为$\phi40\sim\phi60$mm。

6. 制冷系统整体布局合理、美观、层次分明，管路要求连接简洁、用材最省，不得相互碰触。

7. 同一连接长度超过400mm的管路（含器件长度），使用R形管卡和铜柱（铜柱由铜管自制）进行固定。

8. 利用赛场提供的氮气对自制管件进行吹污，吹污压力为0.4~0.5MPa，将吹污压力值填入表A-1。

9. 对需要保温的管路及器件加套保温管，穿保温管时管口用胶套封口。

表 A-1 双温冷柜系统吹污过程记录

吹污压力/MPa				裁判签字	
操作情况					
吹污操作规范	是		否		裁判签字	
胶套使用规范	是		否		裁判签字	

任务三 空调器及双温冷柜电气系统连接（10%）

（一）空调器电气系统连接

任务要求：

根据表A-2选用合适的导线，完成空调器电气系统的连接。

表 A-2 空调器系统电气接线端子排分配

端子排号	设备或器件	端子排号	设备或器件
35	接地线	47	霍尔元件 IN
36	压缩机起动端	48	霍尔元件 OUT
37	压缩机运行端	49	霍尔元件 GND
38	压缩机公共端	50	步进电动机公共端
39	室外风机起动端	51	步进电动机 A+
40	室外风机运行端	52	步进电动机 A-
41	室外风机公共端	53	步进电动机 B+
42	四通换向阀线圈	54	步进电动机 B-
43	四通换向阀线圈	55	室内环境温度传感器
44	室内风机起动端	56	室内环境温度传感器
45	室内风机运行端	57	室内管路温度传感器
46	室内风机公共端	58	室内管路温度传感器

技术要求：

1. 导线使用要求：传感器选用 0.5mm^2 导线，执行部件选用 1mm^2 导线，接地线选用 1mm^2 绿-黄双色导线。

2. 与端子排连接的导线接头须采用冷压端子连接。

3. 连接导线两端均应套号码管，号码管上的数字标识方向要求一致。

4. 线槽内要求布线平整美观，执行部件的连接导线沿线槽内侧布放，传感器的连接导线沿线槽外侧布放，并用扎带分别固定。

5. 对于不在线槽内的连接导线，合理使用缠绕管对连接导线进行绑扎。

6. 连接空调器电气控制模块与机组平台上接线端子排的插接线，逐一按不同器件在上中下三个位置用扎带分开捆扎。

7. 接线完成后，通电测试各执行部件的功能是否正常，由裁判在表 A-3 中签字确认。

表 A-3　空调器系统功能测试记录

系统部件	正常工作		裁判签字
	是	否	
压缩机			
室外风机			
室内风机			
步进电动机			

（二）双温冷柜电路连接

任务要求：

根据表 A-4 选用合适的导线，完成双温冷柜电气系统的连接。

表 A-4　双温冷柜电气接线端子排分配

端子排号	设备或器件	端子排号	设备或器件
4	接地线	19	冷冻室风机 L
5	压缩机 L	20	冷冻室风机 N
6	压缩机 N	21	冷冻室照明灯 L
7	冷凝器风机 N	22	冷冻室照明灯 N
8	冷凝器风机 L	23	冷藏室照明灯 L
9	冷冻室电磁阀线圈	24	冷藏室照明灯 N
10	冷冻室电磁阀线圈	25	冷冻室门开关
11	冷藏室电磁阀线圈	26	冷冻室门开关
12	冷藏室电磁阀线圈	27	冷藏室门开关
13	冷凝压力控制器	28	冷藏室门开关
14	冷凝压力控制器	29	冷藏室传感器
15	高低压压力控制器 A	30	冷藏室传感器
16	高低压压力控制器 B	31	冷冻室传感器
17	高低压压力控制器 C	32	冷冻室传感器
18	高低压压力控制器 D	33	

技术要求：

1. 导线使用要求：传感器选用 $0.5mm^2$ 导线，执行部件选用 $1mm^2$ 导线，接地线选用 $1mm^2$ 绿-黄双色导线。

2. 与端子排连接的导线接头须采用冷压端子连接。

3. 连接导线两端均应套号码管，号码管上的数字标识方向要求一致。

4. 线槽内要求布线平整美观，执行部件的连接导线沿线槽内侧布放，传感器的连接导线沿线槽外侧布放，并用扎带分别固定。

5. 对于不在线槽内的连接导线，合理使用缠绕管对连接导线进行绑扎。

6. 连接电源及考核模块、双温冷柜电气控制模块与机组平台上接线端子排的插接线，逐一按不同器件在上、中、下三个位置用扎带分开捆扎。

7. 电源及考核模块上的交流电流表显示双温冷柜压缩机运行电流。

8. 完成制冷剂充注及参数设置后，通电测试各执行部件的功能是否正常，由裁判在表 A-5 中签字确认。

表 A-5　双温冷柜功能测试记录

系统部件	正常工作		裁判签字
	是	否	
压缩机			
冷凝器风机			
冷冻室风机			
冷冻室照明灯			
冷藏室照明灯			
冷冻室电磁阀			
冷藏室电磁阀			

任务四　空调器及双温冷柜电气系统排故（10%）

任务要求：

在完成双温冷柜制冷剂充注及参数设置后，报请裁判设置空调器及双温冷柜电气系统故障，通电测试各执行部件的功能是否正常，并对故障进行分析判断。如选手无法判断故障，可以向裁判申请放弃（放弃项以 0 分计算），并报请裁判签字确认，由裁判指定工作人员进行恢复。

技术要求：

1. 根据 1~5 号故障现象对空调器电路进行检测、分析与判断，将结果填入表 A-6。

表 A-6　空调电气排故检测记录

序号	1	2	3	4	5
测试点标号					
测试数据					
故障代码					
裁判签字					
放弃排故	选手签字		裁判签字		

2. 根据6~10号故障现象对双温冷柜电路进行检测、分析与判断，将结果填入表A-7。

表A-7 双温冷柜电气排故检测记录

序号	6	7	8	9	10
测试点标号					
测试数据					
故障代码					
裁判签字					
放弃排故	选手签字		裁判签字		

说明：测试点标号是指在PCB上的测量点上标注的数字、字母或铝面板上的文字；测试数据是指故障电压值、电阻值和电容值等；故障代码是指备选故障的编号。

特别提示：答题开始前，如无意造成XK—ZLZR1A—001模块的输入电源断电，选手须报请裁判对故障进行重新设定（不扣分）。

任务五 双温冷柜制冷系统测试（10%）

在进行双温冷柜制冷系统测试时，设备不允许通电。

（一）压力测试

任务要求：

双温冷柜制冷系统组装完成后，按技术规范进行压力测试。

技术要求：

1. 在加压检漏测试前，须确保制冷系统中所有阀门均处于开启状态。

2. 加压检漏测试开始时，氮气压力控制在0.3~0.4MPa，如无明显泄漏可继续加压至试压压力值1MPa，自检不漏后，断开氮气管与双温冷柜制冷系统的连接，将保压开始时间及低压侧压力表的压力值填入表A-8。

3. 保压10min后，将保压结束时间及低压侧压力表的压力值填入表A-8。

4. 如果发现泄漏现象，选手应自行查明原因并进行处理后重新进行压力测试操作，直到不漏为止。

表A-8 双温冷柜压力测试记录

次数	保压开始			保压结束		
	时间	压力值/bar	裁判签字	时间	压力值/bar	裁判签字
第一次						
第二次						

（二）抽真空

任务要求：

完成双温冷柜制冷系统的抽真空及真空保压操作。

技术要求：

1. 正确连接真空泵、双表修理阀、真空计及球阀，对制冷系统进行抽真空操作。

2. 抽真空完成后，断开真空泵与双表修理阀的连接软管，进入真空保压，将保压开始时间及压力值填入表A-9。

3. 真空保压 10min 后，将保压结束时间及压力值填入表 A-9。

4. 真空保压结束时，真空计显示压力值不高于 2500mic，方可进行制冷剂充注；压力值高于 2500mic，不允许进行制冷剂充注，选手应自行查明原因，重新进行抽真空操作，直到符合要求为止。

表 A-9　双温冷柜制冷系统真空保压记录

次数	保压开始			保压结束		
	时间	压力值/mic	裁判签字	时间	压力值/mic	裁判签字
第一次						
第二次						

任务六　双温冷柜制冷系统调试（30%）

任务要求：

真空保压完成后，对双温冷柜制冷系统进行充注及调试。

技术要求：

（一）充注制冷剂

1. 充注制冷剂前，关闭球阀，正确拆除真空计。

2. 在制冷系统正压条件下，拆除球阀。

3. 使用定量充注法，向双温冷柜制冷系统定量充注制冷剂，参考值为 650g，视系统实际需要可适量增减，并将结果填入表 A-10。

4. 在操作过程中，不得向赛场大量排放制冷剂。

表 A-10　制冷剂充注量记录

充注前制冷剂钢瓶质量/kg	充注后制冷剂钢瓶质量/kg	加入量/g	裁判签字

（二）参数设置

按要求设置参数，并将结果填入表 A-11。

1. 温控器参数设置

冷冻室温控器设定值：−10℃；冷藏室温控器设定值：5℃。

2. 压力控制器参数设置

高低压压力控制器高压侧保护设定为：14bar（表压力），低压侧保护设定：低压压力接通值设定为 1bar（表压力），回差设定为 0.7bar。

冷凝器压力控制器接通值设定为 7.5bar（表压力），回差设定为 1.5bar。

表 A-11　双温冷柜参数设置记录

冷冻室温控器设定值/℃		裁判签字	
冷藏室温控器设定值/℃		裁判签字	
低压压力控制器 CUT IN 值/bar		裁判签字	
低压压力控制器 DIFF 值/bar		裁判签字	
高压压力控制器 CUT OUT 值/bar		裁判签字	
冷凝压力控制器 CUT IN 值/bar		裁判签字	
冷凝压力控制器 DIFF 值/bar		裁判签字	

（三）运行记录

1. 运行参数记录

（1）根据附件2制冷系统图上标注的测试点，完成智能数字巡检仪及感温头的安装。

（2）起动双温冷柜系统，并将开始时间填入表A-12。

（3）运行10min后，依次测试状态点 $T_1 \sim T_8$ 的温度值以及压缩机运行电流、低压压力和高压压力，将数据如实填入表A-12。

表A-12 双温冷柜运行数据记录

运行时间			
运行开始时间		裁判签字	
测试记录时间		裁判签字	
运行温度			
序号	巡检项目	温度/℃	裁判签字
1	T_1		
2	T_2		
3	T_3		
4	T_4		
5	T_5		
6	T_6		
7	T_7		
8	T_8		
运行参数			
序号	项目	参数值	裁判签字
1	压缩机运行电流/A		
2	低压压力/bar		
3	高压压力/bar		

2. 运行效果

在调试期间，如冷冻室和冷藏室温度均达到设定值，报请裁判核实并由裁判在表A-13中签字确认。

比赛结束时间到，冷冻室和冷藏室温度仍未达到设定值，报请裁判核实并由裁判在表A-13中签字确认。

表A-13 双温冷柜运行时间及温度记录

项目	达到设定值	未达到设定值	裁判签字
冷冻室温度/℃			
冷藏室温度/℃			

三、职业素养（5%）

1. 爱惜赛场设备、器材，不允许随手扔工具，在操作中不得发出异常噪声，以免影响其他选手操作。

2. 机组平台、工作台表面整洁，工具摆放、导线线头等处理符合职业岗位要求。

3. 在管件制作安装过程中须穿戴防割手套，在通电测试时须穿戴绝缘鞋和绝缘手套，在进行制冷剂相关操作过程中须穿戴防冻手套和防护目镜。

4. 所有操作均应符合安全操作规范。

5. 遵守赛场纪律，尊重赛场工作人员。

附件1

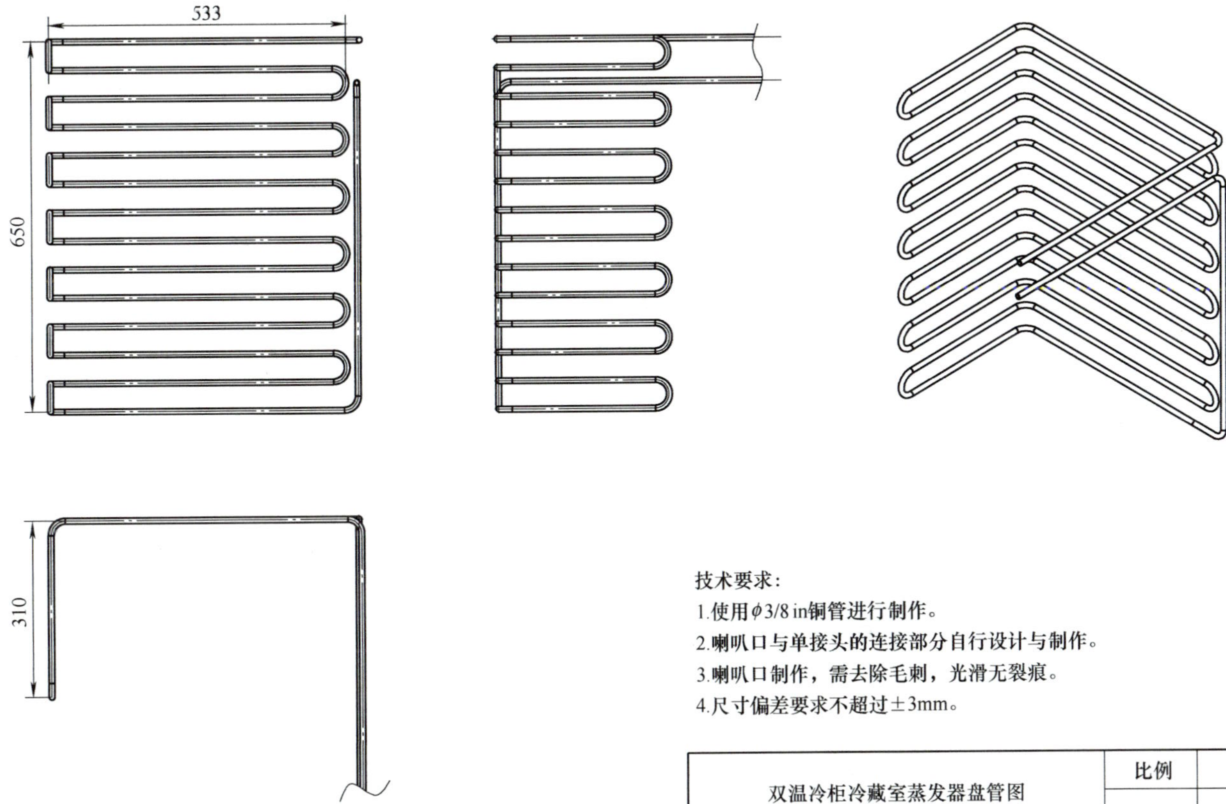

技术要求：

1.使用ϕ3/8 in铜管进行制作。

2.喇叭口与单接头的连接部分自行设计与制作。

3.喇叭口制作，需去除毛刺，光滑无裂痕。

4.尺寸偏差要求不超过±3mm。

双温冷柜冷藏室蒸发器盘管图		比例	图号
设计		中职组制冷与空调设备组装与调试赛项专家组	
制图			

附件2

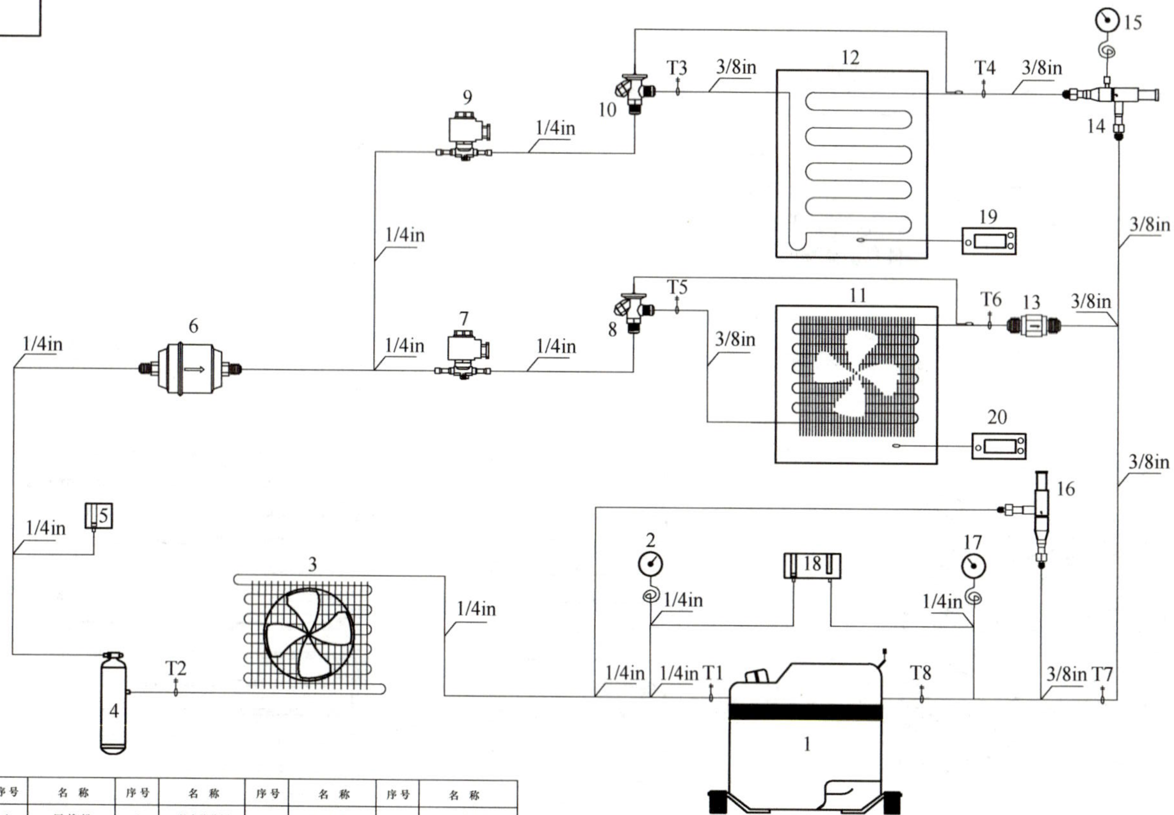

序号	名称	序号	名称	序号	名称	序号	名称
1	压缩机	8	热力膨胀阀	15	单组压力表	T2	冷凝器出口温度
2	高压侧压力表	9	冷藏室电磁阀	16	能量调节阀	T3	冷藏蒸发器进口温度
3	冷凝器	10	热力膨胀阀	17	低压侧压力表	T4	冷藏蒸发器出口温度
4	储液器	11	冷冻蒸发器	18	高低压力控制器	T5	冷冻蒸发器进口温度
5	单组压力控制器	12	冷藏蒸发器	19	冷藏室温控器	T6	冷冻蒸发器出口温度
6	干燥过滤器	13	单向阀	20	冷冻室温控器	T7	混合点温度
7	冷冻室电磁阀	14	蒸发压力调节阀	T1	压缩机排气温度	T8	压缩机吸气温度

双温冷柜冷制冷系统原理图		比例	图号
设计		中职组制冷与空调设备组装与调试赛项专家组	
制图			

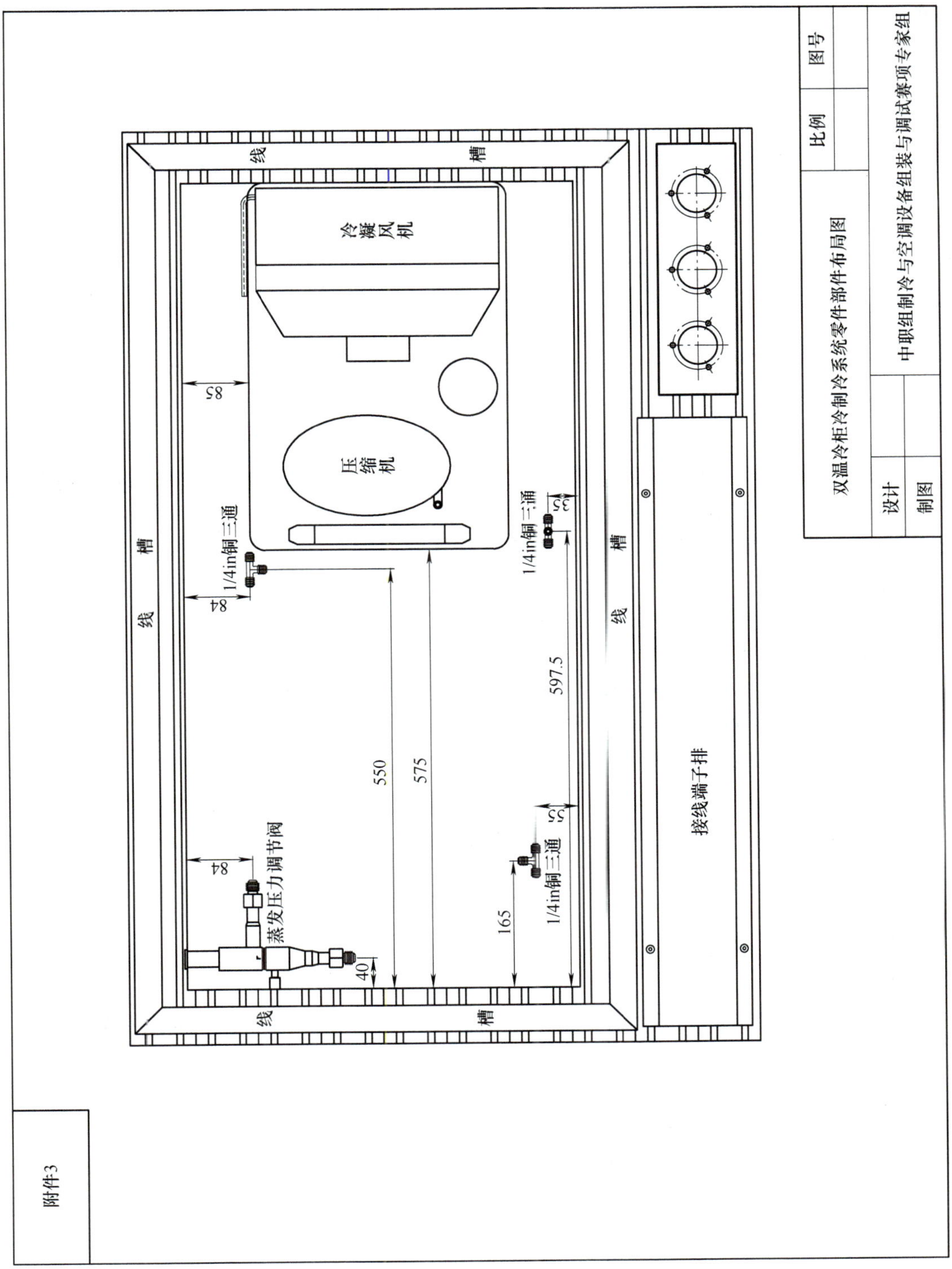
附件3
双温冷柜冷制冷系统零件部件布局图
比例
图号
设计
制图
中职组制冷与空调设备组装与调试赛项专家组
冷凝风机
压缩机
线槽
线槽
线槽
线槽
线槽
接线端子排
1/4in铜三通
1/4in铜三通
1/4in铜三通
蒸发压力调节阀
85
84
84
550
575
597.5
165
40
35
55

附录B　中职组“制冷与空调设备组装与调试”赛题样卷

“制冷与空调设备组装与调试”赛题样卷

工位号______________　　交卷时间______________　　裁判______________

模块	一	二	三	四	五	六	七	合计
得分								

一、说明

1. 总分为100分，总时间为240min。

2. 记录表中所有数据要求用黑色字迹的圆珠笔或签字笔如实填写，表格应保持整洁，表格中所记录的时间以赛场挂钟时间为准，所有数据记录填写前，必须报请裁判核实并签字确认，数据涂改必须经裁判确认，否则该项不得分。

3. 违规操作扣分

（1）申领3/8in铜管或1/4in铜管扣1分/m。

（2）在工作过程中，因操作不当导致触电扣10分。

（3）在工作过程中，因操作不当导致大量制冷剂泄漏扣10分。

（4）因违规操作而损坏赛场设备及部件的扣分：风冷冷凝机组扣10分/套，电磁阀、热力膨胀阀、能量调节阀、蒸发压力调节阀、真空计、真空泵、双表修理阀、电子计价秤等扣5分/个，其他设施及系统零部件（除螺钉、螺母、平垫、弹垫外）扣2分/个。

（5）扰乱赛场秩序，干扰评委的正常工作扣10分，情节严重者，经执委会批准，由裁判长宣布，取消参赛资格。

二、工作任务

任务一　制冷管件制作（5%）

任务要求：

根据附录A附件1图纸要求，合理选用工具，选用合适的铜管完成制冷管件制作。

技术要求：

1. 形状与图纸要求相符合。

2. 实际尺寸与标注尺寸相符，误差不超过±3mm。

3. 管件无压扁、无变形、无皱褶等情况。

任务二　双温冷柜制冷系统组装（30%）

任务要求：

根据附录A附件2、附件3图纸要求完成双温冷柜制冷系统设计和零部件安装、固定及管路连接等操作。

技术要求：

1. 双温冷柜柜体与机组平台间距净尺寸为100mm。

2. 零部件必须安装可靠、牢固。对于有尺寸要求的零部件，安装尺寸误差不超过±5mm，没有尺寸要求的零部件选手可自行固定。

3. 热力膨胀阀竖直安装。感温包安装在蒸发器出口的水平管路上，用原装铜管卡进行固定，外部使用赛场提供的专用自粘保温管进行保温，毛细管使用扎带进行适当固定。

4. 电磁阀水平安装，制冷剂流向与标注方向一致。

5. 蒸发压力调节阀和能量调节阀牢固安装在网孔板上，调节端口方向一致。蒸发压力调节阀的压力表接口与单组压力表之间采用毛细管连接，如果毛细管过长，在单组压力表侧做环形盘绕，并用扎带分3处扎紧，环形内径为$\phi40\sim\phi60$mm。

6. 制冷系统整体布局合理、美观、层次分明，管路要求连接简洁、用材最省，不得相互碰触。

7. 同一连接长度超过400mm的管路（含器件长度），使用R形管卡和铜柱（铜柱由铜管自制）进行固定。

8. 利用赛场提供的氮气对自制管件进行吹污，吹污压力为0.4~0.5MPa，将吹污压力值填入表B-1。

9. 对需要保温的管路及器件加套保温管，穿保温管时管口用胶套封口。

表 B-1 双温冷柜系统吹污过程记录

吹污压力/MPa				裁判签字	
操作情况					
吹污操作规范	是		否	裁判签字	
胶套使用规范	是		否	裁判签字	

任务三 空调器及双温冷柜电气系统连接（10%）

（一）空调器电气系统连接

任务要求：

根据表B-2选用合适的导线，完成空调器电气系统的连接。

表 B-2 空调器电气系统接线端子排分配

端子排号	设备或器件	端子排号	设备或器件
35	接地线	43	四通换向阀线圈
36	压缩机起动端	44	室内风机起动端
37	压缩机运行端	45	室内风机运行端
38	压缩机公共端	46	室内风机公共端
39	室外风机起动端	47	霍尔元件 IN
40	室外风机运行端	48	霍尔元件 OUT
41	室外风机公共端	49	霍尔元件 GND
42	四通换向阀线圈	50	步进电动机公共端

（续）

端子排号	设备或器件	端子排号	设备或器件
51	步进电动机 A+	55	室内环境温度传感器
52	步进电动机 A-	56	室内环境温度传感器
53	步进电动机 B+	57	室内管路温度传感器
54	步进电动机 B-	58	室内管路温度传感器

技术要求：

1. 导线使用要求：传感器选用 $0.5mm^2$ 导线，执行部件选用 $1mm^2$ 导线，接地线选用 $1mm^2$ 绿-黄双色导线。
2. 与端子排连接的导线接头须采用冷压端子连接。
3. 连接导线两端均应套号码管，号码管上的数字标识方向要求一致。
4. 线槽内要求布线平整美观，执行部件的连接导线沿线槽内侧布放，传感器的连接导线沿线槽外侧布放，并用扎带分别固定。
5. 对于不在线槽内的连接导线，合理使用缠绕管对连接导线进行绑扎。
6. 连接空调器电气控制模块与机组平台上接线端子排的插接线，逐一按不同器件在上、中、下三个位置用扎带分开捆扎。
7. 接线完成后，通电测试各执行部件的功能是否正常，由裁判在表 B-3 中签字确认。

表 B-3　空调器系统功能测试记录

系统部件	正常工作		裁判签字
	是	否	
压缩机			
室外风机			
室内风机			
步进电动机			

（二）双温冷柜电气系统连接

任务要求：

根据表 B-4 选用合适的导线，完成双温冷柜电气系统的连接。

表 B-4　双温冷柜电气系统接线端子排分配

端子排号	设备或器件	端子排号	设备或器件
4	接地线	10	冷冻室电磁阀线圈
5	压缩机 L	11	冷藏室电磁阀线圈
6	压缩机 N	12	冷藏室电磁阀线圈
7	冷凝器风机 N	13	冷凝压力控制器
8	冷凝器风机 L	14	冷凝压力控制器
9	冷冻室电磁阀线圈	15	高低压压力控制器 A

（续）

端子排号	设备或器件	端子排号	设备或器件
16	高低压压力控制器 B	25	冷冻室门开关
17	高低压压力控制器 C	26	冷冻室门开关
18	高低压压力控制器 D	27	冷藏室门开关
19	冷冻室风机 L	28	冷藏室门开关
20	冷冻室风机 N	29	冷藏室传感器
21	冷冻室照明灯 L	30	冷藏室传感器
22	冷冻室照明灯 N	31	冷冻室传感器
23	冷藏室照明灯 L	32	冷冻室传感器
24	冷藏室照明灯 N	33	

技术要求：

1. 导线使用要求：传感器选用 0.5mm^2 导线，执行部件选用 1mm^2 导线，接地线选用 1mm^2 绿-黄双色导线。

2. 与端子排连接的导线接头须采用冷压端子连接。

3. 连接导线两端均应套号码管，号码管上的数字标识方向要求一致。

4. 线槽内要求布线平整美观，执行部件的连接导线沿线槽内侧布放，传感器的连接导线沿线槽外侧布放，并用扎带分别固定。

5. 对于不在线槽内的连接导线，合理使用缠绕管对连接导线进行绑扎。

6. 连接电源及考核模块、双温冷柜电气控制模块与机组平台上接线端子排的插接线，逐一按不同器件在上中下三个位置用扎带分开捆扎。

7. 电源及考核模块上的交流电流表显示双温冷柜压缩机运行电流。

8. 完成制冷剂充注及参数设置后，通电测试各执行部件的功能是否正常，由裁判在表 B-5 中签字确认。

表 B-5 双温冷柜功能测试记录

系统部件	正常工作		裁判签字
	是	否	
压缩机			
冷凝器风机			
冷冻室风机			
冷冻室照明灯			
冷藏室照明灯			
冷冻室电磁阀			
冷藏室电磁阀			

任务四 空调器及双温冷柜电气系统排故（8%）

任务要求：

在完成双温冷柜制冷剂充注及参数设置后，报请裁判设置空调器及双温冷柜电气系统故障，通电测试各执行部件的功能是否正常，并对故障进行分析判断。如选手无法判断故障，可以向裁判申请放弃（放弃项以 0 分计算），并报请裁判签字确认，由裁判指定工作人员进行恢复。

技术要求：

1. 根据 1~4 号故障现象对空调器电路进行检测、分析与判断，将结果填入表 B-6。

表 B-6　空调器电气排故检测记录

序号	1	2	3	4	
测试点标号					
测试数据					
故障代码					
裁判签字					
放弃排故	选手签字		裁判签字		

2. 根据 5~8 号故障现象对双温冷柜电路进行检测、分析与判断，将结果填入表 B-7。

表 B-7　双温冷柜电气排故检测记录

序号	5	6	7	8	
测试点标号					
测试数据					
故障代码					
裁判签字					
放弃排故	选手签字		裁判签字		

说明：测试点标号是指在 PCB 上的测量点上标注的数字、字母或面板上的文字；测试数据是指故障电压值、电阻值等；故障代码是指备选故障的编号。

特别提示：答题开始前，如无意造成 XK—ZLZR1A—001 模块的输入电源断电，选手须报请裁判对故障进行重新设定（不扣分）。

任务五　双温冷柜制冷系统测试（7%）

在进行双温冷柜制冷系统测试时，设备不允许通电。

（一）压力测试

任务要求：

双温冷柜制冷系统组装完成后，按技术规范进行压力测试。

技术要求：

1. 在加压检漏测试前须确保制冷系统中所有阀门均处于开启状态。

2. 加压检漏测试开始时，氮气压力控制在 0.3~0.4MPa，如无明显泄漏，可继续加压至试压压力值 1MPa，自检不漏后，断开氮气管与双温冷柜制冷系统的连接，将保压开始时间及低压侧压力表的压力值填入表 B-8。

3. 保压 10min 后，将保压结束时间及低压侧压力表的压力值填入表 B-8。

4. 如果发现有泄漏现象，选手应自行查明原因并进行处理后重新进行压力测试操作，直到不漏为止。

表 B-8 双温冷柜压力测试记录

次数	保压开始			保压结束		
	时间	压力值/bar	裁判签字	时间	压力值/bar	裁判签字
第一次						
第二次						

（二）抽真空

任务要求：

完成双温冷柜制冷系统的抽真空及真空保压操作。

技术要求：

1. 正确连接真空泵、双表修理阀、真空计及球阀，对制冷系统进行抽真空操作。

2. 抽真空完成后，断开真空泵与双表修理阀的连接软管，进入真空保压，将保压开始时间及压力值填入表 B-9。

3. 真空保压 10min 后，将保压结束时间及压力值填入表 B-9。

4. 真空保压结束时，真空计显示压力值不高于 2500mic，方可进行制冷剂充注；压力值高于 2500mic，不允许进行制冷剂充注，选手应自行查明原因，重新进行抽真空操作，直到符合要求为止。

表 B-9 双温冷柜制冷系统真空保压记录

次数	保压开始			保压结束		
	时间	压力值/mic	裁判签字	时间	压力值/mic	裁判签字
第一次						
第二次						
第三次						

任务六 双温冷柜制冷系统调试（35%）

任务要求：

真空保压完成后，对双温冷柜制冷系统进行充注及调试。

技术要求：

（一）充注制冷剂

1. 充注制冷剂前，关闭球阀，正确拆除真空计。

2. 在制冷系统正压条件下，拆除球阀。

3. 使用定量充注法向双温冷柜制冷系统定量充注制冷剂，参考值为 650g，视系统实际需要可适量增减，并将结果填入表 B-10。

表 B-10 制冷剂充注量记录

充注前制冷剂钢瓶质量/kg	充注后制冷剂钢瓶质量/kg	加入量/g	裁判签字

4. 在操作过程中不得向赛场大量排放制冷剂。

（二）参数设置

按要求设置参数，并将结果填入表 B-11。

1. 温控器参数设置

冷冻室温控器设定值：-10℃；冷藏室温控器设定值：5℃。

2. 压力控制器参数设置

高低压压力控制器高压侧保护设定为：14bar（表压力），低压侧保护设定：低压压力接通值设定为 1bar（表压力），回差设定为 0.7bar。

冷凝器压力控制器接通值设定为 7.5bar（表压力），回差设定为 1.5bar。

表 B-11　双温冷柜参数设置记录

项　目	实际值	裁判签字
冷冻室温控器设定值/℃		
冷藏室温控器设定值/℃		
低压压力控制器 CUT IN 值/bar		
低压压力控制器 DIFF 值/bar		
高压压力控制器 CUT OUT 值/bar		
冷凝压力控制器 CUT IN 值/bar		
冷凝压力控制器 DIFF 值/bar		

（三）运行记录

1. 运行参数记录

（1）根据附录 A 附件 2 制冷系统图上标注的测试点，完成智能数字巡检仪及感温头的安装。

（2）启动双温冷柜系统，并将开始时间填入表 B-12。

（3）运行 10min 后，依次测量状态点 T1～T8 的温度值以及压缩机运行电流等运行参数，将数据如实填入表 B-12。

表 B-12　双温冷柜运行数据记录

运行时间			
运行开始时间		裁判签字	
测试记录时间		裁判签字	
运行温度			
序号	巡检项目	温度/℃	裁判签字
1	T1		
2	T2		
3	T3		
4	T4		
5	T5		

（续）

运行温度			
序号	巡检项目	温度/℃	裁判签字
6	T6		
7	T7		
8	T8		
运行参数			
序号	项目	参数值	裁判签字
1	压缩机运行电流/A		
2	低压压力/bar		
3	高压压力/bar		
4	冷藏室蒸发压力/bar		
5	冷冻室蒸发压力/bar		

2. 运行效果

调试期间，将冷冻室和冷藏室能达到的最低温度填入表 B-13。

表 B-13 双温冷柜运行时间及温度记录

项目	实际值	是否达到设定值	裁判签字
冷冻室温度 T_{cs}/℃			
冷藏室温度 T_{cs}/℃			

3. 回收制冷剂

运行结束后，在裁判监督下将制冷剂回收到冷凝器和储液罐中，并填写表 B-14。

表 B-14 制冷剂回收情况记录

项目	完成	未完成	裁判签字
回收制冷剂			

（四）运行状态分析

1. 数据处理

（1）根据 R134a 制冷剂的热力性质表，查取相关数据。

（2）根据表 B-15 的计算说明，完成相关数据计算。

表 B-15 运行参数查表与计算

单位：℃

项目	计算说明	数据记录和计算
冷凝温度 T_h	查表（冷凝压力）	
冷藏蒸发温度 T_c	查表（冷藏蒸发压力）	
冷冻蒸发温度 T_d	查表（冷冻蒸发压力）	
冷藏室温蒸发温差	$T_{cs}-T_c$	

（续）

项目	计算说明	数据记录和计算
冷冻室温蒸发温差	$T_{ds}-T_d$	
压缩机排气过热度	T_1-T_h	
冷凝出液过冷度	T_h-T_2	
冷藏蒸发器过热度	T_4-T_c	
冷冻蒸发器过热度	T_6-T_d	
能量调节阀提升吸气温度	T_8-T_7	

2. 绘制系统制冷循环图

根据表 B-15 中的数据绘制双温冷柜系统制冷循环图。

三、职业素养（5%）

1. 爱惜赛场设备、器材，不允许随手扔工具，在操作中不得发出异常噪声，以免影响其他选手操作。

2. 机组平台、工作台表面整洁，工具摆放、导线线头等处理符合职业岗位要求。

3. 在管件制作安装过程中须穿戴防割手套，在通电测试时须穿戴绝缘鞋和绝缘手套，在进行制冷剂相关操作过程中须穿戴防冻手套和防护目镜。

4. 所有操作均应符合安全操作规范。

5. 遵守赛场纪律，尊重赛场工作人员。